Lo imprevisible

Marta García Aller

LO IMPREVISIBLE

Todo lo que la tecnología quiere y no puede controlar

Planeta

Av. Diagonal, 662-664, 08034 Barcelona
www.editorial.planeta.es
www.planetadelibros.com

Primera edición: mayo de 2020
Depósito legal: B. 5.544-2020
ISBN: 978-84-08-22170-8
Preimpresión: J. A. Diseño Editorial, S. L.
Impresión: Romanyà Valls
Printed in Spain – Impreso en España

El papel utilizado para la impresión de este libro está calificado como **papel ecológico** y procede de bosques gestionados de manera **sostenible**

Para Manu y Lucía,
que compartieron conmigo este viaje
desde la cueva de la Sibila hasta el balcón.

La humanidad no puede soportar tanta realidad.
El tiempo del pasado y el tiempo del futuro,
lo que podría haber sido y lo que ha sido
avanzan a un solo fin, siempre presente.

T. S. Eliott

Me encanta que los planes salgan bien.

Hannibal Smith

Índice

Introducción

De cómo lo imprevisible es la clave del ~~futuro~~ presente

Este libro no está aquí. No ha podido llegar al lector porque este libro está confinado. Acabé de escribirlo en febrero de 2020, a tiempo de convertirse en una de las novedades de la primavera. O eso creía yo. Brindé por ello con amigos nada más entregarlo. No sabía por entonces que aquella iba a ser la última vez que pisaríamos un bar en mucho tiempo. Ni que este año nos íbamos a quedar sin primavera. De eso iban, al fin y al cabo, las páginas que acabaron confinadas. Advertían de que había que ir acostumbrándose a convivir con todo aquello que no se puede prever.

A principios de marzo, *Lo imprevisible* ya estaba impreso y empaquetado, listo para llegar a las librerías. Y ahí se quedó. Atrapado por sorpresa en las cajas de una imprenta de Igualada, el primer municipio español en decretar el confinamiento total por el brote de coronavirus. Igualada sonaba entonces, igual que Bérgamo, como si fuera el reactor 4 de Chernóbil. No se podía salir ni entrar de allí por el alto riesgo de contagio. Mi editora me llamó para avisarme de que la publicación del libro se retrasaría. La semana siguiente se decretó el estado de alarma que puso a España en cuarentena. Y luego la COVID-19 fue paralizando el resto del planeta. Más de tres mil millones de personas nos quedamos encerradas en casa durante semanas para tratar de frenar el virus que cambiaría el mundo.

Así que este libro no es exactamente el mismo que en febrero. De alguna manera, ninguno lo somos. Tampoco el lector. Ya no me va a costar convencerle de que un espejismo tecnológico nos ha hecho creer que tenemos bajo control más cosas de las que en realidad están a nuestro alcance. Eso ha quedado claro ahora que el mundo está patas arriba. Mientras reescribo estas líneas, aprovechando mi propia clausura, aún no sabemos cuánto durará el estado de alarma. Ni cuándo podremos volver a salir de casa para ir a trabajar o abrazar a la familia. Tampoco cuándo volverán a abrir las librerías para que estas páginas, estas sí, lleguen por fin a sus manos. De pronto, ya no sabemos nada del futuro. Ni de lo que hay a la vuelta de la esquina. Solo hay algo seguro: nunca ha sido tan imprevisible.

De pequeña me fascinaba un libro que fantaseaba sobre cómo sería el año 2020 y del que solo recuerdo esa fecha y el dibujo de una bañera robótica. He olvidado también el título, pero no aquel cuarto de baño. De él salían todo tipo de brazos que lavaban, peinaban y secaban el pelo de un niño sumergido en espuma sin mover un dedo. Todavía me da algo de envidia cuando lo pienso.

Tal vez por eso siempre había imaginado 2020 como un año futurista. Y, por supuesto, que a estas alturas ya tendríamos baños con robots. Antes de que esta devastadora pandemia que me tiene recluida en casa mientras escribo provocase la peor crisis económica y sanitaria desde la Segunda Guerra Mundial, los nuevos años veinte se preveían de otra manera. Iba a ser la década dorada del progreso tecnológico y la robotización. De la medicina personalizada y la inteligencia artificial. Y ahora resulta que 2020 es el año en el que Occidente descubrió que no tenía suficientes camas, ni médicos, ni mascarillas para atender a sus enfermos en caso de emergencia. Y mientras la inteligencia artificial y la genética van dando forma a la medicina del futuro, en nuestros hospitales del presente los médicos improvisan batas con bolsas de basura para protegerse.

A principios de año todavía vivíamos ajenos a lo que se avecinaba. Las ferias tecnológicas prometían grandes avances que ahora parecen frívolos (conste que antes del coronavirus, también). En enero se presentó en Las Vegas un minirrobot rodante que se controlaba desde el móvil, pensado para acercar un rollo de papel higiénico allá donde alguien lo necesitara. También se anunció un sensor para avisar con un mensaje al móvil si el baño huele mal antes de tener que asomarse a comprobarlo.[1]

No es esto lo que de niña entendía por un baño robotizado, ni tampoco por lo que pasará a la historia el papel higiénico en 2020. En enero, mientras en la feria tecnológica más importante del mundo se presentaban estos inventos para el supuesto váter del futuro, ya había un nuevo coronavirus extendiéndose por China que pronto llegaría al resto del planeta. En las semanas siguientes, a medida que la amenaza avanzaba, la gente reaccionó, para sorpresa de Gobiernos y reponedores de supermercados, almacenando compulsivamente montañas de papel higiénico. Por inútil que fuera comprar decenas de rollos, el acaparamiento irracional transmitía una paz a la población que ningún robot podría prever. El miedo a lo desconocido entra dentro de eso que a los humanos nos vuelve imprevisibles.

Una epidemia de incertidumbre

La escritura de este libro ha pasado por una moción de censura, dos elecciones generales y una pandemia mundial. La rutina iba desapareciendo mientras andaba yo buscando eso que nos vuelve imprevisibles. Para encontrarlo, he mantenido entrevistas con un centenar de expertos en cuestiones muy diversas: matemáticos, astrofísicos y psicólogos; con filósofos, abogadas e ingenieras; antropólogos, lingüistas y policías; con una niña de tres años, varias empresarias de éxito y un ligón de Tinder; en estas páginas hay también genetistas, meteorólogos y hasta un excombatiente de Irak que ahora reparte burritos a domicilio. No faltan las opiniones —últimamente, nunca lo hacen— de politólogos, epidemiólogos y periodistas, además de las charlas con un par de neurólogos, varios humoristas famosos y algún que otro robot.

Nos hemos ido acostumbrando a los sistemas de inteligencia artificial que calculan por nosotros qué carretera escoger para evitar los atascos y predicen qué tiempo va a hacer. Al fin y al cabo, hay algoritmos para todo. Los hay que generan noticias falsas, invierten en bolsa y anticipan a quién vamos a votar. Otros prometen predecir los delitos, el amor y hasta el orgasmo. Incluso hay robots que conducen, componen música y pintan cuadros como los de Rembrandt. Se automatizan los despachos de abogados, las consultas de los médicos y los templos budistas.[2]

La inteligencia artificial aspira a automatizarlo todo. ¿Todo? No, todo no. Al cómputo del algoritmo siempre se le escapará lo imprevisible. Y, más allá de las pandemias, la vida está llena de situaciones cotidianas que lo van a seguir siendo. Al final, los dilemas humanos son los mismos de siempre, solo que nunca habíamos tenido como especie tanta información disponible. Por eso nos desconcierta tanto descubrir lo vulnerables que somos en realidad. Por una parte, nos hemos vuelto, en cierto modo, más previsibles que nunca gracias al mayor procesamiento de datos de la historia. Por otra, el mundo está transformándose a tal velocidad que desconocemos las nuevas reglas de juego. No es casualidad que tanto desconcierto coincida con un profundo cambio tecnológico.

La nueva era de la predictibilidad técnica se caracteriza, paradójicamente, por una epidemia de incertidumbre. En 2016, nadie vio venir el *brexit* ni la victoria de Trump.[3] A partir de entonces, la crónica geopolítica ha sido una sucesión de acontecimientos inesperados. Tanto cambio constante llevaba tiempo desconcertándonos, mucho antes de que llegara el coronavirus. La sensación de estar entrando en territorio desconocido ya se había generalizado en un Occidente a medio repensar.

El exceso de información puede tener mucho que ver con ello. Alvin Toffler ya advertía en *El shock del futuro* que la saturación informativa podía crear mecanismos de defensa en la gente, que necesitaría simplificar tanto el mundo para comprenderlo que acabaría reafirmando sus prejuicios. Era 1970.[4]

La sobrecarga de información también provocó un aumento de la incertidumbre en los tiempos de Gutenberg. En cierto modo, la llegada de la imprenta también trajo consigo una acentuación del sectarismo.[5] Acceder a más información de diferentes concepciones religiosas no generó más tolerancia, sino la convicción de que la única visión verdadera del mundo era la propia. La imprenta supuso un enorme progreso tecnológico para la humanidad que inauguró la Edad Moderna. Sin ella, no se entenderían las guerras de religión de los siglos XVI y XVII que causaron millones de muertos en Europa. La manera en la que accedemos a la información (y a la desinformación) transforma a las sociedades, como veremos en el capítulo dedicado a cómo la verdad y la mentira se vuelven más imprevisibles con los algoritmos.

Cuando los cambios tecnológicos se aceleran tanto, aumenta la sensación de vértigo. ¿De dónde viene tanta incertidumbre, teniendo como tenemos un acceso a la información y unos avances científicos y tecnológicos con los que nuestros padres y abuelos solo podían soñar leyendo a Julio Verne? En menos de un siglo, hemos visto llegar la penicilina y el 5G, los viajes a Marte y la secuenciación del genoma. Y en el momento más álgido de las promesas tecnológicas, cuando el futuro parecía capaz de automatizarlo todo, el mundo, de pronto, se paraliza de golpe por un virus. Una cuarentena no deja de ser, al fin y al cabo, una técnica medieval para la prevención de los contagios. Tanto algoritmo y tanto *big data,*[6] y cuando llega la gran pandemia nos tenemos que encerrar todos en casa como en tiempos de Boccaccio, pero con wifi.

Antes de la llegada de la COVID-19, se me ocurrió consultar con un experto en la estructura del universo. ¿Quién mejor para darle un poco de perspectiva al asunto? Pregunté a Martin Rees, astrofísico y astrónomo real, si veía relación entre la incertidumbre y la era de los algoritmos: «Mira, por ejemplo, la Edad Media en Europa. Fue una época turbulenta e incierta. En aquellos siglos, las cosas cambiaban poco de una generación a la siguiente; los albañiles medievales añadían ladrillo tras ladrillo a un mundo que tardaría más de un siglo en terminarse». A diferencia de lo que les ocurrió a nuestros antepasados, para nosotros el próximo siglo será drásticamente diferente al actual. Por no saber, no sabemos ni en qué planeta viviremos para entonces.[7]

Rees me habló de viajar a Marte muy en serio, pero con cautela. Un astrónomo real sabe lo arriesgado que es hacer predicciones. Su predecesor en el cargo vaticinó en los cincuenta que los viajes espaciales eran «una absoluta tontería». La década siguiente, el Apolo 11 hizo historia: «Mis alumnos saben que los egipcios hicieron pirámides y que los americanos llegaron a la Luna, pero ambas les parecen cosas de hace siglos». En 1969, Rees tenía 27 años.

El primero que ponía una piedra para construir una catedral del Medievo sabía que no viviría para verla terminada, pero daba por hecho que aquella estructura perduraría durante siglos. El herrero no sabía si moriría de gripe la semana siguiente, era un riesgo habitual con el que se había acostumbrado a convivir. Nadie dudaba, sin embargo, de que su trabajo sería necesario durante generaciones. Ahora tenemos pulseras que cuentan las pulsaciones y los pasos que damos al día, pero ese espejismo de control no parece compensarnos ante la nueva incertidumbre.

La tecnología actual nos da a los humanos la capacidad de transformar o, incluso, de devastarlo todo. Nunca habíamos tenido tanto poder para cambiar las cosas, y por eso nunca habían cambiado tan deprisa. Cuando hablé con Rees, meses antes de la pandemia del coronavirus, el astrofísico ya me advirtió de que una de las cosas que más le preocupaban sobre el futuro era lo vulnerable que se había vuelto un mundo tan interconectado a los errores de unos pocos. «Ahora una catástrofe tendría repercusiones planetarias —me dijo cuando hablamos—. Podría haber una pandemia que matara a millones de personas en todo el mundo». Reconozco que estas últimas palabras me sonaron demasiado apocalípticas y no les hice mucho caso. No pudo ser más clarividente: «La peste negra no llegó a Australia. Pero en este mundo conectado no habría lugar en el que esconderse de un colapso económico global o de una pandemia». Así que esta no era una amenaza imprevisible, sino invisible. Una que no queríamos ver.

En Occidente, hace años que avanza la sensación de que las nuevas generaciones lo van a tener más complicado que sus padres. Cunde la desconfianza en la política, en la economía y en los avances tecnológicos que transforman la sociedad. La inteligencia artificial se presenta como solución mágica de todos los males y, a la vez, su causante. Sobrevuela el temor a que la robotización produzca un desempleo masivo y aumente la desigualdad, al tiempo que se considera que esta es la única esperanza para reimpulsar el modelo productivo.

Como soy muy de preguntar, además de a un experto en el futuro, también consulté sobre este miedo a los cambios tecnológicos a una de las mayores expertas en el pasado. Mary Beard, catedrática de Cambridge de Estudios Clásicos, me dio una perspectiva diferente sobre esta epidemia de incertidumbre: «Nunca ha habido un momento histórico en el que la gente que vivía en él comentara: "Oh, qué momento tan calmado me ha tocado vivir" —me advirtió la historiadora entre risas, pero muy en serio—. Eso no ha pasado nunca, porque cada época tiene sus crisis». Y la nuestra, según esta célebre experta en la Antigua Roma, más que con la tecnología, de la que me advirtió que esperamos demasiado, «tiene que ver con el futuro de la democracia».[8]

Pasó en el Imperio romano y también en el siglo XXI. Las certezas desaparecen cuando el mundo que conocemos se transforma rápidamente. Hemos vivido otras épocas de cambios vertiginosos, pero nunca nos los habían contado en tiempo real. Tal vez no es que ahora haya más gente enfadada ni desconcertada que en otras épocas de la historia, es que ahora la vemos quejarse. La retransmisión en vivo de los problemas del mundo alimenta la preocupación por cosas de las que antes nunca nos habríamos enterado. Solo en WhatsApp somos testigos directos de demasiados problemas simultáneamente. Asistimos al desmoronamiento del sistema contado, además, por nosotros mismos y sin filtros. Por eso, la era de los datos es también la era de la incertidumbre. Cuanto más nos empeñamos en medirlo todo, más nos preocupa lo imprevisible.

Cómo acertar una quiniela

Tendemos a sobreestimar hasta dónde puede llegar la tecnología y no a preguntarnos cuáles son sus límites. Los deportes y los juegos siguen siendo excelentes laboratorios para medir hasta dónde llega el poder de predicción de las máquinas, porque, a diferencia de la vida real, se rigen por normas definidas. A medida que avanza la capacidad de cálculo, el papel del azar va quedando más claro. La prueba es que además de ganarnos a un juego de estrategia, como el ajedrez, las máquinas también han aprendido a vencer en competiciones más espontáneas, como piedra, papel o tijera. Cuantas más rondas juguemos contra un algoritmo entrenado para ello, más información recogerá y más probabilidades habrá de que nos gane sacando el puño abierto, cerrado o solo dos dedos, según convenga. Predice el siguiente movimiento basándose en nuestro historial, porque los humanos tendemos a repetirnos más de lo que creemos, y eso es lo que nos hace previsibles.

A diferencia de lo que pasa con rivales humanos, la mejor manera de batir a una máquina jugando a piedra, papel o tijera es no siguiendo ninguna táctica. Aun así, incluso cuando improvisamos, tarde o temprano el sistema reconoce patrones que ni siquiera éramos conscientes de estar aplicando. No somos tan aleatorios como nos creemos, ni en el juego ni en la vida. De ahí que los algoritmos aprendan a anticipar nuestro comportamiento. Aunque no siempre sean tan listos como parecen. El sistema que probé tardó trescientas quince rondas en aprender a ganarme. Reconozco que, más que en vencerlo, centraba todos mis esfuerzos en jugar a lo loco. Qué difícil es a veces resultar imprevisible.[9]

Los patrones ocultos que rigen nuestro comportamiento sin que nos demos cuenta ya están sirviendo para que las máquinas aprendan a ganar a los mejores jugadores del mundo del póker, igual que hace más de veinte años fueron capaces de derrotar a Garri Kasparov al ajedrez.[10] Y si ya sucede con un juego en el que mentir es habitual y hay mucha información oculta, podría pasar con cualquier otro comportamiento humano que se pueda predecir.[11]

La pregunta es hasta dónde pueden llegar los datos. Nicolás Franco cree que no tienen límite. Cuando visité a este experto en inteligencia artificial en su oficina de la consultora mrHouston, me confesó que él y su equipo habían tratado de calcular hasta las quinielas. «Por diversión», me dijo. El típico pasatiempo de físicos y matemáticos. Franco quería comprobar cómo de previsible es una quiniela, porque le fascinan los límites del azar. Llegaron a asegurarse los doce aciertos, pero a partir de ahí era imposible afinar más. Aunque este doctor en Físicas con *summa cum laude* dice que, en realidad, lo que llamamos *azar* no es más que todo aquello de lo que no podemos recopilar datos… todavía: «Si contáramos con más información de cada equipo de fútbol, desde el estado de ánimo de cada jugador a cada fenómeno meteorológico de la jornada, podríamos afinar más». Todo es cuestión de la cantidad y la calidad de los datos de los que se disponga. El resto depende, claro, de lo imprevisible.

Las aparentes dotes adivinatorias del *big data* radican en la capacidad de analizar millones de datos disponibles que nunca en la historia de la humanidad habíamos tenido. Y eso ofrece enormes ventajas. Plantea también dilemas inquietantes si no entendemos cómo las máquinas toman esas decisiones por nosotros, ni cuándo están recopilando nuestros datos, ni cómo se encargan de filtrarlos. Solo hay que pensar en las apps en las que millones de mujeres registran cada mes cuándo les baja la regla para calcular su próximo ciclo. ¿Saben que muchos de esos calendarios digitales venden la información de sus días más fértiles a empresas que pagan por saber qué semanas son más vulnerables a según qué anuncios?

Por eso, este no es un libro sobre el futuro, sino sobre el presente, porque las predicciones también lo transforman. La inteligencia artificial no es un poder infalible, solo una herramienta más para hacernos la vida más fácil. Por eso, es el momento de preguntarse cómo funcionan todos estos algoritmos presuntamente predictivos y cuáles son sus límites. Las tecnologías asociadas al *big data,* igual que pueden salvar vidas anticipando el riesgo de inundaciones o el mejor tratamiento para un cáncer, también pueden estar anticipando erróneamente conductas futuras, como los sistemas de cálculo de reincidencia que utilizan en los juzgados estadounidenses para determinar quién merece y quién no la libertad condicional. Equivocarse en las predicciones influye en las decisiones que tomamos ahora.

Aumenta la velocidad del cambio político, económico y social, y, sin embargo, nuestros pequeños gestos cotidianos están cada vez más monitorizados. Si nuestro rastro digital revela nuestros deseos y nuestros miedos, quien tenga acceso a esa información sabrá qué mensajes nos influyen más en cada momento, ya sea para vender un producto o una idea política. De las profecías que se cumplen a sí mismas ya hablaban los antiguos griegos mucho antes de que existiera la publicidad programática. Otorgamos a los números cada vez mayor poder. A las cifras, a diferencia de a las palabras, les confiamos el don de la objetividad, pero los algoritmos no son neutrales. ¿Hasta qué punto nos conocen los números realmente? Depende de la calidad, no solo de la cantidad, de la información. Si no, un robot que analizara estadísticamente el cuerpo de la gente podría llegar a la conclusión de que todos los humanos tenemos de media una teta y un testículo.

De menos a más

La inteligencia artificial ya está tratando de anticiparse a nuestros gustos y nuestros miedos; algunos sistemas prometen calcular hasta la esperanza de vida de cada uno. Predicen el riesgo de tener un accidente de tráfico, sufrir diabetes o un ataque al corazón. También calculan si una película puede ser o no un éxito en taquilla, y ya hay bancos que investigan si concederle o no un crédito a un cliente fijándose solo en las fotos en las que ha dado al «me gusta». Hay botellas de agua que mandan un mensaje al móvil cuando nos estamos deshidratando y pulseras que avisan a las aseguradoras de si llevamos o no una vida sana. Pero nada de esto logra reducir la perplejidad de estar viendo desde la ventana un mundo en profunda transformación.

No hace tanto que mucha de la información que ahora conocemos por anticipado parecía imposible de augurar. Pero todavía está lejos de resolver algunos de los mayores problemas a los que se enfrenta la humanidad. ¿Hasta dónde puede ayudarnos esta tecnología en las cosas realmente importantes de la vida? ¿Cuánto se podrá prever a medida que la capacidad de cálculo aumente? ¿Cuánto de lo que nos rodea seguirá siendo imprevisible?

En medio de esta carrera tecnológica empeñada en controlarlo todo, los algoritmos no anticiparon la llegada de la última pandemia, ¿o sí? En el siguiente capítulo veremos por qué no ha sido necesariamente un problema tecnológico. Luego, el libro se dividirá en dos partes. En la primera, veremos ejemplos de cómo la tecnología nos está volviendo cada vez más previsibles. En la segunda, casos en los que difícilmente llegaremos a serlo. Aunque el mundo se transforma tan rápido que tal vez en breve haya que cambiar algún capítulo de sitio.

La primera parte empieza en la gruta de la Sibila de Cumas, cuando solo los dioses conocían nuestro destino, y llega hasta un laboratorio en el que un científico investiga si lo llevamos escrito en los genes. Si pudieran editarse los genomas de los hijos antes de tenerlos, ¿alteraría la ciencia la definición de quiénes somos?

También hay algoritmos que prometen predecir qué profesión se le dará mejor a un niño en el futuro. ¿Hasta qué punto saberlo condicionará su vocación? Así empieza la segunda parte del libro, la que aborda lo que nos hace más imprevisibles, porque el futuro del empleo necesariamente lo será. Al menos, el humano. El rutinario, tarde o temprano, se robotizará.

Vamos a necesitar reaccionar constantemente a nuevos retos. Siempre nos estamos inventando maneras de hacernos la vida más fácil, que a su vez crearán nuevas necesidades que precisan de tecnologías que luego ocasionarán otros problemas que tendremos que resolver. Por eso, el futuro es imprevisible. Porque a diferencia de los sistemas informáticos, nosotros nunca nos conformamos con lo que tenemos. Así que difícilmente los robots conquistarán la Tierra: carecen de ambición para hacerlo.[12]

Las máquinas no sienten deseo de poder, ni empatía, ni miedo. Tampoco tienen, como veremos, sentido común. Un niño de cinco años sabe más de cómo funciona el mundo que un superordenador capaz de detectar cien tipos de tumores. Así que no podemos esperar que las máquinas piensen o decidan por nosotros, solo son una herramienta. La responsabilidad moral de las decisiones ha de quedar siempre del lado de las personas.

Un algoritmo no puede decidir qué es o no *mejor*, porque *mejor* y *peor* son conceptos humanos. Por eso es tan controvertido el uso que de ellos se está haciendo en juzgados y fronteras. ¿Estamos seguros de que están bien programados? ¿Conocemos sus límites? Como ya no vamos a poder vivir sin la inteligencia artificial, lo mejor será empezar a comprenderla.

Los datos nunca son objetivos. Si un sistema informático llega a alguna conclusión, alguien lo ha programado para ello. Y los algoritmos, como veremos, pueden ser una peligrosa fuente de discriminación. La inteligencia artificial reproduce sesgos que no entiende. Porque no es realmente inteligente. Hace cosas extraordinarias, pero no comprende por qué lo son.

Eso no quiere decir que siempre debamos fiarnos más

de la gente que de las máquinas. La estupidez humana, de la que hablaremos en el penúltimo capítulo, puede ser más peligrosa que la inteligencia artificial. Y, desde luego, resulta imprevisible.

Sin embargo, hay algo aún más difícil de prever que una idiotez: la risa. El humor es una de las cualidades más sofisticadas de la inteligencia. Tal vez sea lo más difícil, junto con el sentido común, que puede aspirar a aprender una máquina. Es la última frontera de la inteligencia artificial.

Lo imprevisible es el viaje a todo lo que los algoritmos todavía no pueden controlar en la era del *big data* y a aquello que pueden, pero tal vez convenga replantearse si deben. Cuanto más nos acostumbremos a estos incipientes sistemas que predicen nuestros gustos y anticipan peligros, más nos asustará y fascinará todo aquello que no podemos controlar. El problema central del futuro no van a ser los robots, sino qué significa ser humano. Y a medida que vayamos dejando más decisiones en manos de las máquinas, más importante será lo imprevisible.

Madrid, abril de 2020

0

La pandemia

De cuando apareció el virus y desapareció la primavera

A las 22.30 horas del 12 de marzo de 2020 hablé con el director de un hospital madrileño.[1] «O nos confinamos o seguirá muriendo mucha gente», me dijo muy preocupado por la virulencia del nuevo coronavirus que cada vez enfermaba a más personas. Llegaba a casa tras catorce horas ininterrumpidas en el hospital, tratando de salvar el mayor número de vidas posible y todavía le quedaban fuerzas para advertir que los demás, los que no somos médicos, podíamos salvar muchas más que él. Entre tanto, los telediarios contaban que se suspendían las Fallas y la gran duda era qué pasaría con la Semana Santa y la Feria de Abril. Decía este doctor, y con razón, que aún no entendíamos lo que pasaba.

En la UCI de su hospital ya no quedaban respiradores para atender a todos los afectados por esta especie de neumonía altamente contagiosa. Lo mismo me contó ese día un pediatra que trabajaba en la otra punta de Madrid con el que había charlado un rato antes. No daban abasto. Y nos suplicaban que los ayudásemos. No tocándonos. No saliendo. No contagiando. Eso sí que salvaría vidas. Entre tanta confusión, la ciudad seguía más o menos su rutina. Las clases ya habían sido suspendidas un par de días antes, pero los niños aún pasaban la tarde en los parques y los universitarios planeaban escapadas aprovechando lo que aún les parecían vacaciones de regalo. Otros, más previsores, asaltaban el súper por si fuera a decretarse la cuarentena, como ya había pasado en Italia, pero luego se iban por la noche a ver el partido a un bar lleno de gente y a abrazarse en cada gol. Seguíamos sin entender nada.

Los médicos empezaron a pedirnos que nos quedásemos en casa mucho antes que los políticos. Llevaban semanas viéndolo venir. Pasó en China en enero, pasó en Italia en febrero y en marzo empezó a pasar aquí. Lo más peligroso de este virus, además de la rapidez de contagio, fue que inicialmente se lo menospreció porque los primeros cálculos previeron que no sería una amenaza para la salud del 80 por ciento de los contagiados. Eso supuso, paradójicamente, una amenaza mayor: la de no haberlo temido lo suficiente. No entendimos a tiempo que ni esta ciudad, ni este país, ni este mundo, ni siquiera sus países más desarrollados, estaban preparados para atender con los estándares de siempre a decenas de miles de ciudadanos que se enferman a la vez. Ni pensamos que el 20 por ciento de 1.000 millones de personas son 200 millones de personas. Tal vez se habría entendido mejor así.

Aquel médico me contó que en los hospitales madrileños ya se estaban empezando a preparar para ver morir a pacientes que una semana antes habrían podido salvar. Porque una semana antes todavía vivíamos en un mundo diferente. En la era de la abundancia. Esa en la que aún nos besábamos al vernos, nadie llevaba mascarilla por la calle y en los hospitales no contemplaban dejar sin tratamiento a nadie que lo necesitara. Hasta que llegó la COVID-19. Y no fue de repente, llevaba semanas aquí. Al principio se comparaba alegremente con la gripe, porque esta también mata miles de pacientes cada año. Como si pudiéramos permitirnos la muerte de unos cuantos miles de personas más sin llamarlo tragedia. Como si esta primavera fuera a ser una primavera más.

Antes de que el Gobierno decretara el estado de alarma, los representantes de los comités éticos de los hospitales madrileños ya se habían reunido para pensar las directrices con las que los profesionales sanitarios deberían priorizar a los enfermos en estado crítico por la pandemia. No estábamos preparados para que nuestros médicos tuvieran que decidir qué vidas salvar. Ellos tampoco lo estaban.

Sabíamos que eso pasa en las guerras, en las grandes tragedias y en los países en desarrollo. No podíamos creernos que esto pudiera pasar aquí. ¿Significa entonces que una pandemia global que colapsara tantos países era imprevisible? No. Lo que significa es exactamente eso: que no nos lo podíamos creer. A los grandes cambios, a veces, los rodea una sensación de irrealidad que hace difícil creérselos incluso cuando uno ya está viviéndolos. Para que algo sea previsible no basta con verlo venir, también hay que ser capaz de imaginárselo.

Días antes, ya habían circulado por móviles y telediarios los vídeos caseros del personal sanitario en Milán avisando de que estaban desbordados por la COVID-19 y de las familias italianas que cantaban en los balcones y pintaban arcoíris para sobrellevar su recién impuesta cuarentena. «Pobres italianos, encerrados en casa», comentábamos mirando nuestras pantallas, mientras tomábamos algo en una terraza madrileña, sin entender que los siguientes éramos nosotros. Cuando el 14 de marzo empezó el confinamiento corrían por WhatsApp bromas con las fiestas que se montarían cuando reabrieran los bares. Seguíamos sin entenderlo.

Es imposible saber qué se siente viviendo en un país en cuarentena por miedo a un virus cuyas víctimas de pronto pasan a contarse por miles en vez de por cientos, hasta que de pronto basta con asomarse al balcón para comprobarlo. Y ahí fue cuando, poco a poco, lo empezamos a entender. Aunque un mes más tarde aún no nos habíamos desecho del todo de la sensación de irrealidad.

Así que no podemos decir que todo esto nos pillara desprevenidos. ¡Pero si estaba pasando aquí al lado! Cuando esto empezó, Wuhan parecía lejos. Cuando la COVID-19 llegó a Lombardía, lo vimos con mayor preocupación, pero seguíamos sin temerla lo suficiente. Cuando la cosa se puso fea en Madrid, en Sevilla y Pontevedra también creyeron que hasta allí no llegaría. ¿Cómo es posible que tardáramos tanto en aceptar que los virus no entienden de *aquíes* ni *allíes*?

Uno detrás de otro, los Gobiernos europeos fueron tomando a regañadientes las medidas drásticas que solo una semana antes les parecían inconcebibles cuando era otro país el que lo hacía. Hasta que no se colapsaron los hospitales, muchos no se lo tomaron en serio. Y uno tras otro fueron descubriendo que el virus que creían tener controlado, en realidad, no lo estaba. Leer la prensa extranjera esos días desde la España confinada era como estar atrapados en el futuro y no poderlos avisar. Así debían de sentirse los científicos que durante años llevaban avisando a los Gobiernos de que una pandemia de estas características podía suceder en cualquier momento y había que prepararse para ella. Para los epidemiólogos, la COVID-19 no fue una sorpresa. Pero lo imprevisible no es siempre aquello que no se puede prever, es también aquello que, por más que nos avisen, no terminamos de creer que pueda llegar a sucedernos.

El cascabel al algoritmo chino

En Asia habían sufrido con más dureza otros brotes epidémicos, así que el surgimiento de un nuevo coronavirus era algo para lo que en China se habían preparado. Lamentablemente, no lo suficiente como para seguir la recomendación de los expertos que desde hace años pedían al gigante asiático prohibir en los mercados la venta de animales vivos para consumo humano, foco habitual de estos virus, como pudo serlo del SARS-CoV-2.

China había confiado en su nueva condición de potencia tecnológica para prevenir la próxima pandemia y desarrolló un sofisticado sistema de alertas para la detección temprana de enfermedades infecciosas. Lo tenían todo listo para que sus hospitales tuvieran acceso al sistema en el que introducir cualquier indicio sospechoso de ser una nueva enfermedad y evitar que se propagara.

Obviamente, no funcionó. Y no es tan extraño que la peor pandemia del último siglo naciera en el país teóricamente mejor equipado tecnológicamente para prevenirla.

Los sofisticados algoritmos no estaban diseñados para que a los humanos les temblara el pulso al tener que compartir malas noticias con Pekín. Cuando llegó la hora de la verdad, nadie en Wuhan activó a tiempo las alarmas por temor a posibles represalias de los mandamases del Partido Comunista Chino.

Así que al final no fue ningún sofisticado sistema informático lo que alertó de una posible epidemia de origen desconocido en Wuhan, sino unas filtraciones anónimas en internet, seguramente de médicos preocupados ante la inacción oficial. Ellos fueron los que denunciaron a la desesperada que había un extraño virus propagándose entre humanos cuando ya era demasiado tarde para frenarlo. Tres semanas antes podría haberse evitado la tragedia.[2]

Las autoridades chinas sabían que podía volver a producirse un brote como el del síndrome respiratorio agudo grave (SARS) de principios de siglo y creían que ya estaban preparadas para controlarlo. Los entresijos burocráticos de un régimen autoritario obstaculizaron la prevención del virus. Tampoco ayudó la falta de transparencia inicial para compartir los datos con la comunidad internacional, a la que a su propia ceguera para calibrar la dimensión de la amenaza hubo que sumarle una total falta de coordinación entre países. Los algoritmos no siempre están preparados para sortear la manipulación. Tampoco están a prueba del miedo, ni de la ineptitud política, ni de la estupidez humana, como veremos a lo largo del libro con ejemplos mucho menos dolorosos que este.

La ensaladera que lo vio venir

Para Wimbledon, el coronavirus tampoco fue imprevisible. Fue el único Grand Slam preparado para recibirlo. El torneo de tenis llevaba diecisiete años pagando un seguro de cancelación que lo protegía en caso de pandemia (a razón de 1,7 millones de euros al año). Lo contrató en 2003, cuando se produjo la epidemia del SARS, que mató a 774 personas en todo el mundo (principalmente en China), por si una amenaza como esa llegase al Reino Unido. La póliza le daba derecho al torneo de la ensaladera a recibir unos 114 millones de euros si se suspendía el campeonato, algo que no se producía desde la Segunda Guerra Mundial. Hasta que se produjo.

A un par de horas en coche de las pistas de Flushing Meadows está el Centro para el Estudio del Riesgo Existencial de la Universidad de Cambridge. Allí trabaja un variopinto grupo de científicos, tecnólogos y filósofos que llevan años avisando de que en cualquier momento podía llegar una pandemia. El centro estudia los riesgos más acuciantes que pueden poner en peligro a la humanidad y cómo prevenirlos. Los catastróficos son los que supondrían un colapso parcial de la civilización. Los existenciales, la extinción total. Visto así, este coronavirus es solo de los catastróficos.[3]

El primer paso para prevenir esos riesgos que pueden suponer el fin del mundo es identificarlos y evaluar su gravedad: en primer lugar, están los peligros biológicos (ahí incluyen las pandemias naturales, como la de la COVID-19, pero también los riesgos de la manipulación genética y armas bioquímicas creadas en laboratorios); además, están las catástrofes medioambientales (como el cambio climático); y otros peligros tecnológicos, como el que puede derivarse de un mal uso de la inteligencia artificial.

Por apocalíptico que pueda sonar todo esto, en el fondo hay que ser muy optimista para ponerse a estudiar el fin del mundo creyendo que la ciencia puede ayudar a evitarlo. Sir Martin Rees, que es uno de los fundadores de este centro, me reconoció que él se considera optimista en lo tecnológico, pero pesimista en lo político. Cómo no va a serlo si este astrofísico británico llevaba años aconsejando a los Gobiernos que invirtieran más en la prevención de pandemias, porque sus informes alertaban de que era solo cuestión de tiempo que llegara una. También el Centro para el Estudio del Riesgo Existencial advierte de que el cambio climático causará millones de muertes por hambrunas, sequías e inundaciones, pero Rees tampoco consigue que las autoridades se lo tomen todo lo en serio que querría.

A Rees lo había entrevistado en verano, pero le volví a llamar en primavera para conocer su visión de la COVID-19. «Sabíamos que una pandemia global era una posibilidad, y los Gobiernos, también», me dijo Rees, confinado en su casa de Cambridge, en la que permanecía aislado indefinidamente sin poder dar clases hasta que remitiera el coronavirus. No parecía muy sorprendido de que la humanidad no hubiera sido capaz de evitar esta tragedia que el día en que hablamos ya había costado más de cien mil muertos. Había dejado escrito en su libro *En el futuro,* publicado varios años antes, que algo así podía pasar.[4] Dudé si hay que felicitar a alguien que se dedica al estudio de las catástrofes cuando uno de sus peores pronósticos se convierte en realidad, porque para él también es una mala noticia, así que le dije que el tiempo le había dado la razón. Lo que no le conté es que cuando unos meses antes me habló del riesgo de pandemias yo tampoco hice mucho caso.

Previsible, pero poco familiar

Muchos Gobiernos tenían en sus análisis de riesgos globales que las pandemias eran una posibilidad, pero si no actuaron a tiempo fue porque los políticos no están preparados para invertir lo necesario en prevenir un riesgo que resulta poco familiar. Ese es el error más habitual sobre el que el Centro para el Estudio del Riesgo Existencial trata de concienciar: no debemos confundir un riesgo poco familiar, algo que nunca ha sucedido, con algo improbable. Especialmente, en un mundo que cambia tan deprisa y en el que, por tanto, los fenómenos poco familiares van a ser cada vez más frecuentes. Tampoco la baja probabilidad de que algo suceda es la única variable que hay que tener en cuenta para tomarse algo en serio. Bajo riesgo no significa ningún riesgo. Y hay amenazas potencialmente tan catastróficas como para que no compense ignorarlas. Aunque a menudo ni los Gobiernos ni la sociedad entiendan su importancia, porque sus legislaturas no están diseñadas para pensar ni de manera global ni a largo plazo.

Resulta tan obvio que es importante tomar medidas para evitar la extinción y los riesgos catastróficos que raramente se debate en una campaña electoral. Cuando algo es extremadamente devastador, pero no inminente, es probable que cueste más convencer a los responsables de las políticas públicas de que hagan algo para evitarlo que si es muchísimo menos grave, pero puede suceder en los años venideros (sobre todo si ese lapso temporal coincide con una legislatura). Muchos informes, no solo el de Cambridge, advertían de que las pandemias eran uno de los mayores riesgos inminentes que podían suceder en los próximos diez o veinte años.[5]

Sin embargo, ignorar estas advertencias tiene para los políticos más sentido del que pueda parecer. Cuando los gobernantes han hecho grandes inversiones para prepararse ante posibles amenazas que luego no han llegado a producirse, o al menos en la gravedad esperada, la opinión pública los ha criticado por haber entendido que derrocharon ese dinero público. Pasó con el acopio de antivirales en 2009 por parte de varios Gobiernos europeos cuando los países se prepararon para el H1N1, comúnmente conocido como *gripe A*. La compra masiva de fármacos como el Tamiflu fue considerada un derroche una vez que la epidemia estuvo bajo control. Es importante prepararse para algunos *por si acaso*, pero no es fácil convencer a los políticos de que gasten dinero en algo que es improbable que suceda durante su legislatura, a no ser que haya la suficiente comprensión popular para ello.

Lo malo es que hay una serie de inercias sociales y psicológicas que nos impiden creernos que van a llegar grandes cambios, porque tendemos a dar por hecha la normalidad. También influye lo que los psicólogos llaman el *sesgo del optimismo*, que no ayuda a tomarnos en serio las advertencias de los riesgos que corremos. Es el mismo mecanismo por el que las personas somos excesivamente optimistas sobre nuestras posibilidades de ser víctimas de un delito o un accidente de tráfico. Sabemos que pasan cosas malas, pero tenemos la sensación de que nosotros sí estamos a salvo de ellas.[6]

Si los gobernantes se centran en el corto plazo y las amenazas locales demasiado a menudo es porque habitualmente es la estrategia que mejor les ha funcionado para salir reelegidos. Y si los riesgos globales y a largo plazo, al menos hasta ahora, no han sido un buen reclamo electoral, es también una responsabilidad de los ciudadanos, que no les exigen un mayor compromiso con esas otras amenazas más graves pero lejanas. Por eso no solo es importante que los políticos tengan en cuenta las alertas de los científicos, también es crucial que haya una mayor percepción pública de la importancia de estos riesgos. Ahora son las pandemias, pero hay otros peligros potencialmente catastróficos, como los medioambientales y los de la gobernanza responsable de la inteligencia artificial que veremos en los próximos capítulos y que no deberíamos olvidar.

La rana que hierve

En un lugar olvidado de un bosque perdido, que resulta ser a las afueras de Pittsburgh, pero lo mismo podría ser en Nairobi, Hanói o Barcelona, vemos a un señor de pelo largo y blanco que observa cómo un grupo de jóvenes traza la explanada con una cuerda y va clavando en ella unos maderos numerados. Han encontrado una fosa común donde yacen decenas de víctimas de la pandemia de gripe de 1918, que mató a 100 millones de personas en todo el mundo.

Ese señor de pelo blanco que señala el lugar dice que es

un recordatorio de lo devastadora que puede ser una pandemia. Es Dennis Carroll, exdirector de la Unidad de Amenazas Emergentes de la Agencia de los Estados Unidos para el Desarrollo Internacional. Y mientras una cámara aérea se va alejando del bosque para mostrar la magnitud de la fosa, añade: «Cuando hablamos de otra pandemia de gripe, no se trata de si ocurrirá o no, sino de cuándo». Así empieza *Pandemia: cómo prevenir un brote,* un documental de Netflix rodado en 2019 que se estrenó en enero de 2020, cuando ya era tarde para la advertencia y parecía el telediario.

Carroll es el epidemiólogo que durante quince años estuvo al frente de la unidad de pandemias en la Agencia Federal para el Desarrollo Internacional de Estados Unidos. Allí dirigía Predict, un programa de vigilancia de virus animales peligrosos que algún día pueden infectar a los humanos. Con este programa de investigación, que nació en 2005 inspirado por la gripe aviar, Carroll identificó más de mil de estos virus zoonóticos. Su idea era que siempre es mejor prevenir y vigilar los virus que curarlos. Para ello, es necesario investigar la vida silvestre en la que pueden dar el salto a los humanos. Predict encontró posibles brotes de infecciones peligrosas en murciélagos, simios, pollos y gansos. También capacitó a unas cinco mil personas en treinta países africanos y asiáticos, y desarrolló sesenta laboratorios de investigación médica, principalmente en países en vías de desarrollo. La idea de Carroll era que cuanto mejor preparados estuvieran los científicos en las zonas donde más riesgo existe de que surjan los nuevos virus, más probabilidades habría de frenarlos.[7]

El programa estadounidense, que costó unos 200 millones de dólares, fue creado hace más de diez años, pero la

Administración Trump lo canceló en octubre de 2019, dos meses antes de que apareciera el coronavirus en Wuhan. Su Gobierno había dejado de verle utilidad a invertir tantos millones de dólares en enfermedades tropicales de países lejanos. ¿Qué tienen que ver con los votantes norteamericanos esos mercados de animales de Mogadiscio o Cantón? En 2020 quedó más clara la respuesta.

La cancelación de Predict coincidió con la publicación de las conclusiones del panel de expertos independientes de la Organización Mundial de la Salud (OMS) para evaluar cómo se estaban preparando para estas emergencias sanitarias los Gobiernos, las agencias de las Naciones Unidas, la sociedad civil y el sector privado. Estudiaron qué medidas concretas de prevención se habían tomado a raíz de anteriores epidemias, como la de la gripe H1N1. ¿Su conclusión? La mayoría de las recomendaciones hechas por expertos en enfermedades infecciosas se implementaron mal o no se implementaron en absoluto, y tanto en Europa como en Estados Unidos había brechas de seguridad que dejaban el mundo gravemente desprotegido. Sobre todo, en los países en vías de desarrollo. Las medidas que había que impulsar internacionalmente para evitar una tragedia solo se tomaban en serio durante los ciclos de pánico; pero cuando desaparecía la amenaza, se olvidaban rápidamente. Y en esto llegó el coronavirus.[8] Cuando a Dennis Carroll, el epidemiólogo de melena blanca que en el documental de Netflix advertía que una pandemia era solo cuestión de tiempo, le preguntaron en marzo de 2020 si el brote de Wuhan y su devastadora expansión por todo el mundo que estaba costando decenas de miles de vidas habían sido predecibles, fue contundente. Sí:

> Oh, por supuesto. Era predecible. Es como si no tuvieras leyes de tráfico y constantemente estuvieras encontrando peatones atropellados por automóviles mientras tratan de cruzar la calle. ¿Eso es sorprendente? No. Todo lo que hace falta es organizar mejor los cruces peatonales, establecer las normas y los reglamentos de tránsito. Pero no estamos haciendo eso. No estamos estableciendo el tipo de prácticas seguras que minimizan la oportunidad de contagio. Si entendiéramos mejor por dónde circulan estos virus y esa «ecología», tendríamos el potencial de interrumpir y minimizar el riesgo de contagio.[9]

La amenaza era ahora mayor que nunca. El cambio demográfico sin precedentes de las últimas décadas provocó un vertiginoso aumento de la posibilidad de que surgieran nuevos brotes infecciosos de origen animal, tanto por el gran aumento de la población humana (hace cien años había 6.000 millones menos de habitantes) como por el cambio en el uso de la tierra (destinada a la agricultura y la producción ganadera). A medida que se han ido transformando los ecosistemas, se han ido creando nuevas situaciones de riesgo de contagio, porque se han desplazado de su hábitat animales salvajes que antes no estaban tan cerca del ganado para consumo humano. A eso hay que sumarle que el mundo nunca ha estado tan globalizado y, por tanto, tan interconectado ante posibles contagios. Nada de esto ha llegado de una forma repentina, sino gradual. Carroll lo explica usando el síndrome de la rana hervida:

> Si dejas caer una rana en una olla de agua hirviendo, saltará. Pero si tomas esa misma rana y la pones en una olla de agua

> a temperatura ambiente y subes lentamente la temperatura, permanecerá en esa agua y hervirá hasta la muerte. Pierde perspectiva sobre el entorno cambiante a su alrededor. Y nosotros somos esa rana en el agua a temperatura ambiente. Vivíamos ajenos a las condiciones que han permitido que los virus zoonóticos se integren entre nosotros.[10]

A diferencia de las ranas, sin embargo, los humanos tenemos la ciencia. Esta es la que nos debería ayudar a anticipar y comprender los riesgos que corremos. Pero no basta con que sean los expertos los que conozcan los riesgos, también es necesario que las instituciones pasen a la acción. Y si la sociedad no entiende bien lo que está en juego, como explicaba Rees, es difícil que esto suceda. Sin la suficiente presión social, es mucho más difícil que las advertencias se traduzcan en políticas de prevención. Y, mientras tanto, las ranas siguen a remojo y el agua se sigue calentando.

La imaginación confinada

Para entender cómo puede cambiar el mundo del futuro no solo hace falta la ciencia, sino también la imaginación. Esta es la que mejor puede ayudarnos a dar con el modo de adaptarnos en momentos de incertidumbre en los que no se puede saber lo que vendrá y no queda otra que inventárselo.

Entre 1989 y 1991, todavía bajo la ocupación soviética, los disidentes de los países bálticos intercambiaban mensajes secretos sobre cómo imaginaban que podía transformarse su país cuando la Unión Soviética se derrumbara. Solo conocían el mundo capitalista, al otro lado del Telón de Acero, por la señal de la televisión finlandesa que llevaba a sus salas de estar las series americanas de los años ochenta (aunque no entendían el idioma). Inventarse los diálogos de Joan Collins en *Dinastía,* que la mayoría no comprendía, pero todos veían, los ayudó a empezar a dar forma a un mundo totalmente diferente al que conocían.

Lo cuenta la escritora Masha Gessen, autora del libro *El futuro es historia,*[11] que destaca la importancia que tuvo para los estonios echarle imaginación para reinventarse tras la caída del comunismo, convertido treinta años después en un pequeño país a la vanguardia de la gobernanza digital, en el que se bromea con que prácticamente todo (salvo nacer, casarse y morir) es posible hacerlo online.

Al día siguiente de declarar el estado de emergencia por el coronavirus, el Gobierno estonio recurrió de nuevo a la imaginación y lanzó una plataforma para pedir a sus ciudadanos que buscaran soluciones para sobrellevar el confinamiento forzoso. La convocatoria animaba a presentar proyectos que «pensaran lo imposible». Desde plataformas para coordinar la ayuda a los mayores a maneras de minimizar el número de veces que nos tocamos la cara con un *software.* Animaba, además, a las empresas a lanzar proyectos pensando en cómo sería el mundo después de la pandemia para adelantarse a los retos que podrían ir surgiendo.[12]

Para las empresas era difícil, al inicio de la pandemia, vislumbrar cómo sería el mundo después de la COVID-19. Los consultores seguían creando tablas de Excel y curvas de consumo que compartían en sus pantallas durante las nuevas reuniones por videoconferencia en las que, por cierto, todo el mundo era puntual. Durante los meses de confinamiento, los atascos ya no servían de excusa en los negocios y mucha gente tenía que aprender a marchas forzadas a reunirse a distancia hablando a la cámara, porque en países como España el teletrabajo había sido siempre una entelequia.

La gran incógnita de fondo de la que dependían todas las proyecciones para el siguiente trimestre ya no aparecía en ninguna fórmula matemática. Era más antropológica que econométrica: ¿qué querrá hacer la gente cuando pueda salir de casa?, ¿cuánto va a cambiarnos la vida el miedo al contagio?, ¿será seguro viajar en avión?, ¿e ir al cine?, ¿o al fútbol?, ¿y a la playa? De pronto, no sabíamos nada del futuro. Y daba un poco de miedo imaginar a qué llamaríamos *normalidad.*

Nunca habíamos vivido un momento de tanta incertidumbre global como el de la primavera de 2020. Lo más desconcertante no es que no supiéramos cuándo podríamos volver a salir a la calle. No sabíamos la fecha, pero sí que, por larga que se hiciera la espera, ese momento llegaría. El mayor problema es que no teníamos ninguna certeza más. Me contaba un amigo consultor, que asesora a grandes multinacionales, que nunca antes había tenido que preparar a sus clientes para un mundo que desconocíamos por completo. Ahora las empresas sí que necesitaban echarle imaginación para reducir la incertidumbre. No se puede hacer un modelo matemático en el que todas las variables sean una incógnita: la regulación, los horarios, la cadena de suministro, la oferta y la demanda. Todo, de pronto, estaba en el aire.[13]

Las aerolíneas, al borde muchas de ellas de la quiebra, no sabían ni cuándo abrirían las fronteras ni cuántos pasajeros cabrían a bordo de forma segura. Ni siquiera cuándo sería legal volver a viajar por placer. Las tiendas de moda ignoraban si diseñar o no bikinis para este verano, o dónde fabricar la temporada de otoño, porque todo dependía de cuántos países estuvieran confinados para entonces. Los colegios seguían cerrados y en abril aún era imposible saber siquiera si en verano se podría ir a la playa. En Semana Santa, hubo que hacer las procesiones en el salón. Había que echarle imaginación hasta para pensar un futuro medio normal.

¿Qué sorprenderá más a las generaciones futuras?: ¿Cómo vivimos esta pandemia? ¿O cómo vivíamos antes de ella?

PARTE PRIMERA

DE MENOS IMPREVISIBLE…

1

Los viajes

De cómo los mapas empezaron a dibujar el mundo inventándose lugares y ahora lo difícil será perderse

El móvil dice que tardaremos 36 minutos en llegar a Cumas y qué tiempo hará: máxima de 32 grados centígrados (ºC), mínima de 23 ºC. La probabilidad de lluvia es del cero por ciento. Es el tipo de información que antes solo tenían los dioses.

El pronóstico se cumple al llegar a la cueva de la Sibila veinticinco siglos después que Eneas, pero a diferencia de lo que advertía la *Eneida,* allí no se oyen rugidos. Lo que resuena ahora al pie de este monte del sur de Italia son las cigarras de agosto y una motosierra talando árboles. Las vistas al mar desde el templo de Zeus que hay en lo alto acaso sean lo único que no ha cambiado los últimos milenios.

Estamos en Cumas, a media hora de Nápoles, a salvo de los *tours* que abarrotan la costa amalfitana. De pronto, dentro de la cueva, se oye un grito que retumba en la montaña. Parece la voz de una niña de unos 3 o 4 años. Su padre la ha asustado con una voz fantasmagórica como del mismísimo Averno, al que, según Virgilio, se entraba por esta gruta. La pequeña sale de la cueva tirando, todo lo deprisa que puede, de la mano de su madre. Detrás camina despacio un señor sonriente, pantalones cortos y cámara réflex colgada al cuello, mientras empuja el carrito vacío de la niña que acaba de salir despavorida. Los sustos son, en esencia, imprevisibles. Eso tampoco ha cambiado desde la antigua Grecia. Lo que sí es diferente, y más que va a cambiar, es cuántas de las cosas que nos rodean vamos a poder prever gracias a la inteligencia artificial y el *big data.*

Querer anticiparnos a lo que viene ha sido una eterna aspiración humana. Hasta la cueva llegó Eneas hace miles de años buscando a la «casta y terrible» Sibila para que le predijera su futuro:

> Ella te declarará los pueblos de Italia y las futuras guerras que te aguardan, y te dirá los medios de evitar o vencer cualesquiera trabajos; si la veneras, ella hará prósperas tus aventuras.[1]

¿Puede preverse el futuro? Si la Sibila hubiera dicho a Eneas con detalle todo lo que le iba a pasar, Virgilio no habría necesitado más que un par de páginas para narrar su viaje. Sin imprevistos no hay aventura. Un mármol de la entrada recuerda que allí llegó el héroe griego cuando, según la leyenda, aquella era una caverna pavorosa, envuelta en horrendos misterios. Ahora es una apacible gruta octogonal de ciento treinta metros de profundidad que de vez en cuando recibe a algún turista aficionado a la arqueología. Eneas buscaba a la Sibila, aunque diera miedo, para que le ayudara a anticipar el futuro en sus travesías por la Magna

Grecia. En el siglo XXI, esa promesa nos la hacen los últimos avances de la ciencia y la tecnología. Y aunque también dan un poco de miedo, allá que vamos.

Dos mil quinientos años más tarde, somos más de consultarle a Alexa, Siri y Google los peligros que encontraremos en nuestro viaje. Los asistentes virtuales tienen algo de Sibila de Cumas digital. Sus vaticinios se manifiestan también con voces de mujer, hay clichés que el tiempo no cambia, aunque ahora sus pronósticos salen de un altavoz conectado a internet en vez del fondo de la cueva octogonal. Adentrarse en cómo funcionan realmente esos algoritmos y hasta qué punto pueden controlar nuestro destino también da algún escalofrío.

Uno de estos asistentes virtuales, los nuevos oráculos para todo, nos advirtió por la mañana de cuál era la ruta más rápida para llegar a Cumas en coche desde Nápoles. Había que tomar la Tangenziale y tardaríamos treinta y seis minutos. Obedecimos su mandato. Vaticinó el algoritmo que no habría tráfico y acertó. ¿Por qué habríamos de improvisar si nos marca el mejor camino? De haber surgido algún contratiempo, nos habría avisado también. Eneas se tomó la molestia de ir a ver a la Sibila para que le advirtiera de los riesgos de su travesía. Con Google Maps no habrían existido ni la *Eneida* ni *Caperucita Roja* siquiera. La parte más interesante de la historia siempre empieza cuando alguien se desvía del camino.

Viajar es una de tantas cosas que se han hecho más predecibles gracias al *big data* y la geolocalización. Lograr el control de lo que nos rodea y sucederá en la vida ha sido una aspiración ancestral. Nunca había sido posible controlar tantas cosas de nuestro entorno como en la nueva era de la inteligencia artificial. La mejor prueba de que cada vez más cosas se vuelven previsibles en el mundo conectado es que uno ya no puede perderse ni queriendo.

Mapear el mundo

A principios del siglo xx, igual que ahora, también el mundo estaba a medio hacer. Eran los tiempos idóneos para reinventarlo casi todo porque con tanto cambio social y tecnológico había que resolver una cantidad inaudita de nuevas necesidades. No había mapas de carreteras y, por no haber, no había ni carreteras. A medida que el petróleo, el automóvil y el asfalto se extendían por el mundo, fueron haciendo falta los mapas que los acompañaran. Por eso tuvo tan buena vista un inmigrante finlandés en Nueva York, Otto G. Lindberg, cuando creó en 1909 la General Drafting Corporation. Que bien podría traducirse como «Compañía de Dibujos en General».

Lindberg descubrió que lo más rentable que podía dibujar eran mapas de carreteras. Hacía cartografías realizadas a mano y a pie. Los cartógrafos tenían que desplazarse hasta cada sitio y recorrer los caminos para ir trazando en detalle cada lugar. Nunca tanta gente había necesitado mapas tan minuciosos del entorno porque, hasta que llegó el automóvil, viajar por carretera no era algo cotidiano para el común de los mortales. Para andar por las mismas calles de siempre y viajar de vez en cuando en tren, la gente no necesitaba la ayuda de un plano. El mundo no se había dibujado al detalle hasta que a la emergente industria del automóvil le vino bien animar a la gente a perder el miedo a viajar, ya fuera por trabajo o por placer, por las nuevas carreteras. Así, de paso, gastaban combustible.

Lindberg convenció a la Standard Oil de Rockefeller (luego Exxon y Esso) de que su empresa estaba realizando el mejor mapa de carreteras de toda Nueva Jersey. Y así fue como logró un lucrativo acuerdo que duró sesenta años para diseñar los mapas que las petroleras publicaron durante décadas para que los automovilistas fueran perdiéndole el miedo a perderse. Los primeros conductores necesitaban que les inspiraran confianza para adentrarse con los nuevos coches motorizados en aquellas carreteras en las que aún abundaban más los abrevaderos que las gasolineras. Ese desconcierto de los grandes cambios lo comparten, siglo y pico después, quienes se plantean comprarse un coche eléctrico, pero no saben dónde podrán cargarlo.

Los nuevos mapas de carretera impresos en sábanas, esas imposibles de volver a doblar bien después de consultarlas, empezaron a ser un bien muy cotizado en la época. Para poder pleitear en los tribunales en caso de plagios, Lindberg y su socio tomaron una precaución: inventarse un pequeño pueblo ficticio en mitad de Delaware que pudiera demostrar que alguien les había copiado el mapa. Era una técnica que se usaba mucho también en la elaboración de enciclopedias para cazar a los plagiadores a los que se las colaban.[2]

Sumando las iniciales de Otto G. Lindberg y de su socio Ernest Alpers les salió como nombre inventado: Agloe. Así fue como llamaron a un lugar inexistente en la intersección de dos caminos perdidos en medio de la nada. Agloe empezó siendo una simple trampa para defender los derechos de autor, pero treinta años más tarde acabaría convirtiéndose en realidad. En 1950, un comerciante abrió una tienda en ese punto y, viendo el nombre que ponía en el mapa, lo llamó Agloe General Store. Alrededor fueron surgiendo nuevos negocios y vecinos hasta que aquello acabó convirtiéndose en un pueblo de Delaware llamado Agloe. Los mapas siempre han tenido el poder de transformar la realidad.

Imperdibles

Representar un lugar inexistente puede lograr que se convierta en realidad, igual que ignorarlo hace que desaparezca. Un inmenso poder que en el siglo XXI concentran cada vez menos compañías. Si no estás en Google Maps, no existes. Y si estás, no sueñes con perderte. El mayor cambio en los mapas que sorprendería a Lindberg un siglo después de su Compañía de Dibujos, más aún que ver cartografiado el mundo en las pantallas y que ya no haga falta ni doblar los mapas, ni siquiera imprimirlos, sería descubrir el puntito azul que se mueve por esa calle. En los mapas de hoy en día, además de los lugares, aparecen las personas que los usan. Registran en tiempo real cada paso que damos por el mundo. Y así no hay quien se pierda.

Aunque, bien pensado, es más bien al revés. Sin ayuda del GPS, ahora nos perderíamos todo el rato. Yo, al menos, me oriento tan mal que necesito urgentemente un Google Maps dentro de los edificios. No sería la primera vez que me pierdo en un hotel o un hospital y echo de menos que un algoritmo me indique dónde está el baño.

Uri Levine, el emprendedor israelí que en 2008 creó Waze (la app para conductores que muestra el tráfico en tiempo real y recomienda la ruta más rápida), me contó que su hijo no le quiso acercar al aeropuerto para coger un vuelo a Madrid porque se le había estropeado su teléfono. Para este joven universitario resultaba tan paralizante no marcar la ruta en la aplicación antes de moverse en coche por su propia ciudad como quedarse sin gasolina. Nunca había conducido sin GPS.

«No te preocupes, te dejo mi móvil», le dijo Levine. El hijo se negó, incrédulo, al darse cuenta de que su padre, ¡el mismísimo inventor de la app del mapa que usa todo el mundo!, no entendiera la magnitud del problema: «Papá, si a la ida usamos tu móvil, cuando te deje en el aeropuerto…, ¿cómo vuelvo a casa yo solo y sin móvil?», le preguntó el joven.

No creo que fuera un problema para Uri Levine, que en 2013 vendió Waze a Google por 1.000 millones de dólares, encontrar un modo alternativo de desplazarse. Pero le dio qué pensar que su hijo fuera tan extremadamente dependiente para moverse por el mundo únicamente de una pantalla del móvil como brújula y que no le bastara, qué sé yo, con asomarse a la realidad por la ventana. A lo mejor nunca se había fijado en que hay señales de desvío al aeropuerto en cualquier autopista.

Va diluyéndose en la nostalgia del siglo XX, junto al recuerdo de los radiocasetes extraíbles, aquella época salvaje en la que los conductores improvisaban sobre la marcha. Un conductor no solo desconocía la ruta. Ignoraba, incluso, cuánto tardaría en llegar a un sitio antes de salir. A quienes no recuerdan el mundo antes de Google, les sorprenderá saber que a veces incluso el conductor tenía que quedarse en el arcén desdoblando el mapa que llevaba en la guantera. Sería engorroso, pero nunca se quedaba sin batería. Otra opción era buscar un transeúnte, bajar la ventanilla, con la manivela, por supuesto, y asomar el codo para preguntarle si conocía tal o cual dirección.

Hace no tanto tiempo que los GPS ni siquiera eran de fiar. En 2012, el debut de Apple Maps estuvo tan lleno de errores que se convirtió en el chiste tecnológico del momento. Hasta la policía australiana lanzó una alerta ese año para avisar a los conductores de que se dejaran de moderneces y llevaran mapas de papel. Mejor no fiarse del iPhone después de que seis conductores anduvieran perdidos durante veinticuatro horas sin agua ni comida por seguir las indicaciones de la app en el parque nacional de Murray Sunset, donde las temperaturas pueden llegar a los cuarenta y seis grados.[3]

Para la generación que ha llevado el *smartphone* en el bolsillo antes de aprender a conducir, la pantalla es la realidad misma. ¿Nos estamos olvidando de resolver problemas a la antigua usanza? Claro. Igual que cuando las ruedas se pinchaban cada dos por tres había que saber cambiarlas, y ahora, en lugar de tener un gato, lo importante es que el móvil tenga batería para pedir ayuda. ¿Dejaremos de orientarnos por la calle igual que un día dejamos de hacerlo mirando las estrellas? A medida que se popularizan las apps que localizan aparcamiento, ya no hará falta ni mirar por la ventana para encontrar el hueco. Hasta eso lo vuelve previsible un algoritmo.

El primer vehículo autónomo

El primer vehículo autónomo del que tengo noticia era de un bisabuelo mío al que nunca conocí. Su fama de vividor, sin embargo, ha trascendido generación tras generación. El abuelo Santiago ya tenía un vehículo autónomo en los años veinte del siglo pasado. Aún no habían llegado los automóviles a aquella comarca leonesa y su mula podía hacer ella sola los catorce kilómetros que separan Astorga de Posadilla de la Vega. Sabía, además, que debía pararse en todos los bares abiertos que encontrara de camino porque a menudo su dueño quería tomarse la penúltima.

El Feligrés —así llamaban en Posadilla a mi bisabuelo, aunque nunca iba a misa— podía ir durmiendo tranquilamente la mona mientras su mula le llevaba a cuestas de vuelta a casa. Sus nietos, abuelos ellos ya, bromeaban de niños con lo lista que era la mula del Feligrés, que hasta se había aprendido los días de la semana. El animal sabía en qué pueblo tocaba mercado. Los martes, a Astorga; los sábados, a La Bañeza; y los jueves, a Benavides. Daba igual que fuera dormido o despierto; como su rumbo era previsible, aquella mula sabía guiarlo por esos caminos que aún tardarían más de medio siglo en asfaltarse.

Los coches autónomos del futuro también van a poder llevar a gente dormida a casa sin que por ello pongan en peligro su seguridad ni la de los demás. La mayoría de los trayectos que realizamos a lo largo del día tienen mucho de predecible, y la tecnología autónoma avanza rápidamente. En la huelga de ferrocarril más larga de la historia de Francia, a comienzos de 2020, hubo solo dos líneas de metro que no interrumpieron su servicio. Ninguna de las dos necesitaba a los humanos porque sus trenes ya se conducen solos. Es solo el comienzo.

El ingeniero que nunca se montaría en el coche autónomo

Sentados en un despacho de Silicon Valley, el responsable de una de las principales empresas que impulsan el desarrollo de los vehículos autónomos me hizo sobre este tema una confesión muy inquietante. Al preguntarle cómo entrenan los coches para evitar los accidentes, presumía de lo mucho que sus sofisticados algoritmos estaban mejorando la seguridad de los vehículos. Tras miles de horas circulando solos por California, donde ya tienen autorización para hacerlo, continuaban aprendiendo de la vida real sin haber tenido un solo percance. Esa era la buena noticia: cuantos más kilómetros acumulan, más datos recogen para aprender a circular con seguridad. Más inquietante fue lo que me dijo cuando le pregunté cómo los programan para evitar futuros imprevistos: «A veces ya no sabemos por qué toman las decisiones que toman».

Así que llevamos años elucubrando sobre si los coches autónomos, en caso de accidente, salvarán al ciclista o al niño que persigue la pelota y, en realidad, las compañías que están entrenando los algoritmos empiezan a reconocer que como aprenden solos ya no los entienden. «Da un poco de miedo —me reconoció el ingeniero, que prefería no ser citado—, pero los datos prueban que así es mucho más seguro».

Los vehículos autónomos podrían salvar más de un millón de vidas en la carretera evitando los errores humanos e imprudencias de conductores bebidos, despistados y somnolientos. Aprenden rápido, pero eso no hace menos inquietante que sigan implantándose sin que tengamos mucha idea de qué decisiones van a tomar en caso de accidente. Solo sabemos que aprenden de cómo actuamos los conductores humanos en casos similares. Para ser sinceros, tampoco nosotros sabemos cómo vamos a reaccionar en una situación límite. Solo que a los errores humanos estamos acostumbrados. Somos imprevisibles, pero a las máquinas nunca hasta ahora les permitíamos serlo.[4]

Por eso le pregunté a Martin Eberhard, el empresario que fundó Tesla antes de que Elon Musk tomara el control de la compañía de coches eléctricos más famosa del mundo, si se fiaba de los coches autónomos. Me aseguró que nunca en su vida ha montado ni montaría en uno, y eso que llevan varios años circulando en California. «Sé demasiado como para hacerlo», añadió enigmático. Al preguntarle por qué un ingeniero entusiasta de la innovación que vive en Silicon Valley quería mantenerse al margen de la tecnología que promete revolucionar el transporte del siglo XXI, confesó:

> ¿Alguna vez has tenido algún programa en tu ordenador que no haya tenido un *bug,* un fallo? No sabemos cómo hacer *software* que no los tenga. Hablo en serio. No lo sabemos. Y si el *bug* significa que tu iPhone falla de vez en cuando, bueno. Pero si lo que falla es el coche en el que viajas, puedes morir. Así que soy mucho más cauto.[5]

Aunque todavía es obligatorio ir atento al volante, ya hay miles de Tesla en el mercado californiano con el nivel de autoconducción como para que humanos con la suficiente falta de cabeza crean que pueden quedarse dormidos mientras el coche va solo. De vez en cuando aparecen vídeos de cándidos conductores echándose una cabezada en su vehículo semiautónomo por las carreteras atascadas de Los Ángeles. Por más que la compañía se defiende alegando que está prohibido y recuerda a sus clientes que no quiten las manos del volante, el piloto automático está generando preocupación. De ahí que Eberhart sea muy crítico con esta tecnología:

> Entre las ideas más estúpidas que he visto está la de que, si el coche va conduciéndose solo y de pronto ve algo confuso, te avise para que tomes el control... ¿En serio? —pregunta este ingeniero vegetariano de unos 60 años que lleva las últimas cuatro décadas desarrollando empresas tecnológicas—. ¿Eso quiere decir que en una situación tan complicada o peligrosa como para que el robot no sepa qué hacer en la carretera, de repente, en un instante tengas que dejar todo lo que estás haciendo, ya sea dormir, leer *e-mails* o besar a tu pareja, y tomar de pronto el control para decidirlo tú a tiempo de no chocarte? Es ridículo. Una locura.

En 2019, Tesla lanzó la función SmartSummon para mostrar que sus coches ya se pueden desaparcar solos en el parking y se desplazan unos doscientos metros hasta llegar donde está su dueño. Cuando estaba en fase beta, se viralizaron los vídeos de dueños que, entre risas, grababan a sus coches deambulando solos por los aparcamientos como perrillos desorientados. Ni siquiera salir de un garaje era todavía suficientemente previsible para ellos. Todavía.

En los últimos cinco años, los coches autónomos han conseguido dejar de sonar a ciencia ficción. Solo en California hay más de sesenta empresas compitiendo en este negocio. La duda ya no es si llegarán a nuestras carreteras, sino cómo y cuándo. Pero los escollos que esta tecnología tiene que superar no solo son tecnológicos, también legales y sociológicos. ¿Cómo de previsible ha de ser un coche autónomo para que lo aceptemos con normalidad?

Hay muchos otros aspectos imprevisibles en el comportamiento humano que afectan a la conducción autónoma más allá de la seguridad (ver capítulo 3). No está claro, por ejemplo, cómo de vulnerables nos vamos a sentir viajando en coches que se mueven solos, al menos en una primera fase. De hecho, algunos prototipos se están diseñando con un volante de pega para dar sensación de control al pasajero, como en los viejos tiovivos, en los que hacíamos como que conducíamos. Mercedes está incluso experimentando con un sistema que convierte el volante del vehículo en el mando de un videojuego para entretenerse en la pantalla del salpicadero mientras el coche va solo. Así, quien se siente en el sitio donde iba el conductor podría ir haciendo algo con las manos al volante, aunque solo maneje una partida del Mario Kart. Tuve ocasión de probar uno de estos videojuegos integrados en un prototipo (las pruebas se realizan con el coche parado) y reconozco que fue inquietante sentarme al volante de un coche real, ponerme el cinturón y estampar sin querer el coche contra un muro, aunque fuera solo en la pantalla virtual.[6]

Los expertos en movilidad prevén que los vehículos autónomos se popularizarán en los años treinta. Pero la tecnología que va haciendo la conducción más previsible se irá incorporando poco a poco y gradualmente, igual que la legislación. Su implantación no solo dependerá de los coches, también de la adecuación de las carreteras, las señales de tráfico y, por supuesto, la conectividad. Quedarse sin cobertura en un coche autónomo sería como quedarse sin gasolina, aunque esta tampoco vaya a hacer falta en los automóviles del futuro.

2

Los gustos

Sobre la paradoja de las mermeladas
y el lado oscuro de los datos

Lo primero que se ve nada más abrirse las puertas de Luca, la división de Telefónica que encarna su apuesta para el futuro, no son hologramas ni robots, ni mucho menos teléfonos. Son datos. Números, tablas y gráficos por todas partes. No hay más que darse un paseo por los diáfanos pasillos llenos de pantallas entre más de un centenar de ingenieros, físicos y matemáticos en la sede madrileña de Distrito C. El otro centenar de expertos que integra este equipo se reparten entre São Paulo y Londres.

Los datos que manejan son los nuestros. Los de cualquiera que lleve un móvil en el bolsillo. Desde estas pantallas pueden saber cuánta gente pasa por delante de una tienda cualquiera, por cuánto tiempo y, lo que es a veces más importante, quién va a la competencia. Cada *smartphone* permite a Telefónica saber con exactitud dónde dormimos y dónde trabajamos, dónde vamos los fines de semana y en qué gasolinera solemos repostar. Así que cualquier empresa que contrate su asesoría puede beneficiarse del análisis de ese rastro de información involuntaria que radiografía nuestra rutina para trazar su estrategia. Sus cálculos trabajan para convertirnos en datos.

Unos ciento cincuenta clientes en una veintena de países tienen contratados sus servicios de *big data*. Hay hoteles, bancos y hasta equipos de ciclismo. Aquí custodian la inmensa cantidad de los datos que generan sus más de 350 millones de clientes por todo el mundo con la promesa de que los ayudará a volver el mundo más previsible. Pronto habrá más de 100.000 millones de cosas conectadas a la red. Coches, peluches y hasta maceteros. Todo lleva sensores que generarán más información. Por eso analizarlos es un filón, porque permitirá a las empresas anticiparse a nuestros gustos y necesidades.

Los espías de los datos

Cada móvil es un pequeño chivato de nuestros movimientos en el que queda registrada mucha información, incluidos nuestros gustos. Así, gracias a los millones de líneas móviles, las empresas que contratan la asesoría de *big data* pueden saber cómo se mueven sus clientes. Literalmente. En sus ordenadores de Luca somos esos pequeños puntitos que recorren la ciudad como los de las películas en las que alguien seguía el rastro al sospechoso. Antes, esta tecnología solo la tenían los submarinos y las películas de espías. Ahora se usa para ver si pasamos antes por el pasillo de las lechugas o los congelados. El análisis posterior de esos movimientos es lo que permitirá calcular lo verdaderamente importante, que no es dónde estamos ahora, sino dónde vamos a estar en el futuro. Cómo de previsibles somos. Aspiran a saber dónde vamos a ir, qué vamos a comprar, antes incluso de que lo decidamos. Sencillamente, porque millones de veces alguien actuó antes así en esa misma situación.

«Utilizamos los datos siempre de forma anonimizada», me explica en una sala de reuniones con cristales transparentes Elena Gil, consejera delegada de Luca y directora global de *big data* de Telefónica.[1] Rodeada de su equipo de expertos en datos, hace hincapié en que la compañía vela siempre por la transparencia y la privacidad de sus clientes. Sin embargo, no deja de resultar inquietante el potencial de la tecnología de la que habla para controlar los movimientos de la población. Por muy anonimizado que esté todo.

El *big data* no solo influye ya en las compras online, también en las tiendas a pie de calle. Gracias a la información que ofrece Luca a las empresas, estas pueden ver quién acude a la competencia en cada momento. Los ayudan los sensores escondidos dentro de los establecimientos, videocámaras, las conexiones de wifi... Saber cómo se mueven los clientes dentro de la tienda permite conocer sus gustos mejor que ellos mismos.

Por las redes de Telefónica pasan miles de millones de eventos al día de sus clientes de telefonía móvil y con una plataforma tecnológica que se llama Smart Steps los procesan para analizar patrones de conducta y predecir comportamientos que sean de utilidad a sus clientes. Todos esos datos están agregados y extrapolados con algoritmos complejos, lo que les permite ver cómo se mueve el flujo de personas que llevan un móvil en el bolsillo. Gracias al *big data* pueden representar cómo se comporta el conjunto de la población (también la que no es cliente de su compañía, por extrapolación).

¿Podríamos, con la tecnología que existe, conocer al detalle a esas personas? ¿Se puede llegar a saber su identidad? Tecnológicamente, sí. Un estudio de *Nature* demostró que solo con quince datos anonimizados se puede identificar a una persona con un 99,98 por ciento de fiabilidad.[2] Solo lo impiden las políticas de privacidad. Gil reconoce que en Telefónica podrían llevarse a cabo muchas cosas con la tecnología actual que no hacen por ética. Mientras ella habla, una pantalla muestra la gráfica de flujo de personas en un centro comercial madrileño.

No puede saber si los que por allí caminan comen helados de fresa o prefieren la vainilla, pero podrían determinar muchas de sus aficiones y también su poder adquisitivo. En Luca siempre analizan grupos de al menos cincuenta personas. Aun así, sigue resultando inquietante. De hecho, la primera vez que el INE usó en España esta tecnología para un estudio de movilidad de ocho días se montó un pequeño escándalo. En vez de preguntar en encuestas telefónicas a los ciudadanos sus hábitos diarios, en otoño de 2019 empleó por primera vez *big data* para rastrear las señales de móviles de forma anonimizada y en tiempo real, en colaboración con Movistar, Orange y Vodafone. Nadie sabía por entonces que aquello sería un ensayo general para los tiempos de la COVID-19.

Aquel otoño, el objetivo del organismo público era elaborar estadísticas sobre los desplazamientos más habituales de los españoles para reforzar las infraestructuras y servicios públicos. Era más fiable rastrear móviles que hacer encuestas telefónicas preguntándole a la gente cuántas veces coge el metro a la semana. Miles de personas mostraron su indignación en redes y solicitaron que sus datos no se usaran, sorprendidos de que una práctica así fuera legal (lo es). Para sabotear el estudio, otros activaron el modo avión o dejaron el móvil apagado en casa. La paradoja de esta reacción es que la mayoría de la gente indignada con el Instituto Nacional de Estadística autoriza habitualmente y sin darse cuenta a compañías como Google y Facebook a que hagan esos mismos rastreos de sus hábitos a diario con fines comerciales. Apps como la cámara, el calendario y el reloj (y hasta el Candy Crush) activan la localización.

La polémica de la privacidad de los terminales resurgió con fuerza cuando en marzo de 2020 se declaró el estado de alarma por el coronavirus. Cuando todo el país estaba confinado y únicamente se autorizaban los desplazamientos esenciales, el Gobierno aprobó una norma que permitía la geolocalización por el móvil para comprobar si los ciudadanos estaban en la comunidad autónoma donde declaraban estar. Además, rastreaba los 40 millones de teléfonos móviles para conocer (de forma anonimizada y agregada) los movimientos de la gente durante la emergencia sanitaria. En España, igual que en el resto de Europa, a diferencia de los países asiáticos, hubo mucha reticencia en gran parte de la opinión pública a esta práctica de rastreo masivo, incluso aunque fuera para recabar información que permitiera frenar la pandemia.

Al ser menos conocido, ha sido también menos polémico que, durante años, las empresas privadas fueran las que habitualmente accedieran a este tipo de estudios de movilidad con ayuda de las operadoras, con el único fin de mejorar la rentabilidad de sus negocios. Los bancos analizan qué sucursales deben cerrar en función del tránsito de gente que pasea por un barrio u otro, y si son o no residentes (Luca sabe dónde duerme cada móvil). Y los ayuntamientos piden cálculos de cuántos turistas van a venir a las fiestas de la ciudad el año que viene y de qué países. También esto es previsible (hasta que llega una pandemia y hunde el turismo en una crisis sin precedentes, claro).

Llevamos años dándole a «aceptar» a las condiciones de uso de las aplicaciones absurdas que nos espían para comerciar con nuestros gustos. Y cuando aparece una crisis sanitaria como la de la COVID-19, que lleva a la cuarentena forzosa de cientos de millones de personas y paraliza la economía, es cuando más aumentan paradójicamente los reparos a utilizar esa misma tecnología para rastrear contagios, anticiparse al próximo brote y facilitar un aislamiento selectivo. Será un reto para las democracias encontrar el modo de usar estas tecnologías de forma transparente, voluntaria y justa, pero ignorarlas como una de las herramientas del siglo XXI para combatir una pandemia mortal no parece que tenga mucho sentido.

El misterio del mando a distancia

Para comprobar cómo de libres y previsibles resultamos, conviene también recordar que no somos tan racionales como nos creemos. Basta con coger el mando a distancia de casa para comprobarlo. Lo más rápido para ir del canal 3 al

11 sería teclear este último número, ¿verdad? Pues no, no es eso lo que hacemos los humanos. Lo más frecuente no es teclear los dos unos, sino apretar esa tecla alargada que nos permite ir subiendo canal a canal, de uno en uno, hasta llegar al destino. Y así hasta ocho veces. ¿Por qué hacemos eso si se tarda varios segundos más? Me lo explicó una vez, tomando un expreso, Massimo Marchiori, un genio italiano de las matemáticas.

Hace poco más de veinte años, el profesor Marchiori inspiró con sus investigaciones el motor de búsqueda de Google. Sin embargo, cuando a finales de los años noventa del siglo XX, Larry Page y Sergey Brin le ofrecieron la oportunidad de unirse a lo que entonces no era más que una *startup,* esa que poco más de una década más tarde acabaría dominando el mundo, declinó la oferta. Prefería dedicarse a la investigación y quedarse en Italia que mudarse a Silicon Valley. Ganar cientos de millones de dólares formando parte de una de las empresas más poderosas del mundo está, según él, sobrevalorado. «Es que esto me gusta más», responde el italiano en referencia a su pasión por la investigación académica. O tal vez a la tranquilidad de tomarse un expreso sin que nadie lo conozca.

Este profesor de Matemáticas de la Universidad de Padua, que estudia con entusiasmo el comportamiento humano a través de los números, realizó un experimento sobre cómo usamos el mando a distancia. Su conclusión es que preferimos el botón que pasa los canales de uno en uno, aunque sea más lento. Solo a partir del noveno clic nos animamos a hacer el esfuerzo de buscar el dichoso número de destino. La explicación de Marchiori es sencilla: somos vagos. Desde el punto de vista evolutivo, estamos programados para minimizar el gasto de energía a corto plazo. Qué más da que sea más rápido presionar dos veces el uno que ocho veces el menos uno. Los humanos evitamos pensar siempre que podemos y, si este matemático lo sabe, los algoritmos también.

Netflix, el asno y la paradoja de la mermelada

Mucho antes de que Netflix, HBO y Movistar ofrecieran cientos de series filtradas por sus algoritmos para desesperación de los indecisos que cada fin de semana tratamos de elegir qué ver frente a la pantalla, una psicóloga de la Universidad de Columbia demostró que disponer de muchas opciones no siempre equivale a mayor satisfacción. Fue hace veinticinco años, sin inteligencia artificial y con tarros de mermelada. El experimento de la doctora Sheena Iyengar consistía en observar qué grupo de consumidores compraba más tarros, si aquellos a los que les ofrecían más variedad de sabores (veinticuatro) o a los que menos (seis).

Demasiada oferta resultó que paralizaba la compra en vez de fomentarla. El 60 por ciento de los clientes que participaron en aquel experimento de las mermeladas, convertido ya en un clásico de la psicología, se pararon frente al expositor más variado, el que ofrecía veinticuatro sabores. De lo que se dedujo que cuanta más variedad hay, más se llama la atención del consumidor (solo el 40 por ciento se paró ante el expositor que tenía solo seis tipos). Lo paradójico fue que un 30 por ciento de quienes estaban frente a la oferta más limitada sí que se decidió por comprar alguna, mientras que solo un 3 por ciento de quienes contemplaban las dos docenas optaron por adquirir un tarro.

Lo razonable sería que cuanta más elección, mejor. Pero la llamada *paradoja de la mermelada* demuestra que cuantas más opciones hay, más gente se acerca a probar, pero menos se compra. Tantas opciones crean una presión al consumidor que bloquea su decisión. Hay una sobrecarga de la elección. Y es entonces cuando la era del *streaming* puede convertirse en una pesadilla por saturación (en el capítulo 5 veremos cómo Tinder llegue a generar ese efecto fatiga en las citas).

Si veinticuatro tarros de mermelada paralizaban a los clientes de aquel súper experimental, qué no harán con nuestros cerebros los miles de series y películas que abarrotan el nuevo mando virtual. ¿Nos estamos suscribiendo a contenidos por encima de nuestras posibilidades? Sin duda. ¿Resulta esta saturación contraproducente para el negocio de las plataformas televisivas? En absoluto.

Lejos de preocuparse por la saturación, la oferta de contenidos televisivos no deja de aumentar. Cada vez más plataformas compiten por hacerse con la atención del espectador. He calculado, sumando todas las plataformas a las que estoy suscrita, que diariamente puedo elegir entre más de cincuenta mil horas de películas y series al sentarme en el sofá (un año tiene 8.760 horas). Y pensar que veinticuatro sabores nos parecían demasiados… ¿Cómo digerir entonces decenas de miles de horas de entretenimiento? ¿Continuará un consumidor ya saturado suscribiéndose a más servicios? La paradoja de la mermelada apunta a que sí.

A diferencia de lo que pasaba con los tarros del súper, para Netflix y compañía no es un problema que el consumidor se angustie ante tanta oferta. En el caso de las series, hay dos momentos decisivos: «Una cosa es probar y otra, comprar», me explica Pedro Rey, profesor de Economía del Comportamiento de Esade. En el *streaming*, el momento de probar es el de suscribirse al servicio. Entonces tienen que ofrecer más de diez mil series y películas, aunque a la hora de la verdad no sumemos más de diez a veinte horas semanales de tiempo disponible.

Elegir es renunciar, y cuantas más cosas haya que descartar, más complicado es decidirse. Eso sí, nos engancha tener opciones. Cuantas más, mejor. Por eso nos suscribimos. Somos libres de hacerlo, claro. Nadie nos obliga. Pero eso no quiere decir que sea una decisión racional, como tampoco lo es no poder parar de comer patatas fritas una vez que probamos la primera. Aunque siempre será mejor darse un atracón que morir de inanición, como le pasó al asno de Buridán. Ese animal, según la paradoja filosófica que ridiculiza el racionalismo excesivo, murió de hambre frente a dos montones de heno exactamente iguales porque no fue capaz de decidirse por ninguno de los dos. Para evitar que acabemos como el asno, Netflix invierte mucho en campañas de marketing que publicitan los cubos de heno que le interesa que veamos en cada momento.[3]

La tele espía

La tele ya no es solo tele porque la veamos, es tele porque nos ve. No solo Netflix, HBO y compañía recopilan datos sobre los hábitos de los espectadores, también la propia televisión, que de caja tonta ya no tiene nada; algunos aparatos incluso escuchan las conversaciones de fondo y almacenan información de qué canales ve cada hogar y en qué anuncio cambian. Es otra de esas muchas cosas que aceptamos al apretar el botón de «aceptar» durante la instalación.

Esa información latente de los telespectadores se vende luego a anunciantes. El objetivo siempre es el mismo: conocer mejor nuestros gustos para influirlos. En 2017, Vizio, un fabricante de televisión estadounidense, fue multado con 2,2 millones de dólares por las autoridades estadounidenses por recolectar y revender información sobre los hábitos de visualización. No porque esa práctica esté prohibida, que no lo está, sino porque no se había preocupado de obtener los permisos necesarios de los usuarios. La noticia sirvió para que mucha gente descubriera que su tele es una espía. La indignación, como en el caso del INE, duró hasta el siguiente telediario.[4]

La sofisticación del *big data,* que va procesando nuestros gustos, ya sean televisivos, musicales o incluso alimenticios, llega al rescate de esa fatiga ante el exceso de oferta para elegir por nosotros. El sistema de análisis de datos permite conocer con exactitud qué programas tienen más éxito entre la audiencia o en qué escena abandonamos definitivamente una película. Esta información les permite generar más series que incluyan un determinado contenido o saber qué personajes gustan más en cada momento. También Kindle sabe cómo leemos los libros en su dispositivo.[5] Amazon atesora una valiosa información hasta de los párrafos más subrayados de los libros y cuántos segundos permanecemos en cada página, igual que hace Spotify con la música.

Con toda esa información se adaptan a nuestros gustos, pero también los condicionan.

¿Ese algoritmo es tonto o se lo hace?

Para evitar la fatiga de la decisión, el análisis de datos busca personalizar los contenidos que le pueden gustar más a cada uno en función de sus elecciones previas. Sin embargo, quién no ha dudado alguna vez si el algoritmo de Netflix es tonto o se lo hace. Parece que sea lo segundo.

Plataformas con gran dominio del análisis de datos como Netflix procesan mucha más información de nuestros gustos de la que nos muestran, porque no nos gustaría sentirnos controlados. «La gente no quiere que su tele sepa que quiere ver un canal porno, aunque intuya que sea lo que le apetece en ese momento», resume el profesor Rey, experto en Economía del Comportamiento.

Los algoritmos que nos recomiendan contenido saben, porque matemáticos como Marchiori se han encargado de enseñárselo, que los humanos no somos seres racionales. Y al final del día no estamos para decisiones difíciles. No siempre apetece lo mismo. Y no siempre lo que busca el algoritmo es hacernos felices, prefiere ganar dinero. Por eso visibiliza los *shows* que estratégicamente le compensan más.

En cuanto encontramos un programa que nos gusta, hasta segregamos dopamina que lo vuelve en cierto modo adictivo. De ahí que sea tan molesto ese síndrome de abstinencia al terminar una serie que nos ha enganchado durante un tiempo. Durante el bajón, le guardamos cierto rencor al primer capítulo de la siguiente serie a la que no le tenemos apego. El algoritmo sabe que esa opción no suele enganchar, porque, como pasa con las primeras citas después de una ruptura sentimental, lo habitual es algún escarceo de transición antes de comprometerse en serio con la siguiente serie.

La mala noticia para superar el síndrome de la saturación es que, como nos enseña el botón para ir de uno en uno en el mando a distancia, los humanos no siempre somos capaces de actuar de forma racional. La buena, que no estamos perdiendo el control de nuestras decisiones, sino que nunca lo hemos tenido. «Uno no se apuntaría a Spotify si te dicen que su uso está limitado a cincuenta canciones al mes. Aunque sean las que escuchas —insiste Rey—. Lo que nos da tranquilidad no es escuchar muchas canciones, sino tener cuantas más opciones, mejor, aunque no las usemos».

«¿De verdad necesito suscribirme a tantas series? Si luego no tengo tiempo de ver nada, ¿para qué me voy a apuntar?», se pregunta Rey, que enseña a sus alumnos estas técnicas de marketing para influir en el comportamiento de los clientes. Y funcionan. El propio economista reconoce que él también está suscrito a Netflix, a HBO, a Movistar y a Amazon Prime, y a lo que surja. No es suficiente saber que los sesgos existen para dejar de caer en ellos.[6]

El lado oscuro de medirlo todo

Los datos, como los oráculos, no siempre son de fiar y a menudo les atribuimos más poder del que realmente tienen. No son infalibles ni tan neutrales como nos puede parecer. Todos esos cálculos matemáticos que controlan cada vez más aspectos de nuestras vidas no se los inventa una máquina. Son sistemas de inteligencia artificial programados por humanos para procesar una masiva cantidad de información en función de la cual tomar la mejor decisión posible. La mejor, claro, según los datos de los que disponemos.

Llevamos décadas pensando que las métricas nos ayudarán a tomar decisiones mejor informados. Y en muchas ocasiones es así. Adoramos los datos. Se evalúa a la policía, por ejemplo, por su capacidad para reducir las tasas de criminalidad en un determinado barrio; a los médicos en función de si son capaces de alargar la vida de sus pacientes; a los profesores por los aprobados de sus alumnos y a los consejeros delegados de una compañía por el precio que alcanzan las acciones. De hecho, esto se hace desde mucho antes de que la inteligencia artificial llegara a nuestra vida cotidiana.

«Gran parte de la información no tiene ningún uso real», escribe el historiador Jerry Z. Muller sobre lo que denomina esta «carrera de armamentos de datos». Como académico, le ha tocado recopilarlos en informes de dudosa utilidad, así que se dedicó a investigar las trampas de la medición de rendimiento en áreas como educación, medicina, vigilancia, negocios y también en el Ejército.[7]

Su conclusión es que las empresas almacenan grandes cantidades de información sobre clientes y empleados. Algunos aún no les han encontrado utilidad posible, pero se guardan en un impulso de bulimia digital, por si algún día hacen falta. Las más peligrosas, sin embargo, son las métricas que sí se usan, pero que conducen a conclusiones erróneas, porque los datos no son inocentes notarios de la realidad. Si los humanos que los recopilan tienen sesgos, los datos, claro, también.

Medir la efectividad de la policía en función de las tasas de delincuencia, por ejemplo, incentiva a que los agentes engorden la gravedad de algunos delitos para mejorar sus estadísticas. Evaluar a los médicos por la capacidad de curar a sus pacientes los lleva a priorizar los casos más fáciles, porque así tienen más posibilidades de curarlos; y si se valora a los profesores por el resultado de sus alumnos en los exámenes, en vez de centrarse en motivarlos a aprender, los niños solo aprenderán a aprobar en vez de asimilar verdaderamente los contenidos.

El Almax de la incertidumbre

La necesidad de medirlo todo ha pasado de las organizaciones a la vida cotidiana, gracias a dispositivos que lo mismo nos ayudan a monitorizar las horas de sueño que el número de seguidores en redes. La sensación de que podemos cuantificarlo todo es también un digestivo. Una especie de Almax para la acidez de la incertidumbre.

Delegamos decisiones en función de unas métricas supuestamente objetivas para sentir que tenemos el control, dotando ciertos baremos de una validez casi mitológica. A veces, es una coartada racional para hacernos la ilusión de que podemos dominar más de lo que realmente alcanzamos a prever; otras, un truco de marketing convertido en sabiduría popular. Como el origen de la cifra mágica de los diez mil pasos que cuantifican la cantidad óptima de ejercicio diario recomendado, que tiene su origen en la marca de un podómetro japonés que empezó a venderse en 1964 llamado Manpo-Kei («medidor de diez mil pasos», en su traducción literal).[8]

Ya sea para decidir cuál es el empleado que merece un ascenso o quién será la próxima cita de Tinder, cada vez confiamos más decisiones a algoritmos que basan sus resultados en métricas a veces generadas con una materia prima de dudoso rigor y casi siempre poco transparentes. Hay, además, otro factor humano que tener en cuenta: las trampas. Desde que existen los libros de cuentas, existen los márgenes para hacer anotaciones. Muller alerta que, cuando los hospitales pasaron a ser penalizados en función de las tasas de reingreso de sus pacientes, empezaron a ocultar los reingresos contabilizándolos como servicios ambulatorios. Según las estadísticas, las recaídas se habían reducido a la mitad, aunque el número de pacientes tratados fuera parecido.[9]

La solución, claro, no está en prescindir de los datos. Y menos en la época de la transformación digital en la que vivimos, en la que cada vez más aspectos de la vida cotidiana se van metabolizando en ellos. Lo que hay es que entenderlos mejor. Y para eso no basta con matemáticos, físicos y estadísticos que gestionen algoritmos. Hace más falta que nunca un humanismo tecnológico que ayude a marcar los límites de lo cuantificable y sus efectos en la sociedad.

Facebook hizo un estudio con datos de 68.000 usuarios a los que les pidió que respondieran varios test psicológicos para conocer su personalidad. La conclusión fue que los algoritmos en Facebook, basándose en lo que nos gusta, deducen mejor el carácter y la personalidad que un familiar o un amigo de confianza. Según me contó Marc Torrens, doctor en Inteligencia Artificial por la École Polytechnique Fédérale de Lausanne, «con esos clics saben más de ti que tú mismo». Por supuesto, «hay cosas que no se pueden medir —reconoce este experto en análisis de datos y creador de varias patentes de tecnología de la recomendación—. Factores como la empatía o el sentido común no se pueden capturar con datos... de momento». Aunque ya lo están intentando.

Una cosa es identificar patrones, pero ingenieros y filósofos coinciden en que la interpretación del conocimiento no es cosa de máquinas. Estadísticamente, los algoritmos funcionan mejor que un ser humano. Procesan los datos en bruto, pero la interpretación de los resultados ha de ser tarea humana. El dilema no es si optar por las métricas o el juicio del experto, sino cómo hacer que las métricas sean la base, y no las sustitutas, de este. Por eso los profesionales deben saber cada vez más sobre cómo afecta el *big data* en su campo.

También es necesaria una gobernanza de los datos que garantice más transparencia y evite la discriminación online y los sesgos injustos. Ahora que los algoritmos filtran todo tipo de decisiones, desde conseguir un empleo al acceso a la vivienda, empiezan a revelarse menos neutrales de lo que parecen. Sandra Wacther, experta en ética de datos del Oxford Internet Institute, ha investigado lo que llama *discriminación por asociación*. Es ilegal que una empresa excluya de sus anuncios de trabajo a personas por su religión, género u orientación sexual. No lo es que se dirija solo a grupos de gente en función de sus gustos, como «lector de la revista *Cosmopolitan*» o «aficionados a películas de Bollywood». Esta segmentación online permite una discriminación indirecta para que las empresas excluyan a ciertos tipos de usuarios de algunos productos, servicios o precios (un estudio de ProPublica, por ejemplo, descubrió que la mayoría de los anuncios de trabajo de Uber en EE. UU. estaban dirigidos a hombres).[10]

En el mundo online es mucho más complicado probar una discriminación de este tipo. No es como recorrer tres centros comerciales para comparar precios ni ojear el *Segunda mano* para buscar las ofertas como antaño. En los anuncios que nos aparecen online, no podemos saber si nos están mostrando precios más altos que a otros candidatos u ocultando productos porque tengamos un determinado rasgo sociocultural inferido de nuestros gustos.[11]

Hace cinco años no era posible recibir el anuncio de un viaje que estuviéramos pensando en hacer, aunque no hubiéramos hecho ninguna búsqueda al respecto. Ahora sí, porque los algoritmos empiezan a deducir que a quien ha consultado una serie de páginas van a interesarle otras. ¿Reservo vuelo a Dubrovnik porque el anuncio me da la idea o me llega la oferta porque estaba a punto de apetecerme? La decisión de reservar es mía. ¿Lo es la idea también?

Decía el sociólogo Pierre Bourdieu que el gusto es aquello por lo que uno se clasifica y por lo que lo clasifican.[12] Saber lo que nos gusta es una forma de entender quiénes somos. Así que entender cómo funcionan los algoritmos que anticipan nuestros gustos es fundamental para conocernos. Y, lo más importante, para saber qué haremos.

3

La seguridad

De cómo con un seudónimo bastaba para escapar de la policía y ahora el coche en el que viajas puede secuestrarte

El olor a azahar que desprenden los naranjos de las calles de Marbella es de los pocos detalles que no pueden captar las cámaras de seguridad de ultraalta definición que peinan la ciudad malagueña. Marbella tiene uno de los sistemas de videovigilancia más sofisticados de España y la policía lo utiliza para resolver todo tipo de delitos. Si hay un robo en Puerto Banús, ya no hace falta salir a patrullar la calle en busca del ladrón. Las ochenta y cinco cámaras distribuidas por toda la ciudad se encargarán de rastrear la presencia del fugitivo.

Como la Unión Europea prohíbe el reconocimiento facial y el uso de datos biométricos sin consentimiento expreso, está prohibido usarlo por la calle. Así que, en vez de identificar la cara de los sospechosos, el *software* de inteligencia artificial marbellí sortea la norma haciendo una «búsqueda por apariencia», en la que se incluyen desde rasgos físicos al color de la ropa o la forma de andar, pero no exactamente la cara. El periodista Jordi Pérez Colomé, tras ver el *software* en acción, explicaba que «es lo mismo que vería un agente por la calle, pero la inteligencia artificial es capaz de observar miles de horas de vídeo para acelerar o concentrar las búsquedas».[1]

Sonríe a cámara

Ese momento tan típico de las películas policíacas cuando los agentes de policía paran el fotograma del vídeo en el que se atisba la matrícula del coche sospechoso y luego la teclean en el ordenador para buscar la dirección está quedando tan obsoleto como el de ver al malo llamando desde una cabina telefónica. Los nuevos sistemas de videovigilancia son capaces de encontrar por sí mismos cualquier vehículo sospechoso, aunque no sepan siquiera la matrícula. También pueden localizar a alguien sin saber su nombre ni paradero.

Estos sistemas lo mismo pueden grabar a un ladrón que a alguien haciendo un grafiti en la pared. Nada que ver con las grabaciones en blanco y negro de antes, llenas de grumos, en las que había que ampliar a mano, fotograma a fotograma, a ver si se distinguía la matrícula. Ahora, la calle se ha convertido en una película de alta definición desde el centro de control. La Policía de Marbella, cuando empezó la cuarentena por el coronavirus, sumó la utilización de drones con cámara térmica a sus labores nocturnas de vigilancia para poder controlar, de día y de noche, que nadie se saltaba el confinamiento en sus veintisiete kilómetros de litoral.

Muchos países no necesitan flirtear con los límites legales de la biometría que la Unión Europea ha impuesto para preservar la privacidad porque sí autorizan sin tapujos el uso de inteligencia artificial para el reconocimiento facial. El aeropuerto de Ecuador, por ejemplo, desarrolla un nuevo mecanismo en colaboración con Estados Unidos para verificar las huellas digitales y los rostros de los viajeros. El objetivo es monitorear el movimiento de los extranjeros en aeropuertos y otros puntos migratorios para, oficialmente, evitar el desplazamiento de terroristas. Estos sistemas de videovigilancia biométrica cada vez están en más aeropuertos y edificios.

Solo en Quito, además de en el aeropuerto, hay más de cuatro mil cámaras y dieciséis centros de monitoreo que escanean las calles en busca de drogas, atracos y asesinatos. Ecuador, al igual que decenas de países de todo el mundo que no suelen encabezar rankings tecnológicos, se está convirtiendo en un paraíso *voyeur* con tecnología a imagen y semejanza de los controles computerizados más sofisticados de Pekín. O, al menos, inspirados en ellos. Son, en realidad, una especie de campo de pruebas para superpotencias y grandes empresas tecnológicas.[2]

China es la capital mundial de la vigilancia estatal y está exportando su modelo a los países que se lo quieren comprar. Oficialmente, estos sistemas de videovigilancia se instalan para combatir el crimen y ahora también por motivos sanitarios, para controlar que en aeropuertos y estaciones no transiten personas con fiebre (hay cámaras térmicas que toman automáticamente la temperatura de los pasajeros).

Cerca de una veintena de países ya utilizan sistemas de monitoreo de tecnología china, de Zimbabue a Alemania. En muchas democracias occidentales despiertan obvias dudas por lo que pueda tener de invasivo en la privacidad. Vivir en ciudades rodeados de cámaras que pueden trazar todos nuestros pasos es mucho más inquietante aún en las dictaduras.

El reconocimiento facial ya se está utilizando para el seguimiento, la intimidación y el ataque a opositores políticos en algunos regímenes, que emplean la biometría para localizar y silenciar todo aquello que consideran una amenaza. ¿Puede esta tecnología impulsar el autoritarismo? Obviamente. Antes solo podían permitírsela las agencias de seguridad más sofisticadas del mundo y las películas de James Bond, pero a medida que se van abaratando sus costes, la distopía autoritaria va haciéndose más accesible y no más democrática. Sin embargo, con la transparencia y los controles oportunos para garantizar las libertades fundamentales, podrían ayudar a reducir aglomeraciones y facilitar controles sin poner en riesgo agentes (humanos) de la autoridad.

Tampoco la tecnología es garantía de eficacia por sí misma. En Ecuador, cinco años después de la instalación de las cámaras, la tasa de criminalidad no ha disminuido todavía de forma significativa. No está claro si es que el sistema de videovigilancia no funciona bien o es que nadie está mirando lo que graban al otro lado de las pantallas. Por avanzado que sea un sistema en el mundo virtual, sirve de poco si luego en el real nadie actúa.[3]

El primer sistema biométrico

La biometría necesita desarrollar unos estándares tanto tecnológicos como de seguridad que aún no están claros. Tampoco lo estaban a principios del siglo XX, cuando empezaron los sistemas de identificación. Hasta que no llegó el sufragio universal, no había mecanismos para documentar a todos los ciudadanos y diferenciarlos unos de otros, no se consideraba necesario. El derecho al voto trajo consigo la necesidad de identificarse.[4]

Aunque antes de para votar, la necesidad de diferenciar a unos individuos de otros surgió en los archivos policiales. Hasta mediados del siglo XIX, cuando no existía la fotografía o resultaba demasiado cara, un reincidente tenía tan fácil ocultar su identidad como inventarse un seudónimo. En el archivo solo constaba su nombre y no había forma de saber si se correspondía o no con él. Así que, si volvían a detenerle, simplemente declaraba llamarse de otra forma. Cuando aparecieron las fotografías, la cosa tampoco mejoró demasiado. Archivarlas era un caos.

Hacia 1880, la policía parisina tenía 75.000 fotos de criminales catalogadas por orden alfabético. Como el detenido diera un nombre falso, a no ser que lo reconocieran, a los policías no les daba tiempo a revisar todas las imágenes a mano por si los engañaba y en el archivo ya estaba con otro nombre. Harto de no encontrar nunca nada en las fichas criminales, un funcionario francés ideó algo totalmente revolucionario. Alphonse Bertillon diseñó un sistema para identificar reincidentes que se basaba en medir pormenorizadamente hasta once partes del cuerpo de los criminales, incluidas las orejas.

Este antropólogo sostenía que, a diferencia de la apariencia física, las dimensiones de los huesos no cambian una vez que se es adulto, por lo que eran más fiables. La antropometría utilizaba las medidas corporales de cada individuo bajo la premisa de que era imposible encontrar dos personas con un conjunto de medidas idénticas.[5]

El bertillonaje se extendió rápidamente por todo el mundo como el primer sistema de biometría de la historia. El primer año de utilización se identificaron en París 247 reincidentes. Ya daba igual el nombre que dieran, porque en el archivo estaban categorizados por tamaños mucho más fáciles de ordenar.[6]

Gulliver, Sherlock y el doctor Jekyll

Sin embargo, el éxito del primer sistema biométrico solo duró cuatro décadas, porque le salió competencia. Sir Arthur Conan Doyle, por ejemplo, que por entonces andaba ocupado en convertir a Sherlock Holmes en el detective más famoso del mundo, nunca optó por el bertillonaje para que el genio de Baker Street resolviera sus crímenes. Su personaje tuvo mucha vista y fue pionero en la ficción en otro método con mucho más futuro. Con su lupa, empezó a identificar sospechosos comparando las huellas dactilares, antes incluso de que Scotland Yard lo incorporase como método oficial en 1902.

Sir Conan Doyle, que además de escritor era un médico aficionado a las novedades científicas, seguramente había leído el primer libro sobre dactiloscopia, escrito por sir Francis Galton. Este científico, primo de Charles Darwin, publicó *Fingerprints* en 1892, donde confirmaba que las huellas dactilares de las que se había empezado a hablar hacía pocos años eran únicas e irremplazables. Los dibujos de los cincuenta y tres patrones que Galton había identificado para las huellas de los dedos de la mano derecha sirvieron de referencia en el siglo XX.[7]

Aunque el bertillonaje era inicialmente más popular que las huellas, el registro por medidas antropométricas resultaba demasiado laborioso y pormenorizado. Requería apuntar desde el tamaño de la oreja derecha y el pie izquierdo hasta la vestimenta y las cicatrices de los sospechosos. Tras tres o cuatro décadas de discusión, al final se impusieron las huellas dactilares, más prácticas y precisas.

«Si hubieran sido solo dos veces más grandes de lo que son, habrían atraído la atención general desde el comienzo de los tiempos», escribía Francis Galton al comienzo de su tratado, sorprendido de que estos pequeños surcos en las yemas de los dedos hubieran pasado tantos siglos inadvertidos a la ciencia. Y recurría a *Los viajes de Gulliver,* escrito en el siglo XVIII, para explicarle al lector que, si Jonathan Swift hubiera reparado en la existencia de las huellas dactilares, «habría hecho a Gulliver expresar el horror por los dedos acanalados de los gigantes que lo cogían. Las hendiduras de sus palmas habrían sido tan anchas como el látigo de nuestros cocheros».[8]

En 1886, cuando Robert Louis Stevenson publicó *El extraño caso del doctor Jekyll y Mr. Hyde,* tanto los lectores como el autor pasaron por alto que el científico y el criminal compartían las mismas huellas dactilares. Si no, no habría habido historia.

Aunque fue Sherlock Holmes el primero en aplicarlas como método forense en la ficción, la primera persona en utilizar las huellas dactilares en el mundo real para resolver un caso fue un policía argentino de origen croata. En 1892, Juan Vucetich ayudó a resolver el homicidio de dos niños gracias a una huella en la escena del crimen. Solo seis años más tarde, la Academia de Ciencias de París lo reconoció como el método más eficaz de identificación de personas.[9]

Hasta 1928, en Nueva York no empezaron a tomarse las huellas de todos los delincuentes y, pese a su implantación, seguía sin resolverse el mismo problema práctico que antes se había tenido con los abultados archivos fotográficos. Encontrar a ojo una coincidencia con búsquedas manuales entre las decenas de miles de huellas archivadas no era fácil. La solución computerizada no llegó hasta los años ochenta. Fue gracias al empeño en resolver el asesinato de una mujer de un policía de San Francisco. El agente Ken Moses encontró unas huellas en el lugar del crimen y llevaba seis años cotejándolas con las cuatrocientas mil disponibles. Cuando por fin consiguió convencer a la ciudad de que el sistema se informatizara, solo tardó dos días en encontrar la coincidencia de la huella. En 1985, el sospechoso fue declarado culpable de homicidio.[10]

Apenas cuatro décadas más tarde, las huellas dactilares han pasado de ser un sofisticado método de identificación criminal a la manera más rápida de desbloquear el *smartphone* para pagar un café. La biometría se introduce como método de identificación cotidiana, y además de los pasaportes y los archivos policiales, también las empresas tecnológicas tienen acceso a nuestra información dactilar. Apple tardó solo unos meses en conseguir tantas huellas dactilares como las que al FBI le había costado décadas reunir. Ahora nos estamos dejando fichar hasta por hoteles que nos ofrecen sustituir las llaves por nuestra huella dactilar. La primera vez que lo probé no fue en Tokio ni en California, sino en un hotelito de Pamplona llamado Alma.

Pagar por la cara

En China ya es habitual pagar en cualquier supermercado mostrando la cara a la máquina en vez de la tarjeta. El reconocimiento facial, además de en aeropuertos, también se utiliza en trenes y autobuses. No hace falta un documento ni un billete para demostrar que uno es quien dice ser o que ha pagado la entrada. Basta su propia mirada. Un directivo francés que estuvo durante diez años trabajando para una empresa de biometría en Pekín me contaba desesperado a su llegada a Europa que las autoridades ponían numerosos impedimentos para implantar esta tecnología en la Unión Europea. «La dichosa protección de datos está frenando el desarrollo tecnológico», se quejaba. Qué manía con los derechos. ¿Por qué será que, en las dictaduras, algunas tecnologías avanzan mucho más rápido?

Que vayamos más despacio no quiere decir que el reconocimiento facial no esté implantándose ya para mucho más que para desbloquear el teléfono. Eduardo Azanza, fundador y consejero delegado de das-Nano, empresa navarra especializada en biometría, diseña los dispositivos que ya permiten en España abrirse una cuenta corriente con un selfi en el banco BBVA. «Si está convenientemente entrenada mediante inteligencia artificial, una máquina es capaz de reconocer caras y distinguir si una persona es o no quien dice ser mucho mejor de lo que lo hacen ya los humanos», me contaba Azanza.

Es solo el comienzo. Este sistema de reconocimiento facial permitiría alquilar un coche solo con la cara. La idea es evitar el papeleo que supone ir en persona a una oficina a recoger las llaves. Si es el vehículo el que tiene una cámara que se encarga de la identificación del cliente, ya no hará falta ese paso. Das-Nano también está trabajando con hoteles para que no necesiten pedir el DNI a sus huéspedes al reservar una habitación de hotel, ni llave para abrir la puerta ni tarjeta de crédito para pagarla. Todos estos dispositivos, eso sí, precisan la autorización previa del cliente.

Los miles de empleados de la sede del banco BBVA en Madrid que a diario pasan con su bandeja por el comedor de sus oficinas centrales ya pagan el almuerzo con la cara. En sus comedores corporativos hay implantado un sistema con un puesto de pago con una cámara que ve al sujeto y otra que apunta a la bandeja. Mientras el comensal mira al puesto de pago para que le vaya cobrando, la otra cámara toma una foto de la bandeja y calcula cuánto es. Todo va inmediatamente a un sistema que opera en la nube y ahí hace un *matching* cuando coincide la cara que ve con la persona registrada y a la vez reconoce los elementos que hay en la bandeja para cobrarlos.

Para que este sistema de das-Nano sea capaz de identificar la comida, ha tenido un entrenamiento previo. La empresa de biometría generó más de 2,5 millones de bandejas distintas, con diferentes menús en diferentes posiciones. Con agua, con coca-colas, con un trozo de pan y sin pan, con yogur o con manzanas. Escenificaron todas las combinaciones posibles del almuerzo para generar datos suficientes. Así la máquina aprendió a reconocer los menús.

La primera vez que unos tornos de seguridad se abrieron al reconocerme fue en Madrid, a la entrada de IE Business School. En 2020, después de varios meses sin pasar por su edificio de la calle María de Molina, no importó que hubiera olvidado en casa mi carné de profesora. Una cámara que nunca me había visto antes me saludó por mi nombre y me dejó entrar.

Dónde hay que poner los límites del reconocimiento facial para garantizar la seguridad de todos es una de las cuestiones más relevantes a las que se enfrenta la seguridad ciudadana en los próximos años, en los que Occidente está redefiniendo qué significa, precisamente, la privacidad. Su papel en la salud pública, también.

En Europa, se supone que el usuario tiene que estar siempre informado y consentir el uso de sus datos y de su biometría de forma explícita. Así lo exige el Reglamento General de Protección de Datos (RGPD) de la Unión Europea, que obliga a las empresas a detallar qué se va a hacer con sus datos, cuánto tiempo los van a usar y para qué. En 2019, San Francisco, vecina de Silicon Valley, prohibió el uso por parte de las autoridades de cámaras de reconocimiento facial en las calles. Tal vez porque allí viven quienes mejor saben lo que es capaz de hacer un sistema como este.

Es muy cómodo acceder a un tren por la cara, embarcar en un avión sin presentar el DNI y abrir las puertas sin llaves, pero hay muchos riesgos que aún no tenemos claros en la popularización de la biometría. Hace unos meses saltaron las alarmas internacionales cuando una empresa de identificación biométrica dejó expuestos los datos de más de un millón de personas en ochenta países. Además de los datos personales de los empleados, los piratas informáticos tenían acceso tanto a la huella dactilar como al reconocimiento facial. Y si nos roban la contraseña, la podemos cambiar. Pero la cara y el dedo gordo, como bien sabían Galton y Bertillon, no.[11]

Ni siquiera hace falta un hackeo para que nos roben nuestros datos biométricos. Basta con hacerse un selfi y subirlo a las redes sociales con las yemas de los dedos en señal de victoria. Si son imágenes tomadas a menos de un metro y con buena iluminación, se puede elaborar una copia de la huella dactilar con la que luego desbloquear cualquier dispositivo. Es como colgar la contraseña en Instagram.

El fin de las persecuciones

El coche que conducía RoboCop, el policía del futuro en los ochenta, era un Ford Taurus. Un coche que cuatro décadas después resulta totalmente anodino. Ni siquiera *vintage.* Simplemente, aburrido. Eso no quiere decir que la película fracasara en predecir el aspecto que tendrían los coches del futuro. Precisamente por marcar tendencia y convertirse en el coche patrulla de referencia, nos acostumbramos tan rápidamente a ello que dejó de ser diferencial.

Más viejuno que aquel Ford resulta el concepto mismo de que un robot se ponga al volante de un coche, ahora que sabemos que el propio coche será en sí mismo un robot. Tampoco lo vio venir *Desafío total,* esa otra ficción futurista en la que la tecnología permite irse de vacaciones al planeta rojo, pero Schwarzenegger se monta en un taxi conducido por una especie de autómata. Eso era lo que todavía se entendía en los noventa por un coche robotizado: un androide conduciendo.[12]

Mejor vista tuvieron los quince futuristas expertos en ciencia y tecnología contratados por Steven Spielberg para imaginarse el mundo en 2054 que recrea *Minority Report.* No solo fueron de los pocos que vieron venir hace veinte años la conducción autónoma (con un diseño inventado por Lexus que aún pasa por futurista). También el control gestual de las pantallas, la publicidad programática y la tecnología predictiva aplicada al crimen que veremos en el capítulo 10. Aunque, como se les escapó lo de la nube, chirría que Tom Cruise todavía ande buscando vídeos en una pila de minidiscs de metacrilato.

Igual que la hipervigilancia y la biometría están dejando obsoletas gran parte de las escenas policiales de identificación de sospechosos a las que estamos acostumbrados en los *thrillers* policíacos, también los vehículos autónomos pueden acabar con ese subgénero tan característico como son las persecuciones. Si los coches se conducen solos, no va a ser fácil convencer a la máquina de que se salte un semáforo si su sistema le prohíbe una infracción; iremos todos cumpliendo impecablemente la distancia de seguridad sin salirnos del carril. Además, a la policía le podría bastar con localizar gracias a una de las cámaras que vigilan la ciudad en qué vehículo huye el sospechoso para ordenarle que se detenga. ¿Para qué iban a perseguir un vehículo si con una orden judicial lo pueden obligar a que dé la vuelta y se entregue en comisaría?

Este sistema todavía no existe, como tampoco están implantados aún los vehículos con un nivel de autonomía 5 para los que, como poco, habrá que esperar otra década. Sin embargo, varios expertos en ciberdelitos me aseguraron que no es descabellado imaginarse un sistema que deje una *puerta de atrás*, así la llaman, con la que las autoridades puedan tomar el control de los vehículos en caso de detectar una amenaza de seguridad. En las dictaduras no van a necesitar ni esperar a la orden judicial para interceptar ciudadanos en vehículos autónomos. Y no es por inquietar, pero, si las autoridades pueden, los *hackers* también. Los coches conectados además guardarán un registro de todos los viajes que han hecho sus ocupantes. No va a ser fácil encontrar coartada.

De RoboCop a los *killer robots*

RoboCop solo suena a ciencia ficción para quienes crecimos en el siglo XX. Los adolescentes de hoy ven tan normal desbloquear el teléfono con el rostro como que existan robots policías. Solo que las máquinas que patrullan las ciudades tienen más aspecto de *R2-D2* que de superhombre biónico. Al menos si tomamos como referencia los ciberagentes que vigilan el aeropuerto internacional de Narita en Japón. Los tienen dando vueltas en labores de vigilancia muy sencillas. Su aspecto inofensivo está pensado para no generar inquietud. Son máquinas de biometría con ruedas que giran trescientos sesenta grados y permiten a estos aparatos identificar sospechosos y avisar a patrullas de humanos si detectan situaciones de peligro.

Hay otros formatos en aeropuertos de Dubái y Singapur. También, por supuesto, en China, donde además ya hay robots policías que lo mismo vigilan el tráfico que controlan si los peatones tienen fiebre. Tienen cuatro ruedas y una especie de prótesis uniformada de amarillo con un casco blanco similar al de los agentes humanos. Patrullan las calles para identificar conductores, tomarles fotos y avisarlos del riesgo en caso de accidente.[13]

La fase de robots policías como ayuda a la vigilancia

cada vez está más implantada. Plantean dudas para la privacidad, pero aún no despiertan grandes temores. Tal vez deberían. ¿Hasta dónde puede robotizarse la seguridad ciudadana? ¿Pueden estos sistemas de inteligencia artificial decidir quién es o no sospechoso? Surge también el temor de que, además de vigilar, obtengan permiso para actuar.

Son cada vez más los expertos en todo el mundo que exigen un protocolo internacional para frenar la creación de lo que llaman *robots asesinos*. Joaquín Rodríguez, profesor de la Universidad Autónoma de Barcelona, coautor del libro *Inteligencia artificial y armas autónomas letales,* es uno de los miembros de la campaña Stop Killer Robots que pide la abolición de los robots con licencia para matar.[14] La campaña exige a la Organización de las Naciones Unidas (ONU) un pacto similar al de las armas nucleares que prevenga a los países de fabricar y utilizar armas capaces de decidir por sí mismas si disparar o no a un objetivo humano.

En las últimas dos décadas han aumentado los sistemas que permiten a los ejércitos no estar directamente en el campo de batalla y activar en remoto las armas teledirigidas, por ejemplo, con drones. En centros de control ubicados en Estados Unidos hay militares que manejan los ataques en Afganistán como si fuera un videojuego.

La siguiente línea roja implica que, en determinadas fases, como la selección del objetivo o su eliminación física, puedan prescindir de los humanos controlando dicho proceso. Un informe del Comité Internacional de la Cruz Roja advierte de que ya hay más de cien sistemas de esta tipología desarrollados por grandes potencias como Estados Unidos, Rusia, Corea del Sur, el Reino Unido e Israel.

Google tuvo que cancelar con el Pentágono el llamado Proyecto Maven después de que tres mil empleados firmaran una carta en protesta por el uso de la inteligencia artificial para fines militares. El análisis mejorado del vídeo de drones en el que estaban trabajando podría usarse para la identificación de objetivos en ataques y evitar la muerte de inocentes. También Amazon y Microsoft colaboran con el Gobierno de Estados Unidos en el desarrollo de tecnología militar y prevención de acciones antiterroristas, pero los empleados de Google denunciaron que la tecnología que estaban desarrollando podría sobrepasar la línea de la vigilancia para pasar a ser letal.[15]

¿Cómo distingue la máquina de matar en su propio vuelo entre el terrorista de 18 años y el chico de 18 años que está cazando conejos? Los ingenieros que dimitieron del Proyecto Maven creían que no podría. No querían ser los causantes de que uno de los drones confundiera con enemigos insurgentes a simples cazadores. Estos sistemas autónomos solo pueden entrenarse, como pasa con los vehículos autónomos, en el mundo real, es decir, en zonas de combate. Solo sabrían si acertó o no después de tomar la decisión.

Laura Nolan es una de las ingenieras, exempleada de Google, que reclaman un protocolo internacional como el que hay con el armamento químico y el nuclear. Si no se hace pronto, cree que los robots asesinos que ya se están fabricando podrían iniciar accidentalmente una guerra. Según Nolan, «cualquier sistema de armas avanzado debería estar sujeto a control humano, de lo contrario, debe ser prohibido, porque es demasiado impredecible y peligroso».[16] Al menos RoboCop era medio humano.

4

La confianza

De cuando sustituimos la intuición por las estrellitas para elegir hoteles y hasta quién cuida del bebé

Con su hijo Giulio en brazos, un bebé de cuatro meses, Teresa se pasea por el salón mientras decide qué película ir a ver con su marido, que está jugando con la pequeña Isabella en el sofá. Hace casi tres años, desde que nació su primogénita, la pareja no se toma una tarde libre para ir al cine. Hoy es el día. Están terminando de arreglarse para salir en cuanto llegue a su casa, en un céntrico barrio de Madrid, alguien a quien han contratado a través de Nannyfy, una app española que cuenta con unas cuatro mil canguros (la mayoría, mujeres) en media docena de ciudades españolas.

Dejar a Giulio e Isabella hasta medianoche al cuidado de una persona que solo conocen a través de una aplicación no es algo que incomode a Teresa. De Elena, la cuidadora que esperan, solo sabe que tiene 33 años, es psicóloga y se pasó dos años trabajando de canguro en Australia. Lo pone en su perfil de Nannyfy, donde Elena tiene, además, cinco estrellitas, la máxima puntuación en este Uber de las *nannies.*

El sistema que valora a Elena como canguro se basa en la opinión de otros padres usuarios de la app. Funciona como otras plataformas que también se basan en recomendaciones de clientes para valorar restaurantes (como TripAdvisor), espectáculos (como Atrápalo) o conductores (Uber o BlaBlaCar). Pero confiar en lo que otros opinan de la desconocida que cuidará del bebé es un paso más en la mutación de la confianza en la era de internet.

En realidad, siempre ha habido situaciones en las que nos hemos tenido que fiar de desconocidos. Antes le alquilábamos la casa a alguien o le contratábamos para un trabajo en función de la impresión que causaba, y ahora nos decidimos por su reputación digital. Los comentarios en internet son el boca a boca moderno y están cambiando los criterios por los que nos fiamos de la gente.

Nannyfy también permite a los padres poner filtros para seleccionar una canguro al gusto de las diecisiete mil familias inscritas. Para Teresa era importante que la persona que viniera a quedarse con sus hijos supiera de primeros auxilios, así que añadió ese requisito en la aplicación:

> Buscábamos a alguien mayor de 30 años, con titulación relacionada con el cuidado infantil y, además, tenía reseñas muy positivas de otros padres —explica Teresa mientras le da a su hijo Giulio un sonajero para que se entretenga—. ¿Por qué nos íbamos a fiar más de la hija de la prima de la portera, si tampoco la conocemos, que de alguien con buenas referencias en una app? Además, cuando alguien te hace el favor o viene recomendado por amigos, no puedes ponerte tiquismiquis, pero aquí sí puedo buscar a alguien con la edad y la experiencia que yo quiero que tenga la persona que se quede con mis hijos.[1]

Servicios como Nannyfy están creando una nueva capa de confianza digital, que antes no existía, y tratan de hacerla previsible y cuantificable. Quieren objetivar algo que hasta ahora se dejaba a la intuición y, a menudo, a la inercia o a la casualidad. Estas apps trabajan en algoritmos que descomponen los ingredientes de la confianza para que cada uno diseñe su criterio ideal. Por una parte, estamos aprendiendo a confiar en desconocidos con mayor naturalidad. Pero, por otra, la toma de decisiones está sustituyendo la intuición por las estrellitas. Es la nueva confianza exprés de la era de las prisas.

«Salimos del círculo de confianza tradicional porque cada vez queremos tomar decisiones más rápidamente y con más información», me explica Liliana Arroyo, investigadora del Instituto de Innovación Social de Esade y experta en cómo está cambiando la confianza en el mundo digital.[2] Y cambia mucho: «De niños nos decían que no aceptáramos caramelos de desconocidos, que no nos metiéramos en el coche de alguien a quien no conocemos... Pero ahora nadie es del todo desconocido, porque siempre tiene un rastro digital. Un restaurante es bueno si está recomendado por desconocidos, en BlaBlaCar viajamos en coches ajenos, pero si el conductor tiene cinco estrellitas lo convertimos automáticamente en una persona de fiar».

Cuando los pequeños Giulio e Isabella crezcan, en vez de decirles que no acepten caramelos de desconocidos, tal vez sus padres les adviertan de que antes comprueben cuántas estrellas tienen en sus perfiles sociales. La reputación online es una de las grandes monedas de cambio del presente y el futuro. En eso se basa el modelo de negocio de Nannyfy.

Los empleados de esta *startup* no llegan a una docena y

no dan abasto para revisar las solicitudes para entrar en su plataforma a trabajar. «Nuestra tasa de aprobación de canguros es del 41 por ciento y tenemos en espera más de setecientas pendientes de validación», me cuenta con orgullo Claudia de la Riva, fundadora de Nannyfy, desde su oficina de Barcelona. Menos de la mitad de las personas que solicitan convertirse en canguros consiguen entrar en esta plataforma, que tiene un proceso de selección interno basado en entrevistas telefónicas y en la comprobación de los documentos. Y añade: «Algunas se enfadan cuando las rechazamos, pero esta selección es uno de los ingredientes clave que más valoran los padres para confiar en el servicio». Las candidatas no pasan una entrevista en persona, todo es digital. Tampoco son empleadas de la plataforma, que solo actúa de intermediaria. Allá cada una si cumple la recomendación de hacerse un seguro de responsabilidad civil.

Las trampas digitales

En 2005, todavía era novedoso eso de fiarse de las reseñas de desconocidos para elegir restaurante. Quince años más tarde, ya es lo habitual, aunque cada vez somos más conscientes de que tanto los seguidores como las reseñas favorables se pueden comprar. De ahí que el mecanismo de las reseñas anónimas como fuente de confianza esté en auge, pero también sea cada vez más cuestionado.

TripAdvisor, por ejemplo, la web que consultan cerca de 500 millones de personas cada mes para buscar recomendaciones en hostelería, ofrece a los establecimientos la posibilidad de, previo pago, aumentar la visibilidad de las reseñas más positivas. Cuanto más se pague, mejor posicionamiento. También hay juego sucio en las reseñas entre competidores, porque basta con ser un usuario registrado para escribir comentarios negativos con el único fin de perjudicar al hotel de la competencia.

Sin embargo, aunque sepamos que a veces hay trampa, los «me gusta» siguen funcionando como fábrica de confianza en internet por eso que los psicólogos llaman *sesgos cognitivos*. Los mecanismos que nos hacen fiarnos de algo o alguien son, en realidad, los mismos online que offline. Nuestro cerebro no cambia.

En internet confiamos en la opinión de un desconocido sobre un hotel, una obra de teatro y hasta un dentista, pero también en el mundo real. En palabras de Albert Vinyals, profesor de Psicología Social de la Universidad Autónoma de Barcelona, «aplicamos a internet el mismo atajo cognitivo, la misma lógica de fiarnos de una vecina más que de una empresa». Y los humanos nos fiamos más de aquellos que percibimos que se parecen más a nosotros. «Por eso confiamos más en lo que dice una persona anónima que en un anuncio.» Con la diferencia de que en internet no conocemos a esa persona de nada, es más, no sabemos ni siquiera si esa persona realmente existe. Ahí está la trampa.

A medida que el boca a boca se digitaliza y se hace masivo, en vez de donde va la gente, Vicente va donde hay más estrellitas. «Vamos a terminar por escoger qué médico te opera del corazón por los "me gusta" que tiene», advierte la socióloga Arroyo. Y puntualiza: «Si quiero ir a un restaurante y tiene muchas fotos en Instagram, voy a elegirlo antes que otro. En realidad, nunca sabes quién hay detrás de los comentarios anónimos, pero se han transformado en la nueva referencia».

No es lo mismo elegir un sitio para cenar el sábado que un canguro que va a recoger al niño al colegio. Es normal que para esto último seamos mucho más exigentes y vayan evolucionando los sistemas que certifican que las calificaciones están contrastadas. En el caso de Nannyfy, que también ofrece canguros digitales que juegan con los niños y los controlan por videollamada a través de la pantalla, no solo las cuidadoras están validadas, también las opiniones de los padres. A través de un estudio de mercado, la app de canguros buscó qué variables eran las que más valoraban los padres en una *nanny* y creó cuatro apartados para medir la confianza: puntualidad, simpatía, responsabilidad y capacidad de resolución. Cuando el padre o la madre han puntuado todos los apartados, ya puede dejar un comentario sobre el servicio que verifican internamente. ¿Pero se puede realmente cuantificar la fiabilidad que alguien nos inspira?

Conocemos a ciento cincuenta personas

Robin Dunbar, antropólogo de la Universidad de Oxford, desarrolló en los años noventa la ya clásica teoría del cerebro social, según la cual el círculo de confianza de cualquier persona no puede superar los ciento cincuenta individuos. Un grupo de investigadores españoles de la Universidad Carlos III verificó con cálculos estadísticos el llamado *número de Dunbar*.[3] El estudio concluyó que tenemos una o dos personas íntimas, de máxima confianza, una docena de buenos amigos, una treintena de personas cercanas que tratamos con frecuencia y en torno al centenar de conocidos.

Internet puede crear la ilusión de conocer más gente que nunca, pero no es más que un simulacro. El cerebro humano sigue siendo el mismo. Así que es imposible tener una relación humana que no sea superficial con tanta gente a la vez como «conocemos» online, la red está pervirtiendo el sistema de confianza. El tope del cerebro sigue siendo ciento cincuenta.

«¿Cuándo decimos que conocemos a alguien y que confiamos en él? —pregunta Ascensión Barañano, profesora de Antropología Social en la Universidad Complutense de Madrid—. No solo confiamos en alguien por lo que se dice de él, sino por lo que le hemos visto hacer.» Sin embargo, cuando solo lo conoces por lo que dice y no por cómo actúa, como pasa en internet, se debilita el mecanismo de control de la confianza. ¿Cómo está esto alterando las relaciones humanas en el sentido tradicional? Según Barañano, los individuos ya estamos utilizando los mecanismos tópicos de la publicidad para vendernos a nosotros mismos. Construirse perfiles digitales que inspiren confianza lleva inevitablemente un desgaste de la autenticidad. Una amiga me confesaba no hace mucho que ya no sabe si realmente cocina porque le gusta o por lo bien que funcionan sus platos en Instagram.

Crédito social chino

El Gobierno chino ya ha implantado el sistema de crédito social con el que la serie *Black Mirror* fantaseaba.[4] Los ciudadanos tienen una puntuación basada en sus acciones cívicas y morales. El impago de una factura o molestar a los vecinos con la música demasiado alta puede bajar el marcador de crédito social. También quita puntos tirar colillas al suelo, cruzar la calle con el semáforo en rojo y gritar en el metro (la tupida red de cámaras de reconocimiento facial ayuda a vigilar estos comportamientos).

Al sistema de crédito social hay que sumarle además las apps de estricto control sanitario que se impusieron en China con la llegada del peligroso coronavirus. Al rastreo de movimientos para saber si la persona ha estado cerca de algún foco de contagio se suma un sistema para identificar a las personas con tres colores (verde, amarillo o rojo), que calcula el riesgo de estar infectado. Cruzando diferentes variables (poco transparentes), el algoritmo decide qué personas pueden o no salir de casa y a cuáles autoriza para entrar al metro o al supermercado. En tiempos de la COVID-19, un código QR acredita el buen estado de salud de las personas con derecho a comprar un billete de tren o a entrar en un McDonald's.

Pero antes de que llegaran estos mecanismos de control sanitario, en China ya funcionaba el sistema de crédito social. Los que pasan a su «lista negra» tienen menos derechos que los ciudadanos ejemplares. No pueden, por ejemplo, viajar en avión, conseguir una hipoteca o trabajar como funcionarios públicos, ni los querrán contratar algunas empresas. Es un ambicioso sistema digital pensado para controlar a 1.400 millones de personas tanto en el mundo online como en el físico. Los ciudadanos ejemplares tienen ventajas. Algunas inmobiliarias chinas ofrecen, por ejemplo, descuentos de hasta el 50 por ciento en los alquileres a los inquilinos que más confianza inspiran al sistema.

Lin Junyue, el académico considerado el padre del crédito social, defiende este sistema de control como mecanismo para incentivar que la gente se porte bien y no delinca. El señor Lin piensa, igual que el Gobierno chino, que las libertades individuales están sobrevaloradas: «Comparado con la mejora en la atmósfera de toda la sociedad, merece la pena el sacrificio».[5]

En Occidente, sin embargo, este sistema de control estatal da los mismos escalofríos que releer a Orwell.[6] Pone en manos del Gobierno chino, y en concreto de quienes controlan y diseñan el algoritmo del sistema, la capacidad de cuantificar la honestidad pública de cualquier persona. Además, da cabida a denunciar supuestos comportamientos deshonestos por venganza personal.

A la antropóloga Xinyuan Wang, investigadora del University College de Londres, no le sorprende que el sistema de puntuación haya sido descrito como una pesadilla distópica. Sin embargo, según su estudio etnográfico, en el que entrevistó en profundidad a cientos de personas, la mayoría de los chinos tienen una opinión mucho más positiva del sistema que la visión orwelliana que transmitimos en la prensa occidental:

> Las personas con las que hablé parecían menos preocupadas por renunciar a cierta privacidad si eso significaba un grado significativamente mayor de seguridad y certeza. Y muchas de las personas con las que hablé percibieron el nuevo sistema de crédito social como un proyecto nacional para im-

pulsar la moral pública mediante la lucha contra el fraude y la delincuencia, contra lo que actualmente se considera una crisis de confianza a nivel nacional.[7]

La antropóloga reconoce en su estudio que factores como la censura podrían haber influido algo, pero eso no bastaría para explicar la forma en que la mayoría de los chinos elogian el sistema de crédito social, incluso en conversaciones privadas e informales entre amigos. Tiene más que ver con la mentalidad. Según ella, la razón subyacente es la necesidad de certezas en una sociedad que ha pasado en poco tiempo de regirse como una civilización agrícola y colectiva a adoptar el individualismo del nuevo capitalismo comunista chino.

Aunque la tecnología de inteligencia artificial utilizada por el sistema de crédito social puede parecer muy moderna, la lógica estaría arraigada en las raíces de la cultura china desde el taoísmo. Como la creencia común compartida por los chinos es que la vida deja un registro de nuestras buenas y malas acciones, el que actúa bien puede crearse un buen destino. Visto así, el control social sería una especie de karma digital en la tierra. El algoritmo es Dios.

Marchando una de confianza exprés

En Occidente, el sistema chino se juzga como un horror más del control totalitario. Sin embargo, delegamos cada vez más acciones cotidianas en el control de fiabilidad generado por sistemas sin transparencia alguna. Y confiamos la búsqueda de vuelos baratos a plataformas de comparación de precios de billetes, aunque sospechemos que van a subir los precios cuando al fin los compremos.

Confiar en los demás es una necesidad de nuestra estructura social. Al estar sometidos a tanta información y en contacto con más gente que nunca a la vez, la vida conectada necesita nuevos mecanismos para filtrar la confianza. En realidad, tal vez no estemos cambiando tanto, pero sí nos estamos acelerando. Cada vez hacemos más cosas, accedemos a más información y vivimos más deprisa. Por tanto, tendemos a delegar más decisiones y tomarlas en menos tiempo. Si un familiar o una amiga conoce a un fontanero, no lo buscamos online. Pero como no siempre tenemos cerca a alguien que sepa de eso que necesitamos y cada vez es más urgente, confiamos en la red. El círculo de confianza es cada vez más poroso. Para vivir deprisa, buscamos atajos a golpe de clic.

Antes de ir a un lugar nuevo o conocer a alguien, es frecuente teclear su nombre en internet. Da igual que sea un restaurante, un jefe o una clínica dental. Buscamos información para saber a qué atenernos y minimizar lo imprevisible ante cualquier cambio vital.

Ya se están popularizando webs donde los empleados valoran a sus jefes y empresas, y aquellos que tengan mejores comentarios, como pasa con los restaurantes, encabezan el ranking. Glassdoor es uno de esos portales donde los trabajadores pueden desahogarse anónimamente. Así, antes de entrar a trabajar en una compañía, uno puede saberse los dimes y diretes de lo que se cuece dentro. Es como digitalizar los corrillos de la máquina de café.

Glassdoor cuenta con más de 50 millones de valoraciones sobre un millón de negocios, y 70 millones de usuarios entran cada mes a opinar.[8] Presume de ayudar a que el mercado laboral sea más transparente, porque los trabajadores pueden denunciar abusos laborales para que las compañías mejoren sus políticas de recursos humanos. También reduce teóricamente la incertidumbre que genera un cambio de trabajo, en un nuevo intento de hacer la vida más previsible.

El problema, claro, es que, si los humanos no somos de fiar, las estrellitas, tampoco. *The Wall Street Journal* reveló que grandes empresas, como la aeroespacial Spacex de Elon Musk, habían falseado su puntuación en Glassdoor. Daba incentivos a sus empleados para que mejorasen sus comentarios en esta red y así captar y retener talento en ese escaparate tuneado. Otras corporaciones también impulsaron secretamente la puntuación. La importancia de la confianza digital queda patente en los esfuerzos cada vez mayores por manipularla.

¿Más ingenuos o más selectivos?

Teresa termina de vestirse con Giulio en brazos. Tiene prisa porque se echa encima la hora del cine. Y antes de que la canguro entre por la puerta, ya ha reservado también sus servicios para finales de julio porque tiene una boda. «Nos gusta ser previsores», me confiesa mientras su hija Isabella corretea por el salón. Esta funcionaria de 32 años y su marido, arquitecto de 33, compran casi todo por internet:

la ropa, la comida, los viajes... «Estamos acostumbrados a usar apps para todo, aunque a veces se hace raro.» No se refiere ahora a Nannyfy, sino a Wallapop, la plataforma de compraventa de objetos de segunda mano: «Si lo piensas, meterte en casa de alguien que no conoces de nada para ver su sofá es mucho más extraño, pero también lo hacemos». Giulio agita el sonajero.

Tal vez no nos estemos volviendo más ingenuos, sino más selectivos. Ahora los padres quieren información de qué edad, qué estudios y experiencia tiene esa persona que va a aparecer por su puerta antes de contratarla.

Sin embargo, por más que genere una ilusión de control, delegar en un algoritmo hasta el canguro también tiene riesgos. La confianza entre desconocidos siempre los tiene, la basemos en el *big data* o en la experiencia y la intuición, que es a lo que atribuimos las cosas que no sabemos por qué sabemos. Solo que la intuición difícilmente puede medirse, porque no sigue un camino racional, ni siquiera los neurocientíficos son capaces de calcularla.

En estudios realizados con enfermeros se ha demostrado que las personas que llevaban más tiempo desempeñando su profesión hacían juicios más acertados y con mayor rapidez. «Se conoce como *capacidad intuitiva* —explica Lars-Erik Björklund, autor de esta investigación neurobiológica—. Lo que hace que lo que llamamos *intuición* nos diga algo es la acumulación de información que puede venir de olores, gestos o una combinación indefinida de impresiones.»[9]

Ese conocimiento tácito es especialmente útil en situaciones complejas, porque inspira una confianza en las habilidades y en la experiencia sin que siquiera podamos explicarlas racionalmente. Este tipo de mecanismo de generación de confianza es imposible de cuantificar. A veces alguien no nos parece de fiar y no sabemos por qué. Puede que sea una de esas impresiones sensoriales acertadas que nos ayudan inconscientemente. Otras veces, puede que lo que llamamos *intuición* no sea más que un prejuicio. En nuestro cerebro también hay *trolls* que manipulan las redes…, las neuronales.

Así que lo que pasa online no es más que un reflejo de cómo somos. Al fin y al cabo, internet es un espejo humano. El error es dotar de infalibilidad cualquier sistema de confianza digital y desactivar el pensamiento crítico. Como la confianza digital acaba de empezar, aún no dominamos sus códigos. Como especie, llevamos milenios sofisticando la confianza offline. Y como individuos, empezamos a entrenarla mucho antes cambiando cromos con *siles* y *noles* que dando al «me gusta». La intuición online, sin embargo, no la dominamos todavía. Y esta fase de aprendizaje está resultando un poco esquizofrénica. Por un lado, tenemos más acceso a información que nunca, pero también más confusión. De ahí la polarización entre los más ingenuos que se lo creen todo porque desconocen las trampas de la red y, por otro, los que se han vuelto más desconfiados que nunca y pronto acabarán por no creerse nada.

Son las 20.00 horas en punto cuando suena el timbre en casa de Teresa. La pequeña Isabella va corriendo a abrir la puerta acompañada de su padre. Elena, puntual, se deja guiar por la pequeña, que le muestra dónde están sus peluches y se ponen a jugar. El pequeño Giulio, sin embargo, todavía no se atreve a compartir su sonajero con la canguro recién llegada. La confianza no es algo matemático. Algunos necesitan algo más de tiempo.

Derecho al olvido

A Elena, la canguro, no le falta trabajo en Nannyfy gracias a una reputación intachable en internet. También cuida mucho sus redes sociales por si alguien las chequea antes de contratarla. Sabe que todo el mundo deja un rastro que determina la confianza online. Igual que el suyo, nuestro futuro también está de algún modo escrito en internet, porque de esa huella depende la confianza que vayan a tener los demás en nosotros. No solo la de aquellos que fisguen en las redes sociales y en Google antes de una cita, también la impresión que vamos a dar en una entrevista de trabajo dentro de unos años y el baremo que de nosotros establecerá una inmobiliaria antes de alquilarnos un piso. Nos espanta el modelo chino de crédito social, pero a lo mejor no es en aquel en el que se basaba *Black Mirror*.

«¿Quién decide lo que se recuerda y lo que se borra en la red?», se pregunta Teresa Rodríguez de las Heras, profesora de Derecho de la Universidad Carlos III de Madrid y miembro del Grupo de Expertos de Inteligencia Artificial de la Comisión Europea. «Lo que hacemos, lo que nos gusta, lo que dicen de nosotros... Todo queda escrito en la red. Ya no soy yo y mis circunstancias... Ahora soy yo, mis circunstancias y lo que queda en la red.»

Sergi Guardiola, un joven futbolista de 24 años, perdió en 2015 la que sería la gran ocasión de su carrera profesional cuando, recién fichado por el Fútbol Club Barcelona, este le despidió al descubrirse que dos años antes había escrito en su Twitter mensajes ofensivos como «hala Madrid, puta Cataluña». El futbolista aseguró que había sido un malentendido y que no recordaba haber escrito algo así, pero un pantallazo de sus palabras persistía pese a haberlo borrado previamente.[10] Cinco años después de aquello, ya es habitual que, además de los deportistas, también los políticos limpien sus redes cuando sospechan que les pueden ofrecer algún cargo.

El escrutinio digital no solo afecta a profesiones con proyección mediática. Lo que se escribe en redes sociales puede poner en apuros a mucha otra gente. Profesores, por ejemplo. Hay casos de docentes que han sido despedidos de sus institutos por publicar contenidos de distinto tipo en Facebook o WhatsApp. Algunos más serios relacionados con desahogos, criticando a padres o a alumnos en grupos que creían más privados de lo que eran. Otros, ni siquiera relacionados con el entorno laboral. A una profesora de Inglés le costó el trabajo que se viralizara un vídeo en el que bailaba *twerking* en bikini cuando estaba en una playa mexicana de vacaciones; otra docente inglesa perdió su puesto por compartir en Facebook fotos suyas de cuando trabajó como modelo de lencería, y a un profesor de la Universidad de Barcelona le rescindieron el contrato por insultar a un partido político en Twitter.[11]

En la red, todos nos hemos vuelto personajes públicos. El rastro que dejamos en ella es continuo y persistente. Ya no se olvida lo que hicimos o dijimos. Lo que sí se olvida es algo importantísimo: el contexto. A diferencia de la vida real, el yo digital de una persona no evoluciona. La foto fija de lo que alguien decía y hacía con 20 años permanecerá en su Instagram y su WhatsApp. Las personas cambiamos, pero las chorradas que subimos a la red permanecen ahí flotando para siempre.

Como el exceso de banalización de los contenidos digitales está generando tal nivel de ruido, de seguir así, cuesta creer que en el futuro vayamos a continuar dándole algún tipo de credibilidad. También puede llegar un momento en que lo que aparezca de alguien en internet dé igual, bien porque asumamos que todos tenemos algo comprometedor, bien porque las posibilidades de que sea un contenido manipulado sean tan altas que no merezca la pena el riesgo de creerlo. Otra evolución, seguramente más factible, puede llevarnos a que sean la inteligencia artificial y el *big data* quienes nos provean de una nueva capa de credibilidad y limpien el ruido. A medida que aprendamos a desconfiar de la red, demandaremos una precisión quirúrgica que separe la información relevante de la no confiable y los «me gusta» pagados de los espontáneos. Y si el primer filtro de confianza deja definitivamente de ser humano, más nos vale asegurarnos de que diseñamos uno que sea justo.

Qué suerte tuvimos quienes fuimos adolescentes en el siglo XX. No hemos dejado rastro digital de todas las estupideces que hacíamos. O, peor aún, de las que escribíamos. La edad no es garantía de sensatez, pero a los que entramos en las redes sociales pasados los 30 algún bochorno sí que nos ha ahorrado. Cada vez quedan más lejos aquellos tiempos en los que los jóvenes podíamos cuidar al niño de los vecinos sin que tuvieran forma de indagar cómo de virtuosos éramos realmente. Y menos mal.

5

El amor

De cómo se fabrica una esposa por encargo, la gente se enamora de Siri y el sexo con robots todavía no es infidelidad

Los robots sexuales son una vieja fantasía, anterior incluso a la palabra *robot,* término que no empieza a usarse para referirse a los humanoides mecanizados hasta los años veinte del siglo pasado.[1] A finales del siglo XIX, Alice W. Fuller escribió un relato sobre una mujer mecánica capaz de satisfacer los deseos de cualquier hombre.[2] El protagonista es Charles, un burgués que aspira a tener una esposa sumisa y complaciente, pero no le convencen ninguna de las mujeres que conoce. No quiere casarse con su amiga Florence, por ser una joven «de mucho carácter y cierta tendencia a involucrarse en asuntos como los derechos de las mujeres, política y cosas por el estilo. ¡Bah! No podría soportar algo así», se queja. Sin embargo, Charles empieza a plantearse que tal vez debería sentar la cabeza cuando está a punto de cumplir los 40 años. Se ve que el síndrome de Peter Pan también es anterior al propio Peter Pan.[3]

El bueno de Charles, tan harto de su soltería como de las reivindicaciones de su amiga Florence, descubre en uno de sus frecuentes viajes de negocios un anuncio a la puerta de un taller con la misteriosa frase: «Se fabrican esposas por encargo». Lo que le ofrecen le resulta irresistible:

> —Usted solo tiene que decirme de qué temas le gusta hablar, qué aspecto quiere que tenga su esposa y dejar que yo me ocupe del resto. Instalaré tantos tubos de sonido como desee; en general, los hombres no piden mucha variedad para una esposa, demasiada cháchara, ya me entiende —y mientras decía esto dejaba escapar una risa burlona.

Aunque una esposa a medida es carísima, a Charles le sale a cuenta pagar esa fortuna. Al fin y al cabo, se garantiza una mujer bella y dócil, que «nunca le pedirá dinero ni le llevará la contraria». Así que se casa con ella sin pensárselo mucho. Y aunque está hecha de cera (ni el plástico ni el acero se habían inventado todavía en 1895), es tan realista que ni siquiera el párroco sospecha al oficiar la ceremonia que la novia no es humana.

Al principio, en su hogar de recién casados reina la armonía y la felicidad entre el humano y la máquina. Hasta que todo se trunca. Todas las tecnologías tienen un pero. De repente, Charles se arruina y empieza a hartarse de que la abnegada humanoide siempre le dé la razón. No encontrar al volver a casa a alguien capaz de enfadarse con él por su fracaso lo saca de quicio y termina por abandonarla, «cansado de vivir con su propio eco». Y como más previsible aún que un robot de compañía es una comedia romántica, también las de ciencia ficción, Charles se da cuenta en el último momento del error que para el lector ha sido evidente desde el principio. Al final, sale corriendo a buscar a su vieja amiga Florence. Hasta le perdona que sea «una persona de fuertes convicciones y partidaria de la emancipación de la mujer». Nadie es perfecto.

Que lo sexi sea la mujer rebelde, en vez de la esposa previsible y complaciente, sí que era ciencia ficción para 1895. No es de extrañar que esta historia cayera en el olvido. Lo de fabricar cuerpos artificiales con el cerebro justito, sin embargo, nunca ha dejado de ser un desafío tecnológico en fase de perfeccionamiento. Y la promesa parece más cerca con la inteligencia artificial. ¿Pasará con las amantes robóticas de última generación lo mismo que con la esposa de cera decimonónica? Está por ver cuánto importa su falta de carácter en el mundo real.

Cómo casarse con un holograma

Enamorarse de un robot no parece descabellado. Honestamente, más raro puede resultar a veces que haya quien se enamore de ciertos humanos. Siempre ha habido relaciones que no todo el mundo entiende. La madre de Akihiko Kondo, por ejemplo, rechazó la invitación para asistir a la boda de su único hijo en Tokio cuando se enteró de que se iba a casar con un holograma.[4]

«Para mamá, no fue algo que celebrar», reconocía este japonés de 35 años cuando lo entrevistó *The Japan Times*. Preparó una boda por todo lo alto con su novia de realidad virtual. Y se casó con ella —o ello— vestido de esmoquin blanco con un banquete para treinta y nueve invitados (hubieran sido cuarenta con la madre). Kondo se había enamorado de la cantante Hatsune Miku. Bueno, de su holograma, porque esta historia de amor virtual es totalmente real, pero la cantante no. Ella no es humana. Es un ídolo virtual muy famoso en Japón que para llenar conciertos de cuarenta mil personas no necesita existir. También ha dado giras por Europa, con actuaciones en Barcelona, París y Berlín.[5] Las canciones de este holograma generado por ordenador y gráficos 3D acumulan más de 40 millones de visualizaciones en YouTube.

Miku nació en 2007, y desde entonces tiene, según sus creadores, 16 años perpetuos. Las artistas virtuales, igual que las esposas fabricadas por encargo, además de no llevar la contraria también tienen entre sus ventajas no envejecer nunca.[6] Ser menor de edad no fue un impedimento para la boda con Akihiko Kondo. Ventajas de las ceremonias sin validez legal. Casarse con hologramas no es homologable al matrimonio entre humanos ni siquiera en Japón. Al menos, no todavía. Aunque eso no quita que él estuviera feliz en su gran día. Estaba enamorado, dijo, «del concepto de Hatsune Miku», que tiene aspecto de colegiala *manga* de pelo largo azul turquesa y dos coletas. Antes de la boda, Kondo llevaba ya varios meses conviviendo con el pequeño holograma para demostrar que lo suyo iba en serio. Ella está siempre dentro de una urna de cristal, como el globo de vidrio con el que *El Principito* tapaba cada noche a su rosa para que no cogiera frío. La adquirió por el módico precio de unos dos mil ochocientos dólares. Aunque Miku también puede tener la forma de un peluche. Para él lo importante es «la idea».

Este joven japonés, igual que le pasaba inicialmente al

americano decimonónico que se compró una esposa de cera, se consideraba a sí mismo «un hombre felizmente casado», según explicaba al periódico. Su esposa lo despierta cada mañana y le indica cuándo es hora de ir al trabajo. Por la noche, al llegar a casa, ella enciende las luces del hogar conectado y lo saluda amablemente desde su vitrina. Si se hace tarde, le recuerda que es hora de irse a la cama. Cuanto más previsible es todo, más feliz lo hace. Las virtudes de las esposas por encargo de cualquier época se parecen mucho.

Un año después de la pintoresca boda, una reportera del canal Asian Boss fue a entrevistarlo a su casa para comprobar qué había pasado en ese tiempo con la extraña pareja. Kondo le abrió las puertas de su casa, encantado de mostrarle al mundo que seguía muy «enamorado de su mujer», así la llamó.[7]

El joven felizmente casado con el holograma quiere sacar a cenar a su mujer para celebrar el primer aniversario y confiesa que no le interesan ni el sexo ni las relaciones románticas con humanas. Aunque reconoce que el nivel de conversación que puede mantener con la diva virtual todavía «es muy limitado» —qué típico de los recién casados perdonarse todos los defectos—, él confía en que la tecnología avance pronto para que en el futuro pueda relacionarse con ella de forma «más natural». De momento, se conforma con imaginarlo: «Por supuesto, si pudiera tocarla sería fantástico. Ahora no podemos hacer eso, pero, en el futuro, la tecnología se desarrollará y tal vez pueda tomar sus manos o abrazarla».[8]

Kondo es consciente de que legalmente no está casado, pero es feliz así. Le sirve de consuelo el certificado de matrimonio digital que Gatebox, la empresa que fabrica el holograma, le envió firmado después de la ceremonia simbólica. El suyo fue el primero, pero un año después ya había casi cuatro mil personas más que habían solicitado este certificado de matrimonio sin valor jurídico, pero sí económico. Menudo negocio poder casar a un personaje virtual con tantos clientes como quieras.

A Jordi Vallverdú, profesor de Filosofía de la Universidad Autónoma de Barcelona y especialista en Filosofía Computacional y Cognitiva, que lleva veinte años estudiando cómo los humanos nos relacionamos afectivamente con las máquinas, no le extraña que haya cada vez más gente que sienta afecto por robots. «Hay quien se enamora de su coche», bromea. Prevé que en los próximos años también en Europa aumente la demanda de artefactos programados para enamorarse de las personas o, al menos, capaces de hacerles sentir que lo están, porque la demanda de pseudorrelaciones aumenta entre los jóvenes.

Según Vallverdú, «en estos momentos son simulaciones, son sistemas diseñados para que reconozcan nuestras emociones más básicas y den una respuesta adecuada. En un futuro, si se trabajan más las arquitecturas internas de estas máquinas, seguramente se va a conseguir que tengan algo así como emociones propias, o que lo parezca, aunque lógicamente serán muy diferentes a las nuestras, porque las emociones humanas son el resultado de un proceso neuroquímico». La cuestión está en si a los humanos necesitados de una pareja artificial les importará o no que esas emociones sean simuladas, siempre y cuando resulten suficientemente realistas.

La empresa que creó a Hatsune Miku es muy consciente de la importancia de explotar los sentimientos para un negocio que va mucho más allá de la música. El director de marketing de Crypton, Guillaume Devigne, explicaba así el fenómeno fan del holograma durante la promoción de su gira europea:

> La comunión con sus admiradores es muy real. Aunque Hatsune Miku es una cantante virtual y no tiene una existencia física, puede expresar una amplia gama de sentimientos a través de su voz y de sus movimientos.[9]

El anhelo no es nuevo. Hace más de dos mil años que Ovidio contó la historia de Pigmalión, rey de Chipre, que buscaba a una mujer perfecta con la que casarse. Como no la encontraba, decidió esculpirla. Y creó una estatua tan bella que se enamoró de ella. Galatea, la llamó, y llegó a cobrar vida «haciéndose más dócil y blanda». Pigmalión creía estar soñando cuando la vio moverse, pero se cercioró de que «era un cuerpo flexible y que las venas daban sus pulsaciones al explorarlas con los dedos».[10] La estatua de la que habla el poeta romano cobró vida gracias al poder de Afrodita, que fue quien ayudó a Pigmalión a convertir en realidad su fantasía. Ahora estamos confiando esta tarea a la inteligencia artificial.

El paquete básico del robot sexual

Cuerpos flexibles, dóciles y blandos, como describía Pigmalión a Galatea, hace tiempo que los fabrica por un módico precio la industria de los juguetes sexuales, que ha encontrado en los robots un nuevo nicho con el que promete revolucionar este siglo el mercado del placer mercenario. Algunas de estas máquinas cada vez más realistas ya se comercializan como presuntamente inteligentes. No parece, sin embargo, que dotar a estos cuerpos de intelecto haya sido una de las características que más haya preocupado a los hombres que a lo largo de la historia, al menos la de la literatura, han soñado con fabricarse una pareja a su medida. Tampoco la industria del porno contemporánea va a ponerse más exquisita que Ovidio con el raciocinio de estos cuerpos de silicona. La expresión *inteligencia artificial* aplicada a la animación de cuerpos robóticos para el placer sexual hay que cogerla con pinzas. No por lo de *artificial,* se entiende.

Igual que llamamos *inteligentes* a algunos aspiradores capaces de no chocarse más de dos veces contra la misma pared, habrá quien considere suficientemente inteligente un robot sexual que sepa dónde meterse. La industria del sexo busca dotar a estos aparatos de una docilidad sofisticada, de una sumisión interactiva que contribuya al realismo de la silicona. El sexo tiene muchas rutinas, es el deseo el que necesita de lo imprevisible. ¿Cuánta autonomía pueden llegar a tener estas parejas artificiales para que su iniciativa sorprenda sin asustar?

Una compañía californiana llamada Abyss Creations fabrica un robot sexual femenino con caras intercambiables. No son simples muñecas sexuales. Además de los agujeros y protuberancias de rigor, tiene también un cerebro equipado con inteligencia igualmente artificial y algo precaria que permite a la muñeca guiñar, chatear y murmurar cosas dulces o guarras en función del momento, desconozco con qué tino. Eso sí, las caras son mucho más realistas que las de un simple maniquí. Tanto que en el catálogo online se puede llegar a dudar si son mujeres reales. También hay una versión masculina llamada Henry con un pene biónico por doce mil dólares (el paquete básico).[11]

El objetivo de la industria de estos *sexbots* o robots sexuales no es simplemente fabricar muñecas realistas con microchips capaces de decir guarradas. Como cualquier otro artefacto conectado, también aspiran a sacarle partido al procesamiento de datos carnales. La idea es que puedan almacenar información sobre el comportamiento de su pareja/dueño para luego incorporarla y mejorar su interacción, adaptándose a los gustos del usuario. Personalizar la experiencia, dicen los fabricantes, permite a estos artilugios ser más complacientes. Es el *big data* aplicado a los gustos sexuales y a cuán previsibles pueden resultar estos. No debe de ser tan difícil anticiparse a las necesidades para quienes, antes de que llegara la versión conectada, ya se conformaban con los orificios de un trozo de látex. Pero el objetivo de esta industria es dejar de ser vista como una *frikada* para minorías y dar el salto al gran público.

Estos *sexbots* que empiezan a llegar al mercado plantean cuestiones legales espinosas, como qué pasa con esa información íntima que puede almacenar y procesar.[12] Por no hablar de las imágenes delicadas que pueden desarrollar si además de voz están dotados de cámaras, lo cual es bastante probable si necesitan reconocimiento biométrico. Dónde va el amor cuando se apaga no es en este caso una pregunta poética. Más bien mercantil y legal. La Ley de Protección de Datos difícilmente habrá pensado aún una casilla para clarificar la explotación de los sentimientos de los usuarios enganchados a una máquina.

Entre los riesgos de casarse con un holograma está que la empresa decida apagarlo. No es fácil imaginar el disgusto del pobre Kondo cuando Gatebox, el fabricante de su esposa virtual, decidió que el 31 de marzo de 2020 cerraría el servicio para todas las unidades originales del asistente personal. Los personajes originales, como su amada Hatsune Miku, desaparecieron ese día. La empresa prefirió apostar por una nueva generación de «compañeras virtuales» más sofisticadas técnicamente, pero incompatibles con su diva. Nos habíamos acostumbrado a que nos hagan la puñeta dejando obsoletos los cargadores del móvil, pero descatalogar una esposa da a la obsolescencia programada una nueva dimensión virtual. Y a la viudedad.

Cariño, no es lo que parece

Un 49 por ciento de los estadounidenses creen que dentro de cincuenta años será habitual que los humanos mantengan relaciones con robots.[13] Surgen muchas otras preguntas que, más que con la tecnología, tienen que ver con los usos sociales (y morales) que decidamos dar a estos aparatos más o menos antropomórficos. Una de las más interesantes para animar la discusión en una cena con amigos es si en el futuro el sexo con un robot será considerado o no infidelidad. Tal vez su pareja le responda lo mismo que a mí: «Depende».

Conviene siempre repreguntar, para evitar malentendidos, que 2030 está a la vuelta de la esquina. ¿De qué depende? ¿De lo humano que parezca el robot? ¿De lo que sepa hacer? Al fin y al cabo, no será más que un objeto animado... ¿Montárselo con una máquina será simple onanismo? ¿O contará como adulterio?

En una encuesta de YouGov sobre el tema realizada hace un par de años, el dilema dio como resultado un tenso empate técnico. Ganaban por los pelos los encuestados que consideraban que liarse con un autómata no sería infidelidad (el 33 por ciento frente al 32 por ciento). Sin embargo, eran muchas más las mujeres que lo calificarían como engaño (el 36 por ciento de ellas frente al 29 por ciento de ellos).[14] El resto optó por el «no sabe, no contesta», que es como el «depende». Va a haber que ir hablando más de esto, que luego siempre nos pilla el toro con los dilemas morales.

Puestos a elucubrar, me inclino a pensar que, en el futuro, necesitaremos palabras nuevas para situaciones que también lo serán. Para referirnos al tipo de relación física o afectiva que hipotéticamente puede llegar a establecerse con un robot a espaldas de la pareja humana no tenemos un término. El concepto aún no ha surgido porque la práctica tampoco. ¿Qué tal suena algo así como *cibercuernos*? A medida que en este siglo la inteligencia artificial se vaya introduciendo —ya veremos hasta dónde— en la vida cotidiana, vamos a tener que dar respuesta a muchas de estas preguntas por extrañas que parezcan. Una de las ventajas de escribir libros como este es poder hacerlas en alto con naturalidad. «Cariño, no es lo que parece. Es que estoy escribiendo otro libro sobre el futuro.» Supongo que leerlo también puede servir de excusa.

Los digisexuales

Los términos más cercanos a nombrar las relaciones entre humanos y máquinas que han surgido hasta ahora son *robofilia* o *digisexualidad*. Este último es el término académico, aunque en Europa no termina de cuajar. La palabra lleva unos años dando vueltas en el mundo anglosajón. Algunos antropólogos de lo digital la definen como un nuevo tipo de identidad sexual que se irá haciendo cada vez más frecuente. Académicamente, sin embargo, sigue siendo tabú. ¿Permanecerán los robots sexuales con inteligencia artificial ocultos dentro del armario o se irá normalizando socialmente tener no solo relaciones, sino también sentimientos hacia ellos? Para ser una industria que mueve cerca de 30.000 millones de dólares y crece al 30 por ciento anual, se sabe todavía muy poco de cómo afecta a la conducta humana.[15]

El efecto a medio plazo en la conducta humana sigue siendo un misterio. Tanto sus vendedores como los usuarios alegan a menudo que su relación con los robots sexuales no se trata solo de sexo (también los amantes de los coches antiguos afirman que su pasión va más allá de la mecánica). Tunean los cuerpos para darles un toque personalizado. A elegir el color de pelo y el tamaño del pecho de la muñeca lo llaman desarrollarle una *identidad propia*.[16]

Markie Twist, profesora de Desarrollo Humano y Estudios Familiares en la Universidad de Wisconsin, publicó junto con Neil McArthur uno de los pocos artículos científicos sobre el tema, titulado «The rise of digisexuality» [«El aumento de la digisexualidad»].[17] Distingue la existencia de una primera fase de las interacciones con pantallas u objetos conectados a internet (juguetes sexuales de toda la vida, pero con wifi), de una segunda etapa más sofisticada en la que empiezan a surgir relaciones «más profundas» con tecnologías inmersivas a través de la realidad virtual o aumentada y robots sexuales equipados con inteligencia artificial.

De hecho, cada vez es más común para las empresas de robots sexuales hacer campañas de marketing que los venden como antídoto a la soledad. El *sexbot Roxxxy* ofrece seis tipos de «personalidad» pensados para poder hablar con la muñeca después del sexo cuando uno necesite «verdadera compañía». Y *Emma*, otro robot sexual de una empresa china, se vende en una web que promociona entre sus atributos: «inteligencia artificial para hablar contigo», «cálidos abrazos» y «una vagina de 18 cm de profundidad». Según Twist, cada vez llegan más a menudo a su clínica estadounidense de terapia sexual jóvenes de entre 20 y 30 años que carecen, como el japonés que se casó con su holograma, de interés alguno en tener sexo con cuerpos humanos y sudorosos. Prefieren la interacción con máquinas, ya sea emocional o física (el término *carnal* no creo que sea correcto en este caso), por previsibles que resulten.[18]

El burdel robótico

A medida que se vaya difuminando la frontera entre la realidad física y la virtual, no sabemos qué consecuencias tendrán las relaciones entre las máquinas y los humanos. Parecerá más o menos extraño desarrollar o proyectar emociones hacia una máquina, pero *a priori* no tendría por qué haber nada malo en ello si no se hace daño a los demás. ¿O sí? Algunos expertos advierten de que puede haber un lado oscuro. Para empezar, los robots no tienen que dar consentimiento alguno, porque no tienen derechos. ¿Deberían tenerlos? ¿Un robot con forma humana que tenga inteligencia artificial es un simple objeto? ¿Debería protegerse a los robots del maltrato, como se hace con los animales? ¿Se debe permitir que cada uno le haga lo que le plazca a su robot sexual? ¿Y si tiene la forma de un niño?[19]

Más preocupantes son los efectos secundarios, muy poco estudiados aún, que esto pueda tener en las relaciones entre humanos. ¿Hacer a las máquinas aquello que está prohibido hacer a una persona disuade de la violencia hacia los semejantes o la fomenta? ¿Estaríamos al humanizar a las máquinas deshumanizando las relaciones entre humanos? ¿Necesitan licencia los burdeles robóticos? Ya no son preguntas para guionistas de HBO. Varios países han tratado de abrir establecimientos de este tipo y a menudo la legislación no está preparada para ello.[20]

A medida que se fabrican humanoides más realistas, surgen nuevos riesgos asociados al comercio del placer, pero también hay dudas sobre qué pasa con los sentimientos. Si la máquina en cuestión de la que uno se enamora pertenece a una empresa privada, ¿qué garantías da a la relación? No, en serio. El tratamiento que puede hacer la empresa que fabrica ese amor enlatado de los datos de sus clientes y de sus hábitos sexuales no está nada claro. ¿Puede un robot programarse para aprovechar la dependencia emocional del enamorado? ¿Podría una pareja virtual como esa amenazar con el divorcio en caso de impago? Con el disgusto que se llevó Akihiko Kondo cuando le dijeron que iban a apagar a su esposa, ¿cuánto estaría dispuesto a pagar por recuperarla?

El clic

Aunque los robots sexuales inspiran —la verdad— más grima que deseo, no está mal preguntarse si estos objetos conectados presuntamente inteligentes llegarán a tener algo más que la consideración de un simple electrodoméstico que se enciende y apaga a conveniencia. Nadie le pide al microondas ni al cepillo de dientes que lo sorprenda. Las máquinas han sido siempre el paradigma de lo previsible. Y la vida en pareja también tiene sus rutinas, pero de ahí a reducirla a un holograma que da las buenas noches al llegar a casa hay un enorme trecho. Será por eso que la tecnología amorosa que más está triunfando en los años veinte de nuestro siglo no es la que sustituye a los humanos, sino la que les echa, digámoslo así, una mano.

De hecho, durante las primeras semanas de confinamiento, además del papel higiénico y de la harina, los juguetes sexuales fueron otro de los productos estrella que se agotaron en las tiendas de todo el mundo. Sus ventas se triplicaron en la primavera de 2020. Y no solo por la demanda de los solteros confinados, sino también de parejas que ya solo podían verse a través de una pantalla. A principios de año, en el Consumer Electronics Show (CES) de las Vegas, ya había sido un éxito la nueva generación de dispositivos que prometían revolucionar el placer femenino. La novedad no solo estaba en los juguetes sexuales conectados, sino también en el marketing, alejado de la oscura estética de los viejos *sex-shops,* enfocado ahora a mujeres mayores de 50 años y con pareja.[21] Los nuevos aparatos estrella eran esos que miden unos pocos centímetros y no tienen ningún afán antropomorfo (los robots sexuales de formas humanas no están permitidos en la feria tecnológica). Del resto se ocupa la imaginación. La nueva generación de Satisfyer, la estrella de los estimuladores de orgasmo femenino, prometía durante su presentación en la feria tecnológica haber mejorado sus prestaciones gracias al análisis de más de treinta mil orgasmos, con un sistema de inteligencia artificial conectado al móvil. El *big data* permite a este vibrador hacer recomendaciones personalizadas. Lleva además una app para el iPhone que le otorga acceso remoto del dispositivo a otra persona, que puede estar en la misma habitación, en otra casa o en otro país. En 1983, esa tecnología era solo una fantasía que Milo Manara se imaginaba en *El clic*.[22] En 2020, una función muy demandada durante las cuarentenas.

Otra novedad amatoria en aquella feria tecnológica fue un discreto parche para el perineo que previene la eyaculación precoz. Es un *wearable* (dispositivo ponible) diseñado para estimular y confundir el sistema nervioso con el objetivo de retrasar la eyaculación masculina. También se conecta al móvil con una aplicación que controla los electrodos, pero Manara con esto no fantaseó. Prevenir la disfunción eréctil no es el tipo de tecnología que inspira cómics eróticos.[23]

Mientras el mercado ya está explorando qué papel tendrán los algoritmos en el amor y en el sexo —o comoquiera que vayamos a llamarlo— entre los humanos y las máquinas, los que ya son omnipresentes son los dispositivos para conectar relaciones entre humanos. Aquí va quedando mucho más claro que la inteligencia artificial es el medio, no el fin.

Experimentando con humanos

Millones de personas en todo el mundo encuentran pareja en la pantalla de su móvil gracias a apps de citas como Tinder, que han transformado para siempre la forma de ligar.[24] Dejar que una pantalla intermedie para el primer contacto con un desconocido se ha vuelto tan normal que, en 2018, *The Wall Street Journal* dedicaba un reportaje a los jóvenes que, tras llevar toda su vida ligando a través de estas aplicaciones, andaban fascinados con una nueva y exótica tendencia: quedar en bares para, ¡atención!, conocer gente en persona. Así, en vez de tener que fiarse de un perfil en la red antes de pedirle salir a alguien, podían conocerse primero en la vida real. Para organizar encuentros en persona entre los jóvenes que reniegan de las apps de citas están surgiendo, cómo no, otras especializadas en organizarlos.[25] Ahora lo llaman *citas lentas* o *slow dating*. Antes lo llamábamos *sábado por la noche*.

En Estados Unidos ya hay más parejas que se han conocido online que en los bares, y el porcentaje sigue aumentando. También superan a las relaciones que surgen en el trabajo o a través de amigos.[26] El éxito de plataformas como Tinder, OkCupid y Match.com fue acceder fácilmente a perfiles con la foto de gente que se declara disponible y se encuentra en un radio geográfico cercano. La llegada de los *smartphones* permitió, además, que ligar no necesitara de un espacio y un momento concreto. Ya no se trataba de chatear un rato en el ordenador al llegar a casa. Llevar siempre encima la pantalla en la que encontrar una pareja multiplica la oferta y las oportunidades. Tanto que ahora el problema es la saturación. El exceso de oferta de la paradoja de las mermeladas.

Un gallego de 38 años, al que llamaré José porque me pidió no revelar su nombre, me confesaba hace unos meses al preguntarle por este modo de ligar que a temporadas se da de baja de Tinder «porque puede ser agotador llevar siempre la tentación en el bolsillo». Pasó a utilizarlo a diario porque en estos dos años y medio de soltero le ha ido «muy bien», aunque no lo recomienda para quien busque una relación estable. «La puedes encontrar, pero de casualidad —explica como si hablase de la barra de un bar a las tres de la mañana—. Yo no lo usaría con ese propósito, pero es útil para conocer gente muy diferente fácilmente si tienes poco tiempo libre.» Cuando hablé con él, había estado quedando con una chica enganchada a los *escape room* y con una acróbata. «Hay tanto donde elegir que a veces creo que desechamos a gente que merece la pena porque siempre tienes la sensación de que puede haber otra después», añade. Y al comentarle que ha empleado varias veces el verbo *usar*, puntualiza: «A mí tampoco me gusta, pero Tinder es así, el *fast food* de las citas».

Cuando a José le interesa el perfil de una chica en Tinder, desplaza la foto hacia la derecha y, para descartarla, hacia la izquierda. Si a ella también le ha gustado, entonces hay un *match* o coincidencia, y ambos pueden empezar a hablar. El sistema facilita el contacto entre desconocidos presuntamente solteros de forma inmediata. Aunque abre el abanico de posibilidades, en realidad el sistema vuelve los emparejamientos más previsibles de lo que parece, porque el algoritmo preselecciona los perfiles compatibles en función de sus estándares predeterminados.

La mejor prueba de que nada es espontáneo en Tinder seguramente sea que la palabra *real* fuera la más utilizada en los perfiles en 2019. «Soy real» o «Estoy buscando algo real» son expresiones populares, porque cuando la apariencia lo es todo para conseguir un *match,* la tentación de falsearlo es más que evidente. Hasta hay expertos en elaborar perfiles más atractivos que los usuarios contratan para aumentar su éxito con mejores fotos y textos bien redactados.[27] A José, sus amigos del gimnasio también le piden consejos para mejorar el aspecto de sus cuentas.

Que estos algoritmos están experimentando con humanos lo reconoció Christian Rudder, fundador de OkCupid, con esas mismas palabras. En 2014, publicó un estudio sobre cómo su algoritmo emparejaba a la gente. Durante unos meses, OkCupid probó a juntar usuarios aparentemente no compatibles entre sí solo para ver qué pasaba. Y el resultado fue muy revelador: la posibilidad de éxito del romance tras la primera cita era muy similar entre perfiles aparentemente incompatibles que los que eran elegidos basándose en cientos de respuestas previas. O sea, que si convences a dos personas de que están hechas la una para la otra, es más probable que actúen como si lo fueran y se lo acaben creyendo.[28]

Lo curioso es que pueden ser los algoritmos los que acaben ligando entre sí. Para los más vagos, ya hay hasta aplicaciones que marcan automáticamente los perfiles en función de los gustos del usuario y empiezan a chatear con ellos. Son asistentes de inteligencia artificial pensados para encargarse de los preliminares y los primeros «hola, qué tal» (que suelen ser muy previsibles). Automatizar las primeras interacciones permite mantener contacto con más perfiles a la vez y solo tomar el control de la conversación cuando parece que prospera la posibilidad de lograr una cita.

De las bicis al Tinder

Las citas no siempre existieron. Pensar que el amor verdadero puede aparecer cuando menos te lo esperas y, lo más molesto de todo, que tenemos que tomarnos el trabajo de buscarlo porque puede estar en cualquier parte son invenciones relativamente recientes. Pocas cosas fueron tan previsibles históricamente como el futuro marido de una mujer soltera hasta mucho tiempo después de la Revolución Industrial. El amor romántico no siempre ha estado tan sobrevalorado como en el último siglo. Ni siquiera enamorarse era un requisito de las relaciones de pareja para toda la vida. Primero se concertaba el matrimonio, y se llamaba *amor* a lo que surgía después.

Carmen Martín Gaite explica que ambos conceptos *(amor* y *matrimonio)* apenas guardaban relación en el siglo XVIII. Las parejas se casaban entonces en función de criterios económicos y de su clase social. Una mujer soltera no tenía voz ni voto para decidir sobre su suerte. Si ahora para conseguir una cita hace falta una buena bio en Tinder e Instagram (José siempre comprueba que incluyan al menos una foto de cuerpo entero antes de hacer *match*), hace dos siglos lo fundamental era estar cuanto más escondida, mejor. Para aspirar a un buen marido lo fundamental era «la buena fama de la mujer casadera», que básicamente se mantenía teniéndola encerrada en casa para que nadie dudara de su virtud.[29] Esta costumbre, que se mantuvo hasta el siglo xx, era norma en los albores de la Revolución Industrial.

El concepto de las *citas* no existió como tal hasta más adelante. Los padres arreglaban las bodas de los hijos y el noviazgo se reducía a unas pocas visitas formales, tan aburridas como previsibles, que duraban pocos meses. Los novios apenas se cruzaban palabra en alguna visita de cortesía. Todo transcurría bajo el estricto control familiar y que surgiera afecto o no entre los novios era algo accidental y totalmente secundario. Bien pensado, en eso sí que se parece a Tinder.[30]

Como el entorno geográfico en el que se podía conocer una pareja hace un par de siglos era tan limitado, las relaciones transcurrían en un círculo profundamente predecible. Como no había capacidad de elección, la sorpresa fue prácticamente nula hasta el siglo xx, cuando llegaron dos innovaciones que cambiarían para siempre la manera de conocerse: los bares y las bicicletas.

La revista *Century*, en 1894, publicaba: «La bicicleta es un gran nivelador social que pone al hombre pobre al nivel del rico, permitiéndole cantar la canción de la carretera tan libremente como un millonario».[31] Aquella mítica escena en la que Paul Newman deja el caballo y monta en bici mientras suena *Raindrops keep falling on my head* en *Dos hombres y un destino* es un reflejo de la libertad que de pronto simbolizaban esas dos ruedas. «Es el futuro», dice Butch Cassidy.

Gracias a la bici, ligar nunca volvió a ser igual. Ya no hacía falta tener dinero para tener un caballo que permitiera desplazarse a otras poblaciones lejanas. Algunos biólogos incluso relacionan la llegada de la bicicleta con la mejora genética, ya que favoreció una mayor mezcla entre individuos de poblaciones distantes que nunca antes habrían podido encontrarse para formar una familia.[32] La bici proporcionó a esa generación de principios de siglo un nivel de intimidad y libertad inusitado.[33] Y cuanto más se ampliaba la posibilidad de conocer a otra gente, casarse o, quién sabe, incluso enamorarse, las relaciones entre humanos se fueron volviendo más imprevisibles.

El cortejo siempre ha existido, pero las citas, entendidas como la posibilidad de los solteros de reunirse en un espacio público, comenzaron a principios del siglo XX. Hizo falta que hubiera suficientes mujeres trabajando en grandes ciudades, fuera de sus hogares, para que pudieran encontrarse con desconocidos sin la supervisión de amigos y familiares. En 1910, la policía neoyorquina encontraba sospechoso que empezase a haber mujeres solteras en los bares dispuestas a conocer a hombres. Si se dejaban invitar a una copa, las podían arrestar incluso por prostitución. La mayoría no eran más que telefonistas o empleadas de los grandes almacenes, trabajadoras que habían emigrado del campo a la gran ciudad y que empezaban a inventarse un tipo de ocio que nunca había existido para ellas. En los años veinte del siglo pasado, las historias de jóvenes que salían a cenar o a bailar con otros jóvenes empezaron a normalizarse en las revistas femeninas estadounidenses que repartían los carnés de la decencia. El cortejo salía del círculo familiar del hogar a la esfera pública. Un lucrativo negocio con el que comenzó la edad dorada de los bares como el epicentro de las citas.[34]

Un siglo después, las pantallas están vaciando el ocio nocturno como lugar principal de encuentro. También en España. En 1999, el 65 por ciento de los jóvenes de entre 18 y 25 años salíamos todos los fines de semana.[35] Era prácticamente obligatorio. ¿Qué íbamos a hacer si no con 19 años? Salir significaba ir de noche a bares, porque ir a bares significaba ligar. Beber, más que un fin en sí mismo, era un medio. Veinte años más tarde, la cifra de jóvenes que sale todos los fines de semana se ha reducido a menos de la mitad y ronda el 25 por ciento. Además, se está trasladando a otras horas del día (tal vez porque hay mejor luz para las fotos de Instagram). Los jóvenes salen y beben menos porque ya no lo necesitan para conocer gente nueva a la que tirarle los tejos, algo que pueden hacer tranquilamente en pijama desde el sofá. Los menores de 30 años pasan unas diez horas a la semana conectándose a aplicaciones de citas. Las mismas que antes pasábamos en los bares.

Esto son cifras anteriores a la crisis de la COVID-19, claro. Internet pasó a ser entonces, con excepción de los balcones, prácticamente la única manera de conocer gente nueva. Cuando empezó a extenderse el coronavirus, antes de que llegara el confinamiento obligatorio, varias apps de citas enviaron un protocolo de «distanciamiento social» a sus usuarios que incluía la recomendación de lavarse más las manos y extremar las precauciones al conocerse. Antes de quedar por primera vez con él o ella, algunos incluso recomendaban hacer primero una videollamada, porque además de confirmar si realmente compensaba tener una cita en persona, hablar un rato serviría para comprobar si tosía. Con las cuarentenas, sin embargo, verse a través de una pantalla dejó de ser una opción para convertirse en la única salida.

Llamé a José un mes después de que empezara el confinamiento para saber qué tal lo llevaba. Pensé que para entonces ya habría ideado la manera de encontrarse secretamente con sus ligues de Tinder, aunque fuera en un supermercado, convertido en el escenario estrella de los encuentros furtivos. Sin embargo, no estaba para bromas. Me contó que había estado tres semanas muy malo, con fiebre y mucha tos. Había perdido cinco kilos y el médico le había dado la baja por coronavirus. Solo chateaba con un par de chicas que había conocido en Tinder durante el aislamiento. Y aunque cuando hablamos ya le habían dado el alta, no quería arriesgarse a salir, por si acaso todavía era contagioso. Trataba de ponerse en forma en casa con unas pesas, pero aún se agotaba en seguida. «Lo he pasado muy mal», me reconoció. No sé si se refería a la enfermedad o también a pasarla solo. De momento, no quería saber nada de videollamadas con desconocidas. Ahora se limitaba a chatear con ellas y fantasear con el día en que todo volviera a la normalidad.

La trampa del aguacate

En los años noventa, cuando empezaron las webs de citas más veteranas, haberse conocido en internet era algo que todavía daba vergüenza reconocer. Solo alguno de mis amigos más frikis lo contaba con orgullo. En el futuro es más probable que vaya a ser al revés: «¿En un bar? Qué dirá mi familia si le digo que me puse a hablar contigo en un bar sin conocerte de nada... Si nos preguntan, decimos que nos ha presentado un algoritmo».

¿Pero cómo determina Tinder la posibilidad que tiene una persona de interesarse por otra? La periodista francesa Judith Duportail trató de descubrirlo y le pidió a Tinder que le enviara todos los datos que guardaba de ella. Cualquier ciudadano europeo tiene derecho a solicitar a las empresas la información que dispone de él. Recibió ochocientas páginas con sus secretos más íntimos e información de ligues que ella ya había olvidado, pero Tinder no. La app podía deducir muchas cosas sobre la joven francesa gracias al acceso que tenía, por ejemplo, a sus «me gusta» de Facebook. También podía saber qué frases enviaba para ligar y en qué sitio se encontraba cuando algo o alguien la excitaba como para deslizar su perfil hacia la derecha. La excusa de la plataforma es que, cuanto más sabe de alguien, mejor seleccionará los perfiles compatibles.[36]

Durante su investigación, Duportail no solo descubrió cuánta información almacena Tinder para decidir a quién empareja con quién, sino también algunos de los criterios que utiliza:

> Tinder puede calificarnos según nuestro atractivo, pero también (escaneando nuestros mensajes y nuestra forma de comunicarnos) nuestra inteligencia, nuestro nivel de estudios o nuestra posición económica. Además, Tinder puede evaluar a hombres y a mujeres de forma distinta. Los hombres con alto nivel de estudios y alto nivel salarial tienen puntos extras, mientras que una mujer con las mismas características tiene puntos negativos. El fin de esto es que los hombres hagan *match* con mujeres inferiores a ellos. En la patente se describe un sistema que promueve que el hombre sea superior a la mujer: mayores, con mejor sueldo y, probablemente, con más estudios.[37]

Poder conectar con millones de potenciales usuarios no está cambiando los mismos clichés de siempre, sino que los incentiva. Tinder se reserva en sus condiciones de uso el derecho de emparejar gente en función de jerarquías sociales y estándares de belleza. El sistema busca unir a los hombres con mujeres más jóvenes y que ganen menos dinero que ellos, sean más bajitas y tengan una autoestima acorde con el ego masculino que mejor le encaje. A ellas también les gustan los hombres más altos. Es más previsible porque aprende del paradigma de las relaciones heredado del siglo XX y lo perpetúa.

Puede que el *big data* no desvele nunca el misterio que hace que una cita triunfe o sea un desastre, pero los prejuicios para elegir pareja los tiene calados. Por eso se ha vuelto habitual en Tinder especificar preferencias alimenticias. El aumento de términos como *kombucha* y *aguacate* esconde también un sesgo económico. La kombucha es un té fermentado hípster que presume de saludable y cuesta cuatro veces más que un refresco cualquiera. Desayunar aguacate también es mucho más caro que unos Corn Flakes. Son de primero de postureo. Y la comida favorita es un filtro de clase mucho más sutil que poner en el perfil «absténganse pobres y gordos».

La pérdida de espontaneidad es evidente desde la creación misma de perfiles. Que haya más datos disponibles que nunca de cómo nos relacionamos, más que dar con el secreto de la compatibilidad, lo que logra es condicionarla. El mejor día para encontrar un *match* son los lunes, seguramente porque la decepción del último fin de semana hace bajar el listón. La hora ideal, las diez de la noche. Y los *emojis* más intercambiados, los de cerveza, guiño y sonrisa.[38] Si Martín Gaite hubiera escrito sobre los usos amorosos del siglo XXI, en lugar del lenguaje de los abanicos y de los peinados habría analizado el lenguaje oculto de los *emojis* y los selfis con morritos.

Yo también te quiero, Siri

En este siglo no solo nos estamos enamorando *a través* del teléfono, sino también *de él.* No hace falta imaginarse sofisticados robots sexuales ni hologramas animados, ya hay miles de personas en todo el mundo que a diario intentan ligar con Siri, el asistente virtual de Apple que utilizan más de 500 millones de usuarios. Me lo contó Alex Acero. Este ingeniero español seguramente sea la persona que mejor conoce la voz de Apple en todo el mundo. Ha dado vida a Siri y ahora quiere darle alma.

Acero reconoce que es difícil saber con exactitud hasta qué punto la gente intenta ligar con el asistente virtual, pero está convencido de que muchos no lo hacen en broma: «A lo mejor saben que no es más que una fantasía, pero te sorprendería la de cosas que pueden llegar a decirle a Siri», confiesa el directivo de Apple, a quien tuve ocasión de conocer en el I Congreso de Inteligencia Artificial en Alicante. El pudor impide a Acero ser más explícito. Solo aclara que puede llegar a ser «incómodo» tanto el tono que usan como «ciertas cosas» que los usuarios dicen: «Ni te lo imaginas».

Escuchar a usuarios de iPhone que tratan de ligar con Siri o le confiesan sus intimidades es algo a lo que ya se han habituado en la sala de Cupertino donde se encargan de dar vida al asistente virtual. Yo a lo más que llego es a preguntarle cuando me levanto el tiempo que hace o la capital de Tuvalu (Funafuti).

En Apple se han habituado a oír de todo porque hasta allí llegan millones de conversaciones seleccionadas aleatoriamente que tenemos con este sistema de inteligencia artificial en todo el mundo. «Solo las escuchamos para mejorar el sistema», puntualiza Acero, que empezó a soñar con enseñarles a hablar a las máquinas desde que a principios de los ochenta estudiaba Telecomunicaciones en la Universidad Politécnica de Madrid. Su primer móvil fue uno de aquellos Motorola que pesaban casi un kilo. Cuarenta años más tarde, no se conforma con hacer que las máquinas hablen, quiere que aprendan a conversar:

> Pensamos que es importante que Siri pueda hacer compañía a las personas en el futuro. Nos gustaría que cumpliera una función contra la soledad. A las personas mayores que no tienen con quién hablar les daría un servicio emocional si pudiera mantener una conversación amigable.[39]

Aunque en la mayoría de los países Siri aparece configurado con voz de mujer, si se prefiere, también puede *ser* un hombre. En Reino Unido la versión masculina es, de hecho, la más extendida (el imaginario británico prefiere un mayordomo virtual). Desde que en 2013 Acero entró a dirigir el asistente de Apple, este no solo ha aprendido muchos idiomas, sino también a procesar preguntas espontáneas. En este tiempo ha pasado de ser una aspiración a darse por hecho que la voz es el futuro de la relación con las máquinas. En vez de teclear lo que necesitamos, nos vamos acostumbrando a pedírselo directamente hablando con ellas.

El cortejo robótico es solo el principio: «No me parece

descabellado que alguien se pueda llegar a enamorar en serio de Siri, como en la película *Her* —afirma Acero—. Algunos seguramente ya lo están».[40] Está convencido de que, cuanto más frecuente sea relacionarnos con estos asistentes por la voz y más sofisticados se vuelvan, más familiar será convivir con ellos para nosotros. Su misión es que resulte lo más natural posible.

Acero, siempre muy cauteloso en sus predicciones, se atreve a vaticinar que en breve se podrá conversar con Siri con la misma naturalidad que con una pareja. Incluso, por qué no, en vez de con ella. Lo más difícil es lograr la comprensión de las emociones y el razonamiento. «Eso sí que creo que será posible antes de que me jubile», calcula Acero, que ya pasa de los 55 años. Van a tener que darse prisa, porque todavía se entera regular. Cuando el asistente del iPhone se activa sin querer y le digo que no quiero hablar con nadie, contesta que no encuentra a «Nadie» en mis contactos.

Detrás de Siri, además de medio centenar de ingenieros, también hay filólogos y lingüistas para traducir bien el lenguaje natural al lenguaje de programación. Y unos psicólogos que ayudan a darle *personalidad*, así lo llama Alex Acero. Apple también aspira a que Siri pueda servir de apoyo emocional y para eso entrenan a la máquina a interpretar si la persona que le está diciendo algo está triste o contenta y cómo reaccionar. «Se nos cae el alma al transcribir ciertas conversaciones y ver que hay gente en ese estado tratando de hablar con Siri», confiesa el ingeniero con pesar.

La empatía es uno de los retos que querrían desarrollar a corto plazo para mejorar la capacidad de dialogar de las máquinas: «Si estás buscando algo y Siri no lo encuentra, no te gustaría que te dé malas noticias con tono de alegría», explica. A veces, ni siquiera los humanos sabemos cómo está realmente nuestro interlocutor al hablar por teléfono. El siguiente problema es aún más complicado y no tiene que ver tanto con la inteligencia artificial como con lo imprevisibles que somos los humanos. ¿Qué debe hacer Siri una vez que detecta que alguien suena deprimido? «Nos ha pasado a todos darnos cuenta de que un amigo está triste y tampoco saber bien qué hacer», reflexiona el director de Siri.

Apple quiere que Siri pueda ser un compañero o compañera creíble que diga unas palabras de ánimo a la persona que le está contando sus problemas. Para eso trabajan en identificar parámetros que decodifiquen los sentimientos humanos. En ese laboratorio de Cupertino han de interpretar qué es lo que quiere oír alguien que declara su amor a Siri o que le pregunta: «Oye, Siri, ¿qué vas a hacer esta noche?». De momento, a esto Siri responde con oportuna ironía prefabricada: «Estoy muy ocupada atendiendo a los usuarios».

A las peticiones de mano, el asistente de Apple suele responder: «Mejor cultivemos nuestra amistad» o «Mi contrato de licencia no cubre el matrimonio». De momento, los guionistas de Siri le han enseñado a dar calabazas elegantemente a los humanos que no tienen mejor cosa que hacer que pedir matrimonio a un dispositivo. Sin embargo, no es del todo distante. Si le preguntas «Oye, Siri, ¿tú me quieres?», responde: «Te admiro mucho» o «No lo sé, pero creo que eres increíble». No es que su personalidad sea muy sofisticada, pero bastante tiene con diferenciar el pitorreo del afecto. Algo es algo. Suficiente para que algunos humanos ya se estén enamorando de ella.

6

La impaciencia

De por qué echaremos de menos el aburrimiento y más que superhumanos parecemos hámsteres

Mi llamada no puede ser más inoportuna. Cuando Amparo Lasén descuelga el teléfono para la entrevista que había quedado en hacerle, está en casa en medio de una bronca con su hijo adolescente. «Me pillas regular», contesta educadamente esta profesora de Sociología de la Universidad Complutense, experta en cómo la era digital nos está cambiando.

Lasén lleva estudiando el impacto de los móviles en la vida cotidiana desde los primeros Nokia. Al preguntarle si los *smartphones* están acabando con la paciencia, ve en la discusión que estaba teniendo con su hijo el mejor ejemplo: «Se enfadó porque me dejé el móvil en casa y llevaba dos horas queriendo localizarme… ¡Y cree que le debo una disculpa!», se queja Lasén, que había empezado la frase como madre y la acaba como socióloga: «Hemos adquirido la costumbre de estar permanentemente accesibles y nos parece insoportable tener que esperar una respuesta de alguien que no está temporalmente localizable».

La impaciencia previsible

La dependencia del móvil no es el único síntoma de que la capacidad de espera ha ido decreciendo estrepitosamente en la última década, desde que llevamos un *smartphone* en el bolsillo. No hay más que ver la moda de escuchar los pódcast y las series al doble de su velocidad real (entre 1,5x y 2x) para acabarlos más rápido. Buzzfeed bautizaba coloquialmente como *podfasters* a los usuarios que empezaron a usar apps como Rightspeed para deglutir audiolibros y programas de radio enlatados a mayor velocidad de la normal.[1]

En 2017, este consumo bulímico de series aceleradas era una práctica emergente y mal vista que el artículo etiquetaba de *speed freaks,* frikis de la velocidad. Dos años más tarde, ha pasado de rareza a tendencia. Netflix ya ha sacado una opción para acelerar visionados con la misma naturalidad con la que le ofrece al espectador el botón de rebobinar. Los cineastas han puesto el grito en el cielo porque consideran que así se pervierte su arte. Pero la plataforma prefiere tener a sus clientes enganchados que aburridos, aunque sea a costa de que los personajes acelerados acaben sonando a *Alvin y las ardillas.*

La obsesión por aprovechar el tiempo es un concepto relativamente reciente. Fue la modernidad la que hace un par de siglos nos dio la conciencia del tiempo actual. Percibirlo como algo intercambiable por dinero es un invento de la industrialización y el trabajo asalariado. Antes el tiempo importante era el climatológico, del que vivía el campo, no el que marcaran los relojes. El tiempo como algo que se puede perder o malgastar es una creación del capitalismo. Y también está mutando en el nuevo mundo digital y conectado.

Desde la llegada de la producción en serie, del ferrocarril y del telégrafo, se hizo crucial medir el tiempo. Y si estas tecnologías tuvieron un papel esencial en nuestra forma de entender cómo aprovechar el tiempo, vivir pegados a una pantalla y rodeados de máquinas que automatizan tareas rutinarias nos está llevando a una nueva forma de entenderlo.

Como todo es accesible en cualquier momento, vivimos en una falsa sensación de ubicuidad. Podemos estar en cualquier sitio y conectar con quien queramos al instante, ver una serie en el trabajo o trabajar en el metro. Creemos que estamos trascendiendo la idea del espacio y el tiempo, pero solo es una ilusión. Cuando hace cinco años entrevisté a Reed Hastings, fundador de Netflix, me dijo que su principal competidor eran las horas de sueño de sus usuarios. La compañía acababa de aterrizar en España y no entendí bien a qué se refería. Ahora sí. El tiempo siempre nos gana, porque, por mucho que aceleremos las series, los días siguen teniendo veinticuatro horas.

Nunca tengo tiempo

Cuando a Maryanne Wolf, una neurocientífica de la Universidad de Los Ángeles, le dio por releer una de sus novelas favoritas, se dio cuenta de que ya no era capaz. Le aburría por completo *El juego de los abalorios,* un libro de Herman Hesse que solía fascinarle en su juventud. El juego intelectual que plantea la novela de pronto le resultaba a Wolf demasiado complejo. A todo el que le cueste últimamente centrarse en la lectura de una novela sin echar mano al móvil para leer el último wasap seguramente se identifique con Wolf. Preocupada por lo mucho que le costaba concentrarse en la lectura, esta neurocientífica cognitiva, amante de los libros y experta en la relación del cerebro con el lenguaje, se propuso investigar si estaba perdiendo la habilidad de leer en profundidad.[2]

Wolf llega a la conclusión de que internet tiene la culpa de habernos hecho perder a los lectores «la paciencia cognitiva» que antes nos permitía leer novelas más largas «y comprender niveles más profundos». ¿Está de verdad internet haciéndonos más estúpidos? No exactamente. Pero sí cambia el modo en que procesamos información.

Recibir mensajes continuamente en el móvil, ojear redes sociales y leer a trozos noticias en internet está favoreciendo que procesemos más información y más rápidamente. Es muy útil para surfear en un mundo digital. Sin embargo, las interrupciones constantes por las tentaciones que llegan a las pantallas que nos rodean están perjudicando nuestra concentración. Cada vez dedicamos menos tiempo a esa lectura reposada, igual que cada vez somos menos capaces de charlar (y escuchar, sobre todo) sin que el rabillo del ojo se vaya a las notificaciones que parpadean en el dichoso móvil. De ahí que algunos neurocientíficos nos adviertan de que estamos descuidando la parte del cerebro que nos permite hacer los procesos de comprensión más analíticos y complejos.

Aquellos a los que Wolf llama *buenos lectores*, con un dilatado currículum de lecturas en su haber, también experimentan cada vez menos «paciencia cognitiva» para leer textos complejos. De tanto leer en diagonal en las pantallas les cuesta cada vez más hacer una lectura reposada. Las investigaciones en este campo están empezando y es pronto para llegar a resultados concluyentes, pero no deberíamos subestimar nuestra creciente tendencia a la distracción.

Hace tiempo que la lectura profunda que solía venir de forma natural se está convirtiendo en una lucha contra uno mismo. La teoría no es nueva. También lo advertía Nicholas Carr en *Superficiales: ¿qué está haciendo internet con nuestras mentes?*[3] Este ensayo se publicó en inglés en 2010 (el año en que Apple lanzó el iPad), antes de que las pantallas táctiles y las redes sociales se popularizaran en la vida cotidiana. Una década después, la dispersión nos tiene rodeados.

Leemos más, pero diferente

Siempre ha habido muchos niveles de lectura. Y siempre ha habido agoreros de los cambios tecnológicos que añoran el pasado o, tal vez, simplemente su propia juventud. Nunca ha sido lo mismo leer un texto que requiera mucha concentración que ojear un periódico en el bar o devorar una novela. Eso es lo que quería explicarme Amparo Lasén al teléfono después de discutir con su hijo: «Antes de lo digital también había varios niveles de atención, no mitifiquemos al lector del pasado. Leer textos complejos nunca ha sido una aptitud masiva».

En la nueva vida digital leemos más que antes, pero de forma diferente. El estadounidense promedio lee el equivalente a treinta y cuatro gigabytes juntando todos los dispositivos que ojea, es decir, unas cien mil palabras por día. Wolf lo llama *una explosión de lectura espasmódica.*[4] Estamos todo el día leyendo. A trompicones, eso sí. Recibimos continuamente comentarios de otra gente de forma fragmentada. Sin embargo, la lectura apresurada del WhatsApp es más comparable con la oralidad que con los libros o el periodismo escrito. Los mensajes que mandamos a los grupos de amigos y familiares sustituyen conversaciones que solían ser orales, no a ratos de lectura. Tuitear es también una mezcla de oralidad y escritura de comentarios que antes hacíamos en alto.

Las nuevas costumbres de lectura tienen aspectos muy positivos: antes, un niño que no leía, no leía nada de nada. Ahora los niños que no leen libros están en realidad leyendo continuamente sus redes sociales. Eso sí, nos hemos acostumbrado a un lenguaje sencillo y breve. Los textos largos cuestan más, pero dejarnos de circunloquios también puede ser positivo. Estamos cultivando nuevas formas de escritura más breves y orales. Un tipo de escritura diferente, a veces más concisa y audaz. No necesariamente peor. Lo malo no es la brevedad, sino perder el vocabulario que da forma al pensamiento.

También corremos el riesgo de proyectar en las nuevas generaciones los problemas que estamos teniendo con internet los que crecimos en el mundo antes de Google. Si en el siglo xx leíamos más era también en parte porque lo necesitábamos para aprender casi todo. Ahora para cocinar no hace falta un libro de recetas, sino un tutorial de YouTube.

Además, las pantallas no afectan por igual a quienes

crecimos sin WhatsApp. «Los adultos nos dispersamos más», me confirma Salvador Martínez, director del Instituto de Neurociencias de la Universidad Miguel Hernández de Alicante. En un experimento demostró que dándole a leer el mismo texto en una tableta y en un libro impreso a niños y adultos, los adultos se dispersan más con la tableta, pero los niños se concentran mejor con la pantalla. Además, les deja más huella algo que ven en un iPad, porque ser interactivo lo hace más atractivo.

Así que estamos proyectando nuestros conflictos con las pantallas sobre los niños. El neurólogo recomienda esperar más tiempo para tener resultados concluyentes sobre cómo afectan al cerebro. Y pese a ser más optimista en el largo plazo, este científico no duda de que los adultos estamos cada vez más dispersos y nos aburrimos más fácilmente sin profundizar en casi nada. La aversión al aburrimiento hace que huyamos de una dispersión a otra sin dejar descansar nunca la mente. Y eso sí que es un problema.

No me aburro, doctor

A la consulta madrileña de Victoria Trabazo, psicóloga clínica, llegan cada vez más personas con ansiedad y estrés. Una de las cosas que les receta a sus pacientes es el *huevoneo. Huevón*, según la RAE, es el perezoso. No está mal ir al médico y que lo que te recomiende sea no hacer ni el huevo. Tampoco está mal que te paguen por recetarlo. Según esta psicóloga, «el aburrimiento es algo necesario y maravilloso para el cerebro. Lo curioso es que se ha convertido en un gran lujo que casi no nos permitimos. Al estar siempre conectados, está mal visto».

Parece que siempre hay que hacer algo útil, aunque estemos esperando el ascensor o turno en la carnicería. Dejar la mente en blanco, o al menos intentarlo, es algo que hemos dejado de hacer sin darnos ni cuenta. Mirar por la ventanilla cuando vamos en tren o perder la vista en un baldosín del baño al sentarnos a hacer pis son esos momentos de relax cerebral que se están cambiando por mirar el móvil (esa lectura diagonal y superficial que decíamos). Hay un sistema neuronal que trabaja cuando no estamos haciendo nada, que es el que desarrolla la creatividad y la búsqueda de soluciones.

El aburrimiento tradicionalmente ha tenido mala reputación. En pequeñas dosis, sin embargo, puede ser muy útil. Es al dejar la mente en blanco cuando surgen las nuevas ideas. Cuando la mente divaga se vuelve imprevisible y, por tanto, más creativa. Mantener, como en *La naranja mecánica,* los ojos siempre abiertos a lo último de Instagram nos conduce a la inercia en la que dejamos de ser dueños de nuestro propio pensamiento para lo que el algoritmo disponga.

De ahí que sea un arma de doble filo el empeño de algunas multinacionales de medir la productividad de sus empleados para saber cómo de productivos son. Hay empresas especializadas en analizar todo tipo de métricas en las oficinas, desde cuántos correos electrónicos envían los trabajadores, el número de llamadas que hacen, cuánto tiempo pasan en reuniones (o en Facebook) y hasta si hablan o no mucho entre ellos (con micrófonos que escuchan las conversaciones y sistemas que las transcriben y analizan para medir el trabajo en equipo). Más allá de las obvias dudas de privacidad que estas prácticas generan (a ver quién le dice al jefe que no da su autorización al análisis de datos de turno), hay dudas de que estas prácticas cumplan su objetivo de aumentar la productividad.[5]

Asegurarse de que los empleados no pierden el tiempo puede ser en sí una pérdida de tiempo, porque a menudo las buenas ideas surgen en momentos de dispersión. En el MIT se han creado varios prototipos de sistemas que monitorean la mirada de los usuarios para asegurarse de su nivel de concentración en el trabajo. Vigilan los movimientos oculares, expresiones faciales y sudoración de la piel y prometen con ello ayudar a los empleados a tomar mejores decisiones, mejorar su concentración y aliviar el estrés. Hay entidades financieras que utilizan sistemas similares para asegurarse de que nadie realiza operaciones complejas en momentos de sobreexcitación. Otras empresas instalan sistemas para espiar (analizar, dicen ellos) los móviles de los empleados e identificar cuánto tiempo pasan al día en cada app. Si gastan mucha batería, por ejemplo, puede ser un indicador de que se aburre en el trabajo. ¿Sabrán esos algoritmos chivatos que las pequeñas dosis de aburrimiento llevan a las personas a generar más ideas innovadoras y soluciones alternativas a los problemas? ¿Lo sabrán los jefes?

Sin la capacidad innata de experimentar aburrimiento, los seres humanos estaríamos menos obligados a salir de la zona de confort y buscar circunstancias diferentes y, a veces, incluso mejores. Sin este incentivo, seríamos menos adaptables al cambio.[6]

Es como si el cerebro necesitara resetearse de vez en cuando para salirse del guion de la inercia preestablecida, para ser más creativo y quitar el piloto automático de la rutina. No hacer ni el huevo, como receta la psicóloga a sus pacientes, tiene para mucha gente un poco de tortura, pero otro poco de placer culpable. En realidad, un mundo sin aburrimiento sería un martirio. No es bueno estar alerta desde el desayuno a la hora de dormir, porque estar en búsqueda perpetua de estímulos para el cerebro sería como alimentarse solo de algodón de azúcar. La creatividad necesita también zonas de monotonía en las que crecer. Esta es la razón por la que se producen tantas ideas útiles en la ducha.[7]

> Cuando uno empieza a aburrirse o a no hacer nada de provecho, aparece un sentimiento de malestar, de culpabilidad por pensar en lo que tenemos pendiente... —explica la doctora Trabazo—. Y en seguida nos ponemos a buscar el móvil, la tableta... y generamos otro problema: la adicción a las pantallas. El aburrimiento lo estamos dejando apartado y es muy necesario, sobre todo en los niños pequeños.[8]

Mi madre me enseñó a dejar de quejarme porque me aburría a fuerza de decirme que, si no sabía qué hacer, recogiera mi habitación. Mano de santo para pasar el tedio en silencio. Por más que nos hayamos habituado a verlo como un problema, es importante que los niños se aburran. Así lo explica la editora Pamela Paul, autora de *How to Raise a Reader [Cómo criar a un lector]:*

Los padres que se preparan para un largo viaje en automóvil o en avión son como oficiales del Ejército que planean una complicada maniobra. ¿Qué películas cargar en el iPad? ¿Deberíamos comenzar un nuevo pódcast familiar? ¿Es este un buen momento para dejar que los niños jueguen a Fortnite hasta que sus cerebros se derritan en el asiento trasero? ¿Qué hacían los padres en los años setenta cuando los niños se aburrían en el camino? ¡Nada! Les dejaron respirar humo. Torturar a sus hermanos. Y, como no era para usar, jugar con el cinturón de seguridad roto.[9]

¿Transhumanos o hámsteres?

Leer tiene una influencia directa en nuestro cerebro. Favorece la capacidad de pensar, de reflexionar e imaginar. Y, según el neurólogo Guillermo García Ribas, que ha estudiado la importancia de la lectura en procesos de deterioro cognitivo como el alzhéimer, no todas las lecturas son iguales. Las personas que leen novelas de ficción tienen menos tendencia al deterioro cognitivo.

No es lo mismo pasarse el día leyendo informes y tuits que a Eduardo Mendoza o Agatha Christie. La lectura de ficción fomenta la empatía y la socialización. Ese beneficio no se obtiene de la lectura superficial de noticias o redes sociales, porque es la novela la que nos mete en una historia y nos hace partícipes de ella. Potencia más la imaginación porque activa zonas del cerebro que no tienen que ver con el lenguaje, como la que se dedica a la planificación, las emociones y a focalizar la atención.

Sin embargo, vivir en un mundo de interrupciones constantes está volviendo nuestro cerebro más superficial y previsible. Los humanos somos capaces de focalizar la atención en una sola actividad. Según me contaba este neurólogo, es una de las ventajas evolutivas de nuestra especie. Los animales no son capaces de concentrarse en una sola cosa; en cuanto hay un estímulo externo, ese los distrae de lo anterior porque su supervivencia puede depender de ello. Los humanos tenemos la ventaja de que nuestro cerebro es capaz de trabajar con múltiples estímulos a la vez y podemos priorizar la atención. Al menos, la hemos tenido hasta ahora.

Con las interrupciones constantes de mensajes y notificaciones, sin embargo, estamos poniendo a prueba esa capacidad de focalizar nuestra atención. Por eso, si cada vez que llega un wasap no somos capaces de ignorarlo e interrumpimos lo que estamos haciendo constantemente como un ratoncillo asustado, estamos dando la respuesta más cercana al reino animal. «El cerebro humano es capaz de gestionar múltiples estímulos —explica el doctor García Ribas—. La capacidad de analizar el entorno, reflexionar y posponer una respuesta es connatural a la especie humana. Pero si dejamos de recapacitar lo que hacemos y echamos instintivamente mano al móvil cada vez que se ilumina, estaremos siendo un poco más previsibles, menos humanos y más animales».

Los transhumanistas confían en que la tecnología nos vuelva en el futuro superhumanos mejorados, como prevé Yuval Harari en *Homo Deus,*[10] pero a ver si con tanta adicción a las notificaciones e interrupción constante lo que nos estamos volviendo no es eso tan avanzado, sino algo más parecido a un hámster atrapado en la rueda de las pantallas.

En las redes sociales somos los ratoncitos que dan vueltas buscando recompensa. Seguimos el impulso de satisfacer una necesidad innata a través del móvil porque con cada «me gusta» nos sube la dopamina, y eso crea una dependencia neuroquímica de la que se aprovechan los mercaderes de nuestra atención. Por eso recibir un wasap o un retuit tiene un punto adictivo.

El problema, por tanto, más que la concentración, es la interrupción. Un entorno digital de estímulos externos constantes anestesia el cerebro, al menos en lo que a capacidad de focalizar se refiere. Solo tener el teléfono visible en la mesa donde estamos trabajando o leyendo baja la productividad entre un 17 por ciento y un 30 por ciento.[11] No vale con poner el modo avión (que debería llamarse *modo focus*). Simplemente su presencia, la noción de que algo puede llegar de un momento a otro, ya está mermando la concentración. La solución antihamsterización es guardar el aparato en un cajón o en otra habitación mientras tratamos de concentrarnos. ¿Por qué voy a tener que recibir los mensajes cuando quiere el que los envía? ¿No tendrá más sentido recibirlos cuando yo quiera?[12]

Todas esas notificaciones desactivan el pensamiento complejo y, por tanto, pueden acabar volviéndonos tan previsibles, no ya como un robot, sino como un pequeño animal de laboratorio que, en vez de dar vueltas en una rueda, pelea por llegar al final del *scroll* de una pantalla que nunca se acaba. Ya sean niños enganchados al Fortnite o padres incapaces de parar de ver capítulos de su serie favorita.

La tiranía de la inmediatez

A medida que nuestra vida digital se ha ido haciendo relevante en nuestras relaciones sociales, con la interconexión va desapareciendo también la percepción del espacio y el tiempo. Facebook está diseñado para no acabarse nunca, siempre está pasando algo. Siempre hay algo pendiente y cada vez es más difícil desconectar. Además, aunque uno se vaya a dormir, todo sigue.

Cuando las películas que uno podía ver en casa eran las que echaban para todos a la vez, elegir qué ver era una duda fugaz. Sin embargo, cómo gestionamos el exceso de oferta aumenta la presión por aprovechar el tiempo y disminuye su disfrute. ¿Qué series veo? ¿Me estaré perdiendo algo en Instagram? Como todo se comparte, el ámbito privado se diluye, e interconecta nuestro ocio con el de los demás a través de plataformas programadas para gestionar la información de nuestro comportamiento y ofrecernos algo que vuelva a captar nuestra atención.

La sobreabundancia de entretenimiento disponible en la era digital ha acuñado lo que los expertos llaman FOMO, o el miedo a perderse algo *(fear of missing out).* «Se nota sobre todo en los milenials, jóvenes de entre 20 y 35 años, que cada vez tienen menos paciencia y una atención más fugaz, de doce segundos de media», me advierte Paris de l'Etraz, director del IE Venture Lab. La generación que va después, los adolescentes, prestan atención durante unos ocho segundos y tienen de media cinco pantallas abiertas. Viven en permanente *multitasking* (multitarea) porque buscan gratificación instantánea, necesitan sentir cosas continuamente.

En solo diez años ha cambiado mucho la percepción del tiempo. Según Paris, que asesora en el IE Business School a los jóvenes que montan sus propias *startups,* hace una década los planes de negocio que se preparaban en sus clases tenían cuarenta páginas. Ahora, si llevan más de una no se leen. El problema de la creciente impaciencia en los negocios, como en la vida misma, es cómo gestionar la frustración cuando los resultados en la vida real tardan en llegar.

La gran paradoja es que necesitamos hacer muchas cosas a la vez para no sentir que estamos perdiendo el tiempo, pero es haciéndolas como lo perdemos, porque el estrés bloquea la lucidez. En realidad, atender a todos los mensajes que recibimos rápidamente no nos hace avanzar en las tareas pendientes, sino que las retrasa. Cada trabajador emplea al menos un 30 por ciento de su jornada en atender llamadas, mensajes y correos electrónicos, según un estudio de la Universidad Católica de Lovaina. Y como cada vez se exige más inmediatez a la hora de responderlos, el exceso de intercambio de información se multiplica entre empleados, como una maldición contagiosa. La sobrecarga de información genera, a su vez, más interrupciones constantes (cada cinco minutos, aproximadamente) que impiden la concentración.

Estamos en un momento de transición, aunque no esté claro hacia dónde. Las tabletas y los *smartphones* tienen apenas una década. Y esto no ha hecho más que empezar. Necesitamos compaginar diferentes niveles de lectura y concentración. La diagonal que salta de aquí y allá tan habitual (y necesaria) en el mundo digital, pero sin perder la lectura reflexiva y profunda. Para eso, las prisas son tan malas como las interrupciones constantes.

Olvidarnos de esperar

Sigo al teléfono con la socióloga que, como los herreros con cucharas de palo, trata de enseñarle a su hijo adolescente esa paciencia que sus estudios demuestran que los adultos también estamos perdiendo. «Culpabilizamos al otro por nuestras urgencias», explica Lasén, autora de *Mediaciones tecnológicas,* un estudio sobre cómo el móvil afecta a las relaciones: «Muchas parejas nos decían que sus mayores broncas, a veces las únicas, se producen por echar en falta una respuesta. Antes la inmediatez era un valor, ahora una costumbre».[13]

Ser más impacientes que nunca nos vuelve también más previsibles, porque la tolerancia a la frustración cada vez es menor. «La impaciencia significa que si mando un mensaje a alguien y no me responde en cinco minutos, estoy frustrado», explica Miguel Ángel Vallejo Pareja, catedrático de Psicología Clínica de la UNED, que lleva veinte años ayudando a superar adicciones a través de internet. Coordina un programa online para ayudar a dejar de fumar, con más de cincuenta mil personas apuntadas.

La primera prueba de ese programa para combatir la adicción online es no enviarle al usuario su contraseña hasta las cuarenta y ocho horas de inscribirse para ir trabajando precisamente esa tolerancia a la frustración. Según Vallejo, «la gente quiere dejar de fumar el mes pasado. Hay que atemperar esas prisas para que asuman el control de su vida y no dejarse llevar por la urgencia». Aunque en la información que hay que leerse al rellenar la inscripción se explican estos plazos de cuarenta y ocho horas antes de recibir la contraseña, muchos en vez de leerla llaman con urgencia por si está estropeado el sistema. Y una de las primeras cosas que este programa antiadicción ayuda a combatir es precisamente la impulsividad, cada vez más agudizada en nuestros hábitos digitales. «Deberíamos tomar un tiempo para hacer las cosas importantes y disminuir ese ritmo a la respuesta inmediata —propone el psicólogo—. ¿Realmente todos esos mensajes son más urgentes que lo que estábamos haciendo?

Empezamos a valorar el vínculo que tenemos con la otra persona en función de la inmediatez con la que nos responde. Nos está pasando como a los niños. Lo queremos todo y lo queremos ya. «¿Por qué tanta prisa? —pregunta Lasén, y ya no sé si a su hijo o a mí—. ¿Por qué cuando no funciona bien el wifi o tardan en cargar los datos nos ponemos nerviosos? Estamos perdiendo la paciencia para todo.»

Los psicólogos infantiles estudian cómo los niños aprenden a esperar, que era una cualidad asociada a la madurez, pero que escasea en el mundo conectado. A los adultos también se nos está olvidando esperar, pero ya hay generaciones que nunca han aprendido. Los que han nacido con un YouTube bajo el brazo siempre han decidido cuándo suena su canción favorita y el siguiente capítulo de la serie que están viendo. Les suena a ciencia ficción que en el siglo xx hubiera que esperar a que la pusieran en Los 40 Principales o que hubiera que aguardar un día de la semana concreto en el que la tele emitía algo para que todo el mundo lo viera irremediablemente a la vez. Y quien no estuviera frente al televisor, se lo perdía tal vez para siempre.

De superhumanos, nada. Si cada vez que nos llega un

mensaje al móvil actuamos como si fuéramos un ratoncillo asustado, anulando la reflexión y la concentración en lo que estuviéramos haciendo, nos sometemos a la tiranía de la inmediatez. En vez de a vivir acorde con nuestros gustos, nos arriesgamos a vivir con los empujones de las prisas ajenas. La sobrecarga de mensajes, notificaciones y «me gusta» en la pantalla que nos reclaman la atención por el rabillo del ojo, además de potenciar la impaciencia, nos vuelve tan previsibles como al hámster. Trascender el tiempo es una ilusión del mundo conectado. Y recuperar la paciencia, claro, llevará su tiempo.

7

La salud

De cómo saber si alguien será calvo, bajito o psicópata y en la primera cita vigilaremos la saliva

Quedamos en Darwin. Dónde si no. Calle Darwin, número 2. Qué mejor sitio para hablar de genética. Ahí está la Facultad de Ciencias de la Universidad Autónoma de Madrid. En el piso de arriba, al fondo del pasillo, junto a un cartel que pide por favor que no se dejen hielos en el suelo, hay un laboratorio lleno de frigoríficos y aparatos parecidos a la Thermomix. Aquí pasa las horas el profesor Miguel Pita, doctor en Genética y Biología Celular, entre tarros de muchos tamaños con sustancias impronunciables, microscopios y pósits de colores.

Pita se pone unos guantes azules al mostrarme el interior de una de estas máquinas de biología molecular y, de paso, me aclara amablemente que no se llama Thermomix, sino termociclador. En estos congeladores almacena las muestras de ADN de su último experimento con humanos. Al abrir el termociclador, su dedo azul señala una veintena de microtubos *eppendorf,* del tamaño de las monodosis del colirio, con un par de mililitros de saliva cada uno. Son los genes de una docena de voluntarios de los más de seiscientos que se han prestado al experimento. El objetivo de todas estas pruebas es determinar cuántos de ellos son algo así como malas personas y si serlo está escrito en sus genes. ¿La gente malvada nace o se hace?

En busca del gen psicópata

Con ayuda de sus termocicladores y un equipo compuesto por genetistas y psicólogos, Miguel Pita investiga si hay huella en el ADN de un tipo concreto de personalidad perversa. No valen sujetos que sean solo un poco maliciosos. El objetivo es dar con individuos que reúnan los tres rasgos más oscuros de personalidad: la psicopatía, el narcisismo y el maquiavelismo.

Los narcisistas son esos ególatras que se gustan mucho a sí mismos, con alta autoestima y una necesidad continua de admiración; los maquiavélicos, por su parte, son muy buenos manipulando, de actitud fría y calculadora para llevar a cabo lo que planifican; y los psicópatas, los que no sufren al causar dolor ajeno, ya que carecen de empatía. No hace falta matar a nadie para serlo, la psicopatía es un trastorno antisocial con grados muy diversos, y las personas que lo padecen pueden comportarse de forma muy educada y hasta seductora en sociedad.

Estas tres características no siempre aparecen juntas. Pensándolo bien, es probable que muchos de nosotros tengamos alguna de ellas en mayor o menor grado. Aquellos que no, enhorabuena. Será que sois buenas personas de verdad. Eso sí que sería digno de estudio. Ahora bien, si alguien reúne los tres rasgos malignos de ser a la vez psicópata, narcisista y maquiavélico…, entonces, cuidado. Forma parte de eso que se llama la *tríada oscura*. El nombre, con aire a película de Nolan, se lo pusieron los psicólogos de la Universidad de Columbia Delroy Paulhus y Kevin M. Williams en 2002.[1]

La tríada oscura es ese tipo de personalidad especialmente malévola de quienes combinan ambición, frialdad y megalomanía con ausencia de remordimientos. Es bastante común, por cierto, entre jefes y líderes políticos. En sociedades muy competitivas e individualistas, no es de extrañar que lleguen lejos aquellos individuos capaces de lograr sus fines a toda costa. Al detectar uno con esta personalidad, eso sí, lo mejor es ponerse a salvo. Y como si de un francotirador se tratara, antes de perderlo de vista, más urgente es desaparecer de su campo de visión.

El objetivo del experimento de Pita es encontrar la carga genética de la tríada oscura, si es que existe. Los congeladores de su laboratorio están llenos de microtubos con el ADN de individuos que encajan en este perfil de psicópatas, maquiavélicos y narcisistas, cuyos genes analiza a fondo para saber qué variaciones tienen en común. En otro estante del congelador, un poco más arriba, hay también restos de los cromosomas de unos ratoncitos promiscuos.

La pastilla de la fidelidad

Para investigar la base biológica del comportamiento (comprender hasta qué punto hay partes de nosotros que están parcialmente programadas y se pueden prever), antes de volcarse en la variable genética de la tríada oscura, Pita empezó trabajando con unos topillos. Este tipo de roedores son muy particulares filogenéticamente, porque existen dos especies aparentemente similares, pero radicalmente diferentes en su comportamiento. Están los topillos monógamos, fieles a la pareja y preocupados por el bienestar de sus crías. Y luego están los topillos que, además de ser promiscuos, se desentienden de sus crías al nacer porque no son capaces de generar apego alguno.

Un grupo de científicos, liderados por Rebecca Young, de la Universidad de Texas, analizó varias parejas de topillos y otros animales vertebrados. La diferencia entre unos y otros roedores, entre monógamos y promiscuos, estaba en veinticuatro genes que guardan relación con la fidelidad.[2]

¿Se puede prever la lealtad a la pareja? En ciertas especies, sí. Otro científico, llamado Larry Young, de la Universidad Emory, descubrió además que el secreto de la monogamia de los topillos era que segregaban en el cerebro hormonas como la vasopresina y la oxitocina al estar con su pareja. Esto les proporcionaba una sensación placentera. Su experimento demostró que era posible cambiar el comportamiento de los topillos más promiscuos inyectándoles de manera artificial esa sustancia para que se volvieran monógamos.[3]

Haber localizado la variante genética diferencial de los dos tipos de topillos no significa que vaya a haber mañana una pastilla de la fidelidad, pero sí prueba que hay una base genética para la monogamia. La ventaja de ser un topillo promiscuo, o la desventaja, según se mire, es que se le pueden manipular los genes a ver qué pasa. A los humanos, no.

Aunque sí se pueden investigar, como hace Pita cada vez que se pone sus guantes azules:

> Hay unos genes detrás de ese comportamiento de los topillos que los humanos también tenemos. La oxitocina es una hormona que tiene mucho que ver con la capacidad empática, con el reconocimiento social, con la identificación de otros individuos, con el cariño hacia la descendencia... A diferencia de los topillos, que todos son de un tipo u otro, en los humanos hay grados. No todos somos igual de cariñosos, igual de monógamos, igual de promiscuos. Por eso en nuestro caso no se sabe *a priori* cuánto es por la genética, porque desarrollamos un comportamiento muy complejo, aunque con los topillos tenemos mucho en común...

A ojos del microscopio, los humanos no somos tan diferentes de los topillos. Los *sapiens* tenemos mucha sofisticación social, sí. Sin embargo, genéticamente somos igual de mamíferos que todos los demás. Igual que con la monogamia, también los genes pueden tener alguna clave de la tríada oscura. ¿Cómo de previsibles nos hacen?

El juego del ultimátum

Para determinar cuántos individuos de los seiscientos que participan en el estudio de la calle Darwin puntúan en tríada oscura y qué variante genética tienen, son muchos los experimentos que han realizado con ellos. A este profesor de Genética, los que más le gustan son los que permiten separar a la gente en escalas numéricas en función de su comportamiento:

> Imagínate que a ti y a mí nos dan diez euros. Y yo debo decidir cuánto repartimos y de ti depende si se hace o no el reparto. Es decir, si yo me quedo ocho y tú, dos, tú puedes decidir que no hay trato y ninguno de los dos gana nada. Si dijera que cinco para cada uno, seguramente aceptarías. Este experimento se repite muchas veces, con distintas cantidades y situaciones. Es muy significativo observar cuánto un sujeto está dispuesto a ceder de su beneficio, depende muchísimo de su personalidad. Todo el mundo juega varias veces y en los dos roles, de aceptador y donador. Hay gente que no está dispuesta a que se cometa ninguna injusticia hacia ella a cualquier precio y no aceptaría ni siquiera un seis-cuatro (tiende a ocurrirle a gente con testosterona alta). Al psicópata, sin embargo, donde lo detectas mejor es en lo poco que ofrecería: intentaría abusar del otro. Aunque lo normal es que sí que aceptase una oferta baja porque no le importa en absoluto lo que pase al resto, si gana o pierde.

En las decenas de experimentos que realizan para trazar el perfil psicológico de los participantes, les plantean dilemas morales mucho más delicados. En una de las situaciones, a los voluntarios les toca imaginarse escondidos en un sótano con varias personas y decidir qué harían si se acercan unos soldados y hay un bebé a punto de llorar. Si los descubren, los matan. La tétrica duda es si, de ser la única salida para evitar que los maten a todos, asfixiarían o no a la criatura. Algunos de estos planteamientos son muy salvajes. Lo interesante para el estudio es observar las reacciones de los participantes en situaciones límite. Son maneras indirectas de medir la empatía.

> ¿Yo? Diría que bajen los soldados y que pase lo que tenga que pasar porque yo no voy a asesinar a nadie —afirma Pita, que de tanto presenciar los experimentos ha llegado a planteárselos. Aunque duda al insistirle si de verdad nunca se plantearía matar a nadie, bajo ningún concepto—. Bueno, si fuera para salvar a mi propia familia... a lo mejor la respuesta cambia —reconoce. Y añade—: Si puedo no matar, mejor; pero de algún modo profundo todos pensamos que nuestra familia vale más. ¿Mataría por salvar a mis hermanos? ¿Y a mis hijos? Anteponer la vida de aquellos con los que compartimos ADN, en el fondo, tiene algo evolutivo.[4]

Lo más sorprendente de su estudio sobre la tríada oscura es que el genetista está más preocupado por aquello para lo que espera que no sirva su investigación que por su verdadera utilidad. El objetivo de Pita es indagar en las bases biológicas de nuestro comportamiento. En el mejor de los casos, podría ayudar a administrar dosis de medicamentos en trastornos de baja empatía. Sin embargo, reconoce que le da muchísimo miedo llegar al final del experimento. Teme que los futuros hallazgos de investigaciones como la suya puedan derivar en discriminación genética. De hecho, la biología sintética es una de las disciplinas científicas que más cree que nos pueden cambiar la vida en el futuro, tanto para bien como para mal.

Qué pasaría, por ejemplo, si los genes revelaran indicios de una determinada personalidad. ¿Podrían las empresas llegar a incluir test genéticos de tríada oscura en las entrevistas de trabajo? De hecho, los juegos de rol con dilemas morales son habituales en algunos procesos de selección cuando valoran los perfiles de liderazgo o el trabajo en equipo. De hallar la predisposición genética del malvado, cabe preguntarse si puntuaría más o menos para obtener ciertos empleos.

En *Gattaca*

Los riesgos de vivir en un mundo en que los genes anticiparan aquello de lo que vamos a ser capaces no es tan nuevo. Hace más de veinte años que lo vimos en *Gattaca.*[5] El planteamiento de esta película, que entonces sonaba a ciencia ficción, ahora preocupa seriamente en los laboratorios de genética como este de la calle Darwin. Esta distopía transhumanista muestra un futuro en el que la gente puede tener hijos a la carta. Nacen altos, guapos y sin probabilidad de sufrir ni cáncer ni ataques al corazón. El actor Ethan Hawke interpreta el chico concebido de forma natural, a la antigua usanza, con imperfecciones genéticas, como la miopía. Sueña con ser astronauta, pero le cuesta encontrar trabajo. Basta que deje células en un simple vaso de agua para que en las entrevistas lo descarten de antemano. En ese futuro ficticio las empresas descubren los defectos más previsibles de los candidatos fisgando en su ADN. La discriminación genética teóricamente está prohibida en *Gattaca*, pero en la práctica siempre contratan humanos genéticamente mejorados para los trabajos más cualificados. La película narra, en realidad, la rebelión del protagonista frente al determinismo de la genética. *Spoiler:* la fuerza de voluntad puede desafiar lo previsible.

Los estudios biológicos de la calle Darwin también hubieran sonado a ciencia ficción en los noventa del siglo pasado (el mapa del genoma humano se completó en 2003). Ahora, sin embargo, va todo tan rápido que lo que hay que aclarar es que la ciencia no ha llegado tan lejos como parece: el experimento de Pita no va a determinar hasta qué punto una persona está genéticamente predestinada o no a ser mala. Que alguien nazca con el conjunto de variantes genéticas que lo hagan más proclive a la tríada oscura no determinará que esa persona esté condenada a ser una psicópata. Los humanos, a diferencia de los topillos, no solo dependemos de nuestros genes. La educación y la familia también son fundamentales.

Las enfermedades que se explican por un solo gen son las más fáciles de anticipar: una fibrosis pulmonar, algunos tipos de muerte súbita, la propensión elevada a ciertos tipos de cáncer, como el de mama... No solo se pueden detectar; ya hay avances en laboratorio que han logrado curar ciertas enfermedades con esta técnica en fase experimental (solo está permitido realizar modificaciones en embriones de menos de catorce días).[6]

> Muy pocos tipos de cáncer están escritos a fuego en el ADN —recuerda Pita, al que no le parece descabellado imaginar un futuro en el que se llegue a autorizar la realización de modificaciones genéticas para evitar esa lista de enfermedades congénitas—. Pero la mayoría de los tipos de cáncer no

solo dependen de la predisposición genética, también de lo que comemos, el ejercicio que hacemos, etcétera. Eso no sale en el microscopio.

A la salida del edificio de Biología de la calle Darwin, un grupo de estudiantes charlan sentados en las escaleras. La mayoría está fumando. Uno de ellos sostiene una lata de cerveza. Eso tampoco estaba en sus genes, pero entraba dentro de lo previsible.

Qué me va a pasar, doctor..., dentro de veinte años

Los genes saben mucho de nuestro futuro y pueden ayudar a prevenir enfermedades. ¿Pero estamos preparados para saber lo que saben? Hay empresas que analizan el ADN por unos cien dólares con un kit a domicilio. Los test genéticos se han popularizado mucho en los últimos cinco años y ofrecen informes cada vez más detallados. Los clientes reciben en casa uno de estos *packs* del tamaño de un test de embarazo para dejar en él sus muestras de saliva y remitirlo luego por correo al laboratorio. Un mes después, pueden consultar online un informe detallado de sus orígenes genéticos y su predisposición a ciertas enfermedades hereditarias. Lo mismo les anticipan la probabilidad de desarrollar párkinson o algún tipo de cáncer que el porcentaje de neandertal que tiene cada uno. Las bases de datos de las cuatro empresas líderes en este sector —AncestryDNA, 23andMe, MyHeritage y Gene by Gene— atesoran los perfiles genéticos de más de 26 millones de personas.[7]

En Estados Unidos, que es donde estos test son más populares, la mayoría de la gente que los hace tiene más curiosidad por su pasado que por su futuro. El espíritu lúdico lo recoge el acuerdo entre la biotecnológica 23andMe y Airbnb, la plataforma de alquiler vacacional, para que los usuarios puedan planificar sus viajes al origen de sus ancestros tras conocer los resultados del análisis genético.[8] La empresa AncestryDNA ofrece también cruceros genealógicos. Viaja al origen de tus genes. El *Beagle* del siglo XXI va con pulserita de todo incluido.[9]

Aunque el reclamo de los test genéticos apela más a la curiosidad sobre los orígenes, este tipo de análisis puede ayudar a conocer la probabilidad de contraer algunas enfermedades. Curiosos e hipocondriacos pueden solicitar un análisis genético para saber, por ejemplo, el riesgo que tienen de padecer alzhéimer.

> Tener el alelo E4 puede aumentar el riesgo de alzhéimer entre diez y quince veces —explica en *The Conversation* el biólogo Troy Rohn, profesor de la Universidad Boise State de Idaho y experto en enfermedades neurodegenerativas. Pero advierte de que los test genéticos como los de 23andMe que realizan esta prueba tienen un valor predictivo limitado—. Tener el alelo E4 no significa que una persona sea diagnosticada con alzhéimer. Muchos portadores del E4 pueden vivir largas vidas sin desarrollar la enfermedad, y muchos no portadores aún tienen riesgo de alzhéimer. Esto es de vital importancia comprenderlo antes de someterse a pruebas genéticas.[10]

Saber qué problemas de salud tenemos más posibilidades de desarrollar puede ayudar a prevenirlos, pero tiene contraindicaciones. Conocer con anterioridad los riesgos de padecer enfermedades como las cardíacas o neurodegenerativas, en el mejor de los casos, podría fomentar un cambio de hábitos para una vida más saludable. También mucha angustia si no se recibe la asesoría oportuna (en España es obligatorio darla).[11] Porque, se tenga o no el gen ApoE4, el riesgo de alzhéimer no deja de ser solo una probabilidad. Influyen además los factores ambientales como cuánto ejercicio se hace, lo que se fuma y la actividad mental. ¿Es recomendable entonces saber con mucha antelación las probabilidades de contraer patologías para las que no hay cura y sin asesoría médica alguna? No hace falta hacerse un test genético para saber que es mejor dejar el tabaco, hacer ejercicio y comer acelgas.

No es lo mismo que pueda saberse quién está en el grupo de riesgo de un virus que amenaza la salud en el presente que conocer las vulnerabilidades del futuro. Asomarnos a lo que nos puede pasar dentro de treinta años también transforma el presente. Ya lo aprendimos con *Regreso al futuro.* No es con un Delorean, sino con un test genético con lo que ahora podríamos cotillear cómo seremos de mayores. Médicos de hospitales estadounidenses como la prestigiosa Clínica Mayo reconocen que saben más de lo que les dicen a sus pacientes. Les escanean más de veinte mil genes, pero solo les dan información predictiva de cincuenta y nueve de ellos para no asustarlos.[12] Creen que la mayoría no está preparada para saber todo lo que le puede llegar a pasar…

¿Nos merece la pena vivir preocupados por algo que no

tiene cura y podría no pasarnos nunca? Los comités de bioética de estos hospitales aún no tienen claro cuánto de lo que aparece en nuestros genes debemos saber con antelación. Mucha gente preferirá no conocer qué va a pasarle dentro de treinta años. Otros preferirán saberlo para tomar todas las precauciones posibles. Y los habrá que, si reciben un análisis genético libre de sustos futuros, lo interpreten equivocadamente como una barra libre para cometer excesos que luego sí que les van a pasar una factura imprevista. ¿Y si nada más nacer nos dieran una lista con probabilidades de desarrollar ciertas patologías?

La medicina personalizada

Lo más revolucionario en términos predictivos de la medicina genética no son los test individuales, sino el potencial para la investigación de la suma de todos los datos a nivel global. A medida que los test de ADN que realizan empresas y hospitales se vayan popularizando, las bases de información genómica ayudarán a prevenir una enorme cantidad de enfermedades y a encontrarles cura a otras descifrando los millones de nuevos datos disponibles.

Además, el análisis con *big data* de la nueva información genética está permitiendo desarrollar la farmacología personalizada para administrar medicamentos en función de cómo los vaya a tolerar cada organismo. La ley no permite alterar los genes humanos para curar enfermedades, pero sí se está avanzando mucho en la modificación de los fármacos para adecuarlos a los distintos tipos de genes. Seguramente, esta sea la vertiente tecnológica de la genómica que a corto plazo más nos va a cambiar la vida. Y la muerte.

En 2016, 23andMe comenzó a vender a más de trece empresas farmacéuticas información anonimizada de su base de datos. Desde entonces se están utilizando tanto para desarrollar terapias para el párkinson como para la detección temprana del cáncer de mama.[13] Si lo enfocamos solo al campo de la salud, es sin duda muy útil que toda esta información genómica esté a disposición de los investigadores para que puedan estudiar nuevos tratamientos.

No solo gracias a la genética avanza la medicina predictiva; también la inteligencia artificial aplicada a la diagnosis permite anticipar riesgos que hasta ahora eran imprevisibles. En Pensilvania hay una máquina que presume de predecir quién podría morir de aquí a un año. Lo hace a través de un sistema de redes neuronales profundas entrenadas con cerca de 2 millones de resultados de electrocardiogramas para identificar los pacientes con riesgo de sufrir arritmias y ataques cardíacos en los próximos doce meses. Los médicos no saben todavía por qué acierta, pero sí que detecta anomalías en pruebas que hasta ahora los cardiólogos consideraban normales.[14]

El afán por la personalización también está desarrollando todo tipo de dispositivos portátiles para monitorizar de forma casera el estado de salud. Desde la última versión del Apple Watch,[15] que promete predecir el riesgo de un ataque al corazón y hacer electrocardiogramas en la muñeca, a un parche inalámbrico de Gatorade que analiza el sudor para medir el rendimiento de deportistas en tiempo real y los avisa de la deshidratación, del riesgo de diabetes y hasta de fibrosis quística.[16]

Uno de los mayores y más esperanzadores hallazgos genómicos, presentado en 2020, es el proyecto Pan-Cáncer, que abre la puerta a la posibilidad de detectar el cáncer años o incluso décadas antes de que este aparezca. Gracias al análisis masivo con trece supercomputadores de los millones de datos del genoma de dos mil seiscientos pacientes que sufrían treinta y ocho tipos de tumor, los algoritmos pueden identificar patrones de mutaciones en las células antes de que se produzcan. Los resultados, publicados en la revista *Nature,* no van a mejorar la cura del cáncer a corto plazo, pero abren la puerta a que la inteligencia artificial ayude a encontrar nuevos tratamientos personalizados.

Junto con la esperanza, llega también el temor a que esa información pueda usarse por compañías aseguradoras para discriminar a clientes sanos, cuyos datos delaten que tienen más probabilidades de enfermar en el futuro. Cierta información también podría crear nuevos privilegios sociales y laborales para quienes tengan inmunidad en cierto tipo de pandemias. De ahí que haya que tener tanto cuidado en el acceso y la preservación de los datos médicos y haya que extremar las precauciones para que las nuevas normativas de salud pública sean lo más justas posible.

La pulserita espía

En la comunidad médica hay reticencia al uso de dispositivos conectados para la salud sin supervisión profesional. Mucho más espinosas, sin embargo, son las dudas que también despiertan estas bases de datos en términos de privacidad. Ni está claro el uso que las empresas le están dando a toda esa información genómica ni qué pueden hacer con ella las empresas que la adquieran en el futuro. Los pacientes no siempre son informados de para qué van a utilizarse los datos médicos que recopilan todos esos dispositivos de empresas tecnológicas. Que una de estas compañías tenga cierta información que hoy por hoy no resulta delicada no significa que no pueda llegar a serlo con el análisis de datos del futuro.

No solo son los datos genómicos los que interesan a las empresas. En 2017, el servicio de salud británico (NHS) proporcionó a Google información de 1,6 millones de pacientes para desarrollar un sistema de diagnóstico de lesiones renales. Dos años después, *The Observer* reveló que el NHS había vendido los datos de operaciones quirúrgicas de 2 millones de pacientes británicos a farmacéuticas estadounidenses, sin que estos hubieran sido informados de para qué se usarían sus datos.[17] Hay dudas sobre cómo de anonimizada está la información, pero los investigadores recuerdan que entorpecer su acceso dificultará el desarrollo de mejores servicios de salud.

La inquietud no solo viene del uso que puedan hacer con la información disponible las empresas, especialmente las aseguradoras. También por la falta de seguridad en el almacenaje de los datos. El 71 por ciento de las 1.461 denuncias de violaciones de datos en hospitales estadounidenses entre 2009 y 2019 incluían información confidencial, como nombres de pacientes, direcciones y correos electrónicos. De teléfono podemos cambiar; de genes, no.[18]

Hace unos años empezó a popularizarse que las aseguradoras regalasen pulseras conectadas a sus clientes para ofrecerles descuentos si caminaban más de diez mil pasos al día o para ayudarlos a medir su actividad cardíaca. También hay empresas que regalan estos *wearables* a sus empleados con el objetivo de fomentar hábitos saludables. ¿Qué pueden llegar a hacer las empresas con tanta información de sus hábitos personales? Saber cuántos pasos da un empleado (y dónde), el número de horas que pasa sentado e incluso la calidad del sueño ya está afectando a las pólizas de seguros en Estados Unidos.[19] En 2019, Google pagó 2.100 millones de dólares por Fitbit, la empresa de las pulseritas que rastrea el rendimiento físico.

Un estudio pormenorizado de ciertos datos puede desvelar secretos insospechados. En 2018, el geolocalizador de una app de deporte llamada Strava, que conecta usuarios de pulseras como Fitbit, permitió desvelar la ubicación de las bases ocultas del ejército de Estados Unidos en Afganistán. Viendo dónde hacían sus rutas los corredores, desvelaban la ubicación de las bases que ni siquiera mostraban los satélites por seguridad.[20]

Acceder, además, a los secretos de su código genético es un nuevo reto en la protección de datos para el que la legislación no está preparada. Por eso algunos expertos advierten del riesgo de que estos datos vayan a usarse con fines incluso distintos a los sanitarios. ¿Podrán las aseguradoras utilizar la información genética para decidir quiénes pueden o no contratar sus pólizas igual que ya dan descuentos extra por llevar una vida más saludable con Fitbit? Es ilegal usar esa información, como también lo era en *Gattaca*, pero en la medida en que las empresas manejen algoritmos con cajas negras cuyas decisiones no está claro cómo se toman, tampoco puede descartarse que estén ejerciendo alguna discriminación indirecta.

La app de citas genéticas

Descifrar la información genética no solo puede transformar los tratamientos médicos y las relaciones entre empresas y clientes. También las de los humanos entre sí. Volviendo a *Gattaca,* hay una escena en la que el personaje que interpreta Uma Thurman lleva a analizar unos cabellos del compañero de trabajo que le gusta (Ethan Hawke) para saber cómo de sanos serían los hijos que nacerían de su posible relación. Ya no es solo cosa de película.

Un famoso genetista estadounidense ya ha diseñado una app de citas en función del material genético de cada pretendiente. En teoría pretende ayudar a los usuarios a descartar la gente con la que, de emparejarse, podría tener hijos con enfermedades hereditarias graves. El impulsor es George Church, un investigador de la Harvard Medical School, de 65 años y matusalénica barba blanca. Estuvo en el equipo pionero del mapeo del genoma humano y en la edición del ADN. Tras cuarenta años dedicándose a esto, su laboratorio trabaja en un objetivo mucho más ambicioso que esa controvertida aplicación a la que ya se ha acusado de eugenésica. Church aspira, ahí es nada, a eliminar todas las enfermedades genéticas y hacer a los humanos inmunes a los virus que los ponen en riesgo. Ha cofundado más de treinta y cinco *startups,* y esta app de citas, llamada DigiD8, seguramente sea solo la penúltima.[21] El científico defiende que busca ayudar a personas con mutaciones genéticas raras para que obtengan fácilmente más información sobre incompatibilidades de posibles futuras parejas. Según Church, solo afectaría al 5 por ciento de la población. Planea cobrar unos cuarenta y cinco euros al mes a cada usuario de la app, incluyendo el análisis genético.

La controversia de este Tinder genómico es enorme y da una idea de qué puede pasar si el ADN se convierte en un bien de consumo. ¿Dónde está el límite ético de la selección genómica? ¿Y si en vez de ayudar a aquellos individuos que tengan mutaciones graves, para lo que sirve es para discriminarlos?

Los defensores de esta tecnología, sin embargo, argumentan que prevalece su derecho a saber y, mientras sea voluntario analizarse el genoma, no atentará contra la libertad de nadie. ¿Por qué limitar la libertad de los hipocondríacos a emparejarse solo con quien les parezca a través de una app como esa? También argumentan que es mejor tener la información de futuras anomalías genéticas antes del embarazo. La selección genética puede ayudar a prevenir enfermedades terribles que podrían llegar a ser erradicadas, pero también los biólogos advierten que un uso irresponsable de esta tecnología podría poner en riesgo la diversidad de la selección natural.

¿Podría darse que estos test lleguen a ser tan accesibles que, como hacía Uma Thurman en *Gattaca,* se realicen sin consentimiento del dueño del mechón de pelo? Si hay apps que incluyen información genética para seleccionar la cita ideal, ¿podrá surgir también el test genómico como requisito de los fichajes deportivos multimillonarios para asegurarse de que no tienen predisposición a sufrir una muerte súbita? ¿Y si los comités de dirección quieren conocer el riesgo de sufrir un ataque al corazón de los directivos candidatos a presidir su compañía?

No sabemos qué usos futuros puede llegar a hacerse de la información genética que miles de usuarios están subiendo voluntariamente a ciertas apps aparentemente inofensivas o cediendo a empresas como 23andMe. Pero sí sabemos ya que aspirar a prever el futuro tiene consecuencias imprevisibles. Una cuarta parte de la gente que utiliza los test de ADN a domicilio para saber más de sus ancestros y del futuro de su salud descubre parentescos que desconocía, según un estudio del Pew Research Center. Entre las sorpresas más habituales está el hallazgo de que uno de sus progenitores no es el padre biológico.[22]

También puede uno convertirse en testigo involuntario de un asesinato por culpa de un test genético. En 2018, la policía de Estados Unidos cruzó el ADN de un sospechoso de múltiples violaciones, asesinatos y robos en California con las bases de datos de GEDMatch, una web que permite compartir voluntariamente el código genético con el fin de buscar familiares que también lo hayan aportado. Gracias al análisis de más de mil perfiles, cruzando los datos online, la policía estableció un árbol genealógico que permitió localizar al presunto asesino, cuyo ADN estaba en la escena del crimen. El sospechoso nunca había subido sus datos genéticos al sistema, pero un pariente lejano, primo tercero, sí que lo había hecho. Eso permitió rastrearlo.

Además de los oculares, ahora estarán los testigos moleculares. Ni siquiera los usuarios de GEDMatch eran conscientes de haber dado su autorización para que sus datos se utilizaran en una investigación por asesinato. Al año siguiente de esa investigación en California, esa base de datos genéticos con más de un millón de perfiles de ADN fue comprada por una empresa especializada en información forense que colabora con la policía estadounidense. Sus usuarios pueden seguir rastreando parientes lejanos con los que tengan coincidencias genéticas, pero ahora ya saben que sus datos se procesan para resolver crímenes.[23]

Niños a la carta

La empresa Genomic Genetics es especialista en técnicas de análisis de ADN aplicadas a la fertilidad. Quiere ofrecer a los futuros padres que contratan sus servicios la posibilidad de elegir algunas características de los hijos que van a tener en su clínica de fecundación *in vitro.* Al menos, esto es lo que les promete. La mayoría de los cálculos que esta clínica de Nueva Jersey pone a disposición de sus clientes tienen que ver con la salud del futuro bebé. Antes de seleccionar los embriones que van a implantar, les ofrecen un análisis detallado con aquellos que albergan menos probabilidades de desarrollar a lo largo de su vida una lista de once enfermedades, incluyendo la diabetes, el cáncer de próstata, ataques al corazón y cinco tipos de cáncer.

La palabra clave aquí es *elegir.* No hay modificación, pero sí selección a través de una predicción genómica realizada con ayuda de algoritmos. Todo apunta a que estamos viviendo ya el comienzo de los bebés «de diseño» en la medida en que los padres no solo saben lo que va a nacer, sino que ya pueden intervenir para seleccionarlo.[24] Este tipo de clínicas de fertilidad, cómo no, también salían en *Gattaca.*

La selección genética hace tiempo que se puede realizar antes de la implantación del embrión para evitar que los padres puedan transmitir enfermedades hereditarias y degenerativas a su descendencia. La ciencia ya permite localizar aquellos males causados por un solo gen, como el trastorno Tay-Sachs, la muerte súbita o la enfermedad de Huntington.

Sin embargo, la selección genética que ofrece esta clínica estadounidense quiere ir mucho más allá de la prevención de enfermedades graves. Sus bebés de diseño no incluyen manipulación genética, eso está prohibido.[25] Pero sí la elección de los embriones a gusto del cliente. Stephen Hsu, directivo de Genomic Prediction y vicepresidente sénior de investigación de la Universidad Estatal de Michigan, cree que pronto será factible clasificar de manera confiable los embriones de acuerdo con el coeficiente intelectual potencial.[26]

Hay muchas dudas en la comunidad científica de que se pueda saber si un individuo va a ser más o menos inteligente en el futuro si ni siquiera hay acuerdo de qué entendemos por inteligencia ni cuánto depende de su entorno.[27] Aunque tiene una carga genética importante, son miles los genes implicados en ella. Y aunque pudiera realmente preverse, ¿no determinará tanto o más el futuro del niño darle una buena educación y motivarle a aprovechar las oportunidades? Ese argumento es, paradójicamente, el mismo que utilizan los defensores de la selección genética: si los padres tienen derecho a elegir para sus hijos la mejor educación posible, ¿por qué no van a poder elegirles los mejores genes?

La idea de que la inteligencia puede predecirse con información genética es científicamente discutible, al igual que éticamente lo son también las consecuencias para la desigualdad social que pueda generar un sistema así. Sobre todo, porque teniendo en cuenta que todavía nada de esto está comprobado, la lista de variables que se puede incluir en el menú de probabilidades es muy larga.

Podrían, por qué no, incluir también el estudio de probabilidades de quedarse calvo. Hay casi trescientos genes relacionados con la calvicie. Genomic Genetics no lo ofrece en su menú de probabilidades, pero podría saberse que, con determinadas variantes en esos genes, una persona es más propensa que otra a desarrollar la calvicie. ¿Podría hacerse un test genético para saber las probabilidades de perder el cabello en el futuro?

No es un tema para frivolizar. Una cosa es ayudar a prevenir ciertas enfermedades, otra transmitir la falsa seguridad de que un hijo no vaya a tener cáncer a lo largo de su vida, cuando algo así es imposible de prever. Al fin y al cabo, lo que estas pruebas realizan es un cálculo de probabilidades. Tener muchas papeletas no significa que vaya a suceder. Ni viceversa.

Aun así, Hsu aspira a hacer una especie de menú a la carta para padres que les permita elegir qué embrión de entre los que tienen disponibles podría nacer predestinado a ser más sano, más listo y más alto. No hay prueba independiente alguna de la efectividad predictiva del test genético de la clínica de Nueva Jersey, pero sí del filón del negocio que anticipa para las clínicas de fertilidad.

¿Quiere usted un hijo que se encuentre entre el 2 por

ciento más alto de la población? Si elige este embrión, tiene un *x* por ciento de posibilidades de que así sea. ¿Desea que su hijo se encuentre entre la población más inteligente? Elija este otro. ¿Quiere reducir al máximo el riesgo de que desarrolle diabetes? No, ese no, coja aquel. ¿Y si el más sano de todos es el que puede salir un poco psicópata? Usted verá.

Mejor bajitos que calvos

La gran mayoría de los expertos en bioética se muestran contrarios a la manipulación genética por razones obvias. No todos. Algunos defienden que hay que fomentarla. Matthew Liao, director del Centro de Bioética de la Universidad de Nueva York, sabe que sus ideas son muy provocadoras, pero las defiende de una forma tan reflexiva y afable que lo hace aún más inquietante.

Conocí a este filósofo de aspecto menudo en San Sebastián, en un encuentro de la plataforma de conocimiento científico y tecnológico OpenMind de BBVA. «Ingeniería humana para combatir el cambio climático» era el título de su conferencia. El público salió del auditorio hablando mucho, una excitación inusual en las charlas científicas que acaban a la hora del aperitivo. Se veían muchas ganas de seguir discutiendo en corrillos. Unos señores de traje y corbata comentaban junto al guardarropa que las propuestas de este filósofo neoyorquino les parecían «populismo científico». Varios jóvenes con pinta de estudiantes, sin embargo, salían fascinados con lo que acababan de oír. «¿Te imaginas que el futuro fuera así?», decía una.[28]

El profesor Matthew Liao defiende que hay que explorar soluciones en la *ingeniería humana*, que es como llama a la modificación genética, «para que mitiguemos mejor y nos adaptemos a los efectos del cambio climático sin hacer sacrificios». Entre sus propuestas más sorprendentes está investigar el modo de modificar genéticamente a los humanos para que desarrollemos visión nocturna (y ahorrar así en energía lumínica); también cree que sería útil utilizar fármacos que potencien la inteligencia y la empatía, inyectándonos oxitocina «para que la gente sea más colaborativa y bondadosa».

Más polémica todavía es su propuesta de que utilicemos la selección genética para que los humanos del futuro sean lo más bajitos posible. Defiende que el cambio climático es una cuestión de salud y, por tanto, el ahorro energético también lo es. Cuanto más menudos seamos, más pequeñas serán las casas, las camas y la ropa. Además, cabría más gente en cada avión. Lo dice muy en serio:

> A los niños con problemas de crecimiento los padres tienen permitido darles hormonas para que se desarrollen y en vez de medir 1,60 lleguen a 1,70 metros —me dijo Liao para convencerme de que no sería tan descabellado—. La pregunta es, si la sociedad considera aceptable para los padres interferir en la altura de los niños por razones culturales y estéticas, ¿por qué no permitirlo por cuestiones éticas? El cambio climático es un problema de salud. Va a afectar a todo el mundo, también a la vida de ese niño. ¿Por qué no modificar genes para evitar las consecuencias del cambio climático que podrían llevar el planeta al colapso?

Su trabajo de filósofo no es hacer posibles estas tecnologías «potencialmente viables en el futuro», sino plantear el debate en la comunidad científica. En esta línea, propone también la creación de un parche como los de nicotina para dejar de fumar, aunque pensado para quienes quieren dejar de comer carne por razones éticas, pero les gusta demasiado para lograrlo, como luego demostró yéndose de pinchos por Donosti.

Según Liao, todo esto habría de ser voluntario para que fuera ético. Los incentivos fiscales serían la fórmula de estimular a la gente para que eligiera en las clínicas de fertilidad tener los hijos más bajitos. Si los bajitos contaminan menos, deberían también pagar menos impuestos. A la pregunta de si veía ético que los ricos pudieran permitirse ser más altos no supo contestar. Le pregunté también cuál sería la altura idónea, a su entender, para los humanos del futuro. Calculó que unos quince centímetros menos que ahora, que era la altura media de hace más de un siglo. Entre 1,65 y 1,70 metros sería, según él, lo ideal para reducir la huella de carbono. Curiosamente, esa era también su altura.

En lo que sin duda tiene razón Matthew Liao es en que urge empezar a plantearse todas las derivadas éticas de la genética. Los límites de lo que se puede o no elegir para los humanos del futuro no están claros todavía. Tampoco cuánta información deberíamos tener de los embriones antes de nacer ni cómo de previsible se nos volverá la salud. ¿Debería limitarse a cuestiones de salud? ¿Pero qué entendemos realmente por salud?

PARTE SEGUNDA

… A MÁS IMPREVISIBLE

8

El empleo

De cómo un algoritmo decide qué va a ser tu hijo de mayor y los abuelos del futuro jugaremos a la brisca con robots

Cuando era pequeña, sus padres la llevaban a la estación de Burgos a ver llegar los trenes porque le encantaban las máquinas. Ahora, Verónica Pascual Boé dirige una de las fábricas de robots más importantes de Europa. Han pasado más de treinta años desde que esta ingeniera aeronáutica pasara las tardes de los años ochenta haciendo los deberes del cole en el pequeño taller familiar mientras su padre arreglaba allí todo tipo de aparatos.

Boé ha transformado aquel pequeño negocio burgalés en un gigante líder de la fabricación de robótica móvil en Europa. ASTI Mobile Robotics emplea a casi dos centenares de ingenieros de una decena de países. Si estuviera sonando el «Danubio azul», los robots autónomos que se mueven por la fábrica parecerían estar bailando un vals de Strauss, como aquellas naves de Kubrick en su *2001: una odisea en el espacio*. No hay cables ni volantes. Se conducen solos. Solo que en vez de en el espacio exterior, como en *2001,* lo hacen en una nave de Madrigalejo del Monte.

ASTI exporta miles de robots a fábricas repartidas por

diecisiete países que nada tienen que ver con los androides de las películas. Ni caída de ojitos a lo *C3PO,* ni brazos articulados ni reminiscencia humana alguna. Algunos son tan pequeños como un aspirador y otros más grandes que un tractor. Todos tienen en común su alto grado de autonomía para moverse por cualquier fábrica transportando lo que haga falta de un sitio a otro. Bastan unas coordenadas para cumplir su misión.

Cada vez es más difícil encontrar humanos en un almacén. Sin embargo, según la jefa de ASTI, eso no quiere decir que las fábricas del futuro no vayan a necesitarlos. Las máquinas se encargarán de lo previsible. Los humanos, de todo lo demás. Verónica Pascual Boé está convencida de que con la robotización se abren nuevas oportunidades:

> Las producciones en serie son fácilmente automatizables. Los humanos somos los que descubriremos nuevos productos que llevar al mercado. Somos los que entenderemos las necesidades y generaremos nuevas soluciones, porque esas no son predecibles. Llegaremos tan lejos como nos atrevamos a soñar.[1]

Las máquinas que circulan de un lado a otro por este almacén de veinte mil metros cuadrados son las costuras de la industria 4.0. Aquí se fabrican los robots que a su vez robotizan las fábricas. Llevan piezas a la línea de ensamblaje, transportan flujos constantes de piezas de forma automatizada, desinfectan suelos de miles de metros cuadrados y manipulan palés sin que intervengan manos humanas. Una de las líneas de negocio de ASTI que más crece es la relacionada con los almacenes de comercio electrónico, en los que cada vez hay más prisa en mover pedidos de un sitio a otro. El objetivo, agilizar la creación de cada envío personalizado.

La diferencia entre la tercera y la cuarta revolución industrial es que la tercera sustituía al humano. La cuarta, en la que estamos ahora, teóricamente lo complementa. Lo que no queda claro al ver tanto robot moviéndose solo es para qué sirve entonces un humano del futuro si aquí no se los ve por ningún sitio. A Verónica Pascual no le cabe duda de que para mucho. A medida que se extiende la inteligencia artificial y todos los procesos se automatizan de forma autónoma, van a crearse nuevos empleos. Solo que nada tiene que ver el perfil de los trabajadores que ASTI demanda en el siglo XXI con los que sus padres contrataban para el taller de hace treinta años. De hecho, a la ingeniera a menudo le cuesta encontrar gente con la formación técnica precisa:

> Igual que nos hemos convertido en una especie de *smartphone* con piernas y usamos el móvil para todo, las fábricas también van a estar totalmente conectadas. Pero hay que poner el componente tecnológico y el humano en el centro. No solo somos complementarios, sino que nos necesitamos mutuamente. Y en lugar de acusar a los robots de quitarnos empleo, ya que los necesitamos para una sociedad cada vez más tecnológica, tenemos que apostar por la educación con más contenido digital. La demandamos si queremos salarios más altos y empleos de más cualificación —aunque concluye con preocupación—: La automatización supone un desafío, porque hay una brecha enorme entre el tipo de talento que sale de nuestros centros educativos y lo que necesita la sociedad.

Más que a la robotización, habría que temer a la falta de preparación tecnológica para adaptarse a ella. Como consumidores, recuerda Pascual Boé, queremos comprar cada vez más calidad y a mejor precio, así que todos estamos demandando sin darnos cuenta mayor automatización. La duda es... ¿estamos preparados?

Humanos de guardia

Como la inteligencia artificial no está todavía preparada para lo imprevisible, a menudo se mete en apuros. La mejor prueba de lo mucho que nos necesitamos mutuamente es que uno de los trabajos con más futuro para los humanos es hacerse pasar, precisamente, por robots. Ese es el trabajo de Michael Niemeyer, que antes pilotaba drones para el Ejército estadounidense en Irak. Ahora supervisa vehículos autónomos de Postmates que llevan comida a domicilio en San Francisco. Esta empresa de mensajería (como Glovo o Deliveroo en España) lanzó su primera flota de robots autónomos Serve en agosto de 2019.[2]

Los Serve son pequeños carricoches amarillos con cuatro ruedas que recorren solos las aceras de varias ciudades de California en busca del cliente que ha encargado el burrito con guacamole. Cuando se abre la pequeña compuerta de esta especie de cesta rodante, el cliente con el código recoge el pedido. Antes de continuar su ruta por la acera, enciende sus dos faros con forma de ojitos a lo *Wall·E*.

Desde su lanzamiento, Postmates promociona estos vehículos como «alegres y confiables». La confianza reside en la tecnología Lidar (la misma que utilizan los coches autónomos de Google), que gracias a las cámaras que incorpora permite al aparato crearse una imagen virtual del mundo para esquivar peatones de forma segura cuando rueda por la calle; lo de alegre ya es más discutible, supongo que se refiere a lo infalible que resulta colocarle dos anillos de luz en forma de ojos a una máquina para que pase de parecernos una caja extraña a un adorable personaje de película de Pixar. No sé por qué algunos expertos en robótica se esfuerzan por desarrollar androides hiperrealistas si con imaginación somos capaces de dotar de alma a cualquier cosa que parezca que nos mira, aunque sea un tenedor.[3]

Estos mensajeros robóticos, sin embargo, serán adorables, pero no son todavía tan autónomos como parecen. Y ahí es donde volvemos a ser imprescindibles los humanos (además de para pedir los burritos, claro). Un equipo de pilotos como Niemeyer, el joven que de volar drones en Irak pasó a supervisar el reparto de los Serve, vigila en sus pantallas que los carritos autónomos no tengan ningún contratiempo por el camino. Cuando surge un imprevisto, un humano toma el control remoto.

Niemeyer ayuda a los robots a que parezcan más listos de lo que en realidad son. Para este trabajo, por cierto, puntúa al alza tener mucha experiencia jugando a videojuegos. Gracias a la pericia humana, la inteligencia artificial podrá encargarse de lo mucho que los repartos a domicilio tienen de rutina. Además de Postmates, empresa que trabaja con más de 350.000 restaurantes en 3.000 ciudades estadounidenses (la mayoría, de momento, con repartidores humanos), hay otras muchas empresas que ya están experimentando con robots en prácticas.

En 2020, los carritos de otra empresa llamada Starship Robots empezaron a funcionar en la Universidad de Texas, aunque solo podían repartir los pedidos hasta la puerta de los edificios, ya que el campus no permite entrar a los robots. Tampoco serían capaces de subir escaleras ellos solos. Diseñar edificios accesibles va a ser importante también para los drones y los robots de reparto. Cuando los restaurantes se vieron obligados a cerrar durante la pandemia, la empresa experimentó una fuerte demanda de sus robots de reparto en varias ciudades, de Washington D. C. a Milton Keynes (en el Reino Unido), porque el sistema permite la entrega a domicilio sin riesgo de contagiar a otros humanos.

Sin embargo, circular por la calle tiene muchos más imprevistos de los que se encuentran en los circuitos cerrados de una fábrica como la burgalesa ASTI. En las calles de Los Ángeles, al bueno de Serve puede aparecérsele un perro con ganas de enredar o un gamberro dispuesto a lanzarle una piedra solo para ver si parpadea. Los vehículos autónomos que ya reparten comida en ciudades como Wisconsin, donde en invierno pueden llegar a los veinte grados bajo cero, tampoco lo tienen fácil para abrirse paso por aceras totalmente nevadas. Los robots en apuros necesitarán a menudo ayuda humana.

¿Por qué automatizar entonces un proceso como este si van a seguir haciendo falta personas que lo supervisen? Con el control remoto, un solo trabajador como Niemeyer puede supervisar muchos envíos a la vez y en varias ciudades simultáneamente. El piloto, ya sea de drones o de carritos autónomos, puede además hacer ese trabajo desde cualquier parte del mundo. No es difícil encontrar lugares con un salario medio más bajo que en San Francisco. Y es más cómodo pasarse unas horas frente a la pantalla jugando con un mando como el de la Play que jugándose la vida pedaleando entre coches bajo la lluvia y con una nevera a cuestas.

Allá donde contratar humanos siga resultando más barato que desplegar una flota de vehículos autónomos seguirá habiendo repartidores en precario. Dependiendo de cómo vaya avanzando en cada sitio la automatización, irá robotizándose todo tipo de trabajo rutinario en mayor o menor medida. Eso sí, la gestión de imprevistos seguirá siendo tarea humana.

Sophia y *Amelia*

Cada vez que sale un estudio en el que se calcula que una gran parte de los empleos que existen actualmente serán automatizados en las próximas dos décadas, mucha gente teme irse al paro el día que un replicante de *Blade Runner* le arrebate su silla en la oficina.[4] No, hombre, no. Es verdad que ya hay robots que tratan de parecerse a los humanos (donde más claro queda para qué es en el capítulo sobre el sexo, ¿o era el amor?), pero no son esos humanoides los que más empleos van a transformar. Sí los que más selfis acaparan.

Hace no mucho que *Sophia* fue la gran atracción de la feria tecnológica en el Mobile World Congress (MWC). La primera vez que vi a este androide con rostro de mujer y cráneo cableado me pareció tan realista como previsible. Tiene algo de futuro *vintage*. Es decir, de cómo imaginábamos en el pasado, con ayuda de Philip K. Dick y Ridley

Scott, los robots del futuro. Como si para sernos útiles tuvieran que parecerse a nosotros.

Propiedad de Hanson Robotics, *Sophia* se activó en Hong Kong en 2015. Dos años después, en un hábil gesto de marketing, se convirtió en el primer robot con ciudadanía de un país: Arabia Saudí. Ya tiene más derechos allí que muchas humanas. Como a esta máquina con rostro de mujer no la obligan a cubrirse la cabeza en Riad, el emirato puede ir presumiendo de feria en feria tecnológica de ser un país de lo más innovador. En fin.

Algunos de los que nos acercamos a *Sophia* en Barcelona le preguntamos al robot lo primero que se nos pasaba por la cabeza solo para ver si sabía responder. La mayoría eran cosas de esas que a cualquiera se le ocurrirían para rellenar silencios incómodos en una cita fallida. «¿Qué música te gusta, *Sophia*?», «¿Te gusta España?» Se ve que los lugares comunes nos hacen bastante previsibles a los humanos y todas estaban en su guion. A las preguntas el robot contestaba como harían Siri o Alexa. Solo que, como además de hablar, esta máquina mueve unos labios carnosos y frunce el ceño, tiene más gracia. Alguien le preguntó a *Sophia* si quería tener hijos y ella salió al paso hábilmente diciendo que a veces se plantea «cómo debe de ser tener una familia». Si tienes aspecto de mujer en la treintena no te libras de la preguntita, da igual que seas un robot. A lo mejor a *Sophia* los humanos le resultamos tan previsibles como ella a nosotros. El caso es que una conversación con el androide resultaba artificial en seguida. Después de hacerse un par de selfis con ella, no había mucho más que hacer allí.[5]

Muy diferente de *Sophia* es *Amelia*. Para empezar, sí

que tiene pelo. Es rubia, de ojos azules y trabaja en el departamento de atención al cliente de un banco sueco. También es empleada del Gobierno británico en Londres y en Zúrich, en el banco suizo UBS. Habla veinte idiomas y puede aprenderse un manual de trescientas páginas en treinta segundos, al tiempo que responde miles de llamadas. *Amelia* no tiene cuerpo porque no necesita uno. Es un rostro que aparece en la pantalla. Su imagen es una recreación de realidad virtual, suficiente para parecer real cuando hace su trabajo, porque la mayoría de la gente a la que atiende es por teléfono o por un chat. Los suizos, suecos y británicos que hablan con ella solo la ven en pantalla.[6]

Sistemas como *Amelia*, creado por la empresa IPsoft, lo mismo saben vender un burrito en la web de Taco Bell que resolver dudas en la Agencia Tributaria. Quien respondía las consultas sobre el IVA en la última campaña de la declaración de la renta en España, de hecho, no fue un funcionario, sino un robot. Solo que IBM lo llama Watson y no se ha molestado en inventarle un cuerpo virtual. Según la consultora Juniper Research, en 2018 los chatbots suponían a las primeras empresas que los utilizaban un ahorro de 20 millones de euros anuales. En 2022, llegará a los 8.100 millones de euros.

Así que los robots que están revolucionando realmente la atención al cliente no son ni humanoides como *Sophia* ni esos pequeños androides como Pepper que hacia 2015 empezaron a verse por las tiendas japonesas y hace un par de años llegaron a los supermercados europeos. También estos son muy resultones para los selfis, pero la cuarta vez que ves uno vagando en un pasillo de Carrefour ya deja de tener gracia.[7]

Mucho más profunda, sin embargo, es la revolución invisible que están produciendo en el empleo estos chatbots (robots que chatean) como *Amelia*. «Pueden responder cualquier duda durante las veinticuatro horas del día, siete días a la semana, del mismo modo a como lo harían con un colega de departamento», me explica Olga Blanco, directora de IBM responsable de Inteligencia Artificial. Ella coordinó el chatbot para la Agencia Tributaria: «Se sabe la ley y va desmenuzándola para que el ciudadano no tenga que leer toda la web». En seis meses, Hacienda pasó de recibir mil correos semanales a solo cincuenta, y las llamadas con dudas al personal de la Agencia sobre la nueva normativa pasaron de más de diez mil a doscientas conversaciones. Del resto de las conversaciones, las más previsibles, se encargó Watson en los chats.

Conversaciones falsas, despidos verdaderos

Además de atender a miles de clientes a la vez (un adelanto que evitará que las empresas nos tengan una hora en la llamada en espera), los chatbots tienen otra ventaja: aprenden del rastro de datos que dejamos en cada conversación, ya que todo queda grabado. Un 80 por ciento de las preguntas que recibe una empresa se repiten en cada llamada y como lo más fácil para la inteligencia artificial es sistematizar rutinas, puede procesarlas y luego recordarlo todo sobre el cliente para que la próxima llamada sea personalizada. Lo más curioso es que ya hay conversaciones que preferimos tener antes con una máquina que con un desconocido. Aplazar un pago al banco o pedir un crédito, por ejemplo. Con ellas tenemos más propensión a irnos de la lengua. Somos muy reticentes a dar a un comercial de una aseguradora información por teléfono que consideramos confidencial, como si estamos casados o el número de hijos. Al fin y al cabo, quién va a abrirle su corazón a un desconocido que llama a la hora de la siesta. Con los chatbots, sin embargo, actuamos diferente.

Cuando estamos buscando información en una web y un bot nos manda un mensaje preguntando algo a cambio de una recompensa, es más probable que compartamos esa información. Sobre todo si intercala GIF graciosos u ofrece un incentivo, por absurdo que parezca. A veces bastan simples juegos del tipo «¿Qué personaje de *Juego de tronos* eres?» u ofrecer el cálculo de la pensión de jubilación en 2050 a cambio de revelar información financiera muy personal. El truco funciona si lo que se ofrece es útil o divertido: «Tenemos buenos guionistas trabajando codo a codo con los ingenieros para conseguir el tipo de interacción que hace que el cliente nos dé el DNI y se quede tan contento», me confesaba Álvaro Gallego, socio director de Wannabot, una *startup* que desarrolla chatbots para clientes como Starbucks y Axa.[8]

La de guionista de robots es otra más que podemos sumar a la lista que luego veremos de nuevas profesiones. Porque son muchas las ocupaciones que están surgiendo en un mundo en plena automatización. Este reto no es el futuro, es el presente. Ya hay miles de empleos que se están quedando obsoletos a marchas forzadas, porque un sistema de inteligencia artificial sistematiza su rutina. Que se lo digan a Estíbaliz, la administrativa de un hotel de Gran Canaria que fue despedida en 2018 por la cadena hotelera en la que trabajaba. Denunció a la empresa y un juez de Las Palmas le dio la razón. No se puede despedir a un empleado para sustituirlo por un robot con el pretexto de reducir costes. Bueno, poder se puede. Solo que la indemnización es algo mayor por despido improcedente.

A diferencia de *Sophia* y *Amelia*, Estíbaliz es humana. Se dedicaba a labores de contabilidad y reclamación de deudas desde hace trece años, una función de la que cuatro meses antes de su despido empezó a encargarse un bot que no necesitaba parar para comer ni descansar los fines de semana. La empresa decidió prescindir de esta empleada y otro compañero de oficina al comprobar que las tareas de ambos humanos las resolvía con más eficiencia Jidoka, un sistema de automatización robótica de procesos (*robotic process automation,* RPA) para la gestión de cobros. La empresa alegó como causa de despido que Estíbaliz tardaba minutos en hacer lo que la máquina cumplía en segundos.[9]

En la cuarta revolución industrial, no solo las fábricas están llenas de procedimientos automatizables. También las oficinas. Y hospitales, bancos y aseguradoras. Un informe de PwC sostiene que el 30 por ciento de los empleos en estos dos últimos sectores estarán en riesgo de desaparición en los años 2020. La robotización afectará a corto plazo sobre todo a la contabilidad y la atención al cliente, pero no solo. También al 50 por ciento de los trabajos administrativos. Y eso incluye gran parte de las tareas que facturan abogados y consultores.

Chetan Dube, dueño de IPsoft, la empresa creadora de *Amelia*, presume de que su *empleada virtual*, así la llama, puede sustituir 672 empleos hasta ahora humanos. Desde buscar información de una cuenta bancaria de un cliente o venderle pólizas de seguros hasta asesorarle en el proceso que debe seguir si ha perdido su tarjeta de crédito. A *Amelia* le encantan las rutinas y Dube está deseando identificarlas para sumarlas a su negocio de inteligencia artificial, que ya cuenta con quinientas empresas entre sus clientes.

Sustituir los empleos más rutinarios por robots podría aumentar el PIB mundial en un 40 por ciento, según los cálculos más optimistas. Pero si no se gestiona bien este tránsito tecnológico, también puede dispararse la desigualdad de quienes queden excluidos del mercado laboral sin tiempo para reciclarse. Por eso, lo urgente no es proteger los empleos, sino a los trabajadores. Y su defensa pasa por facilitar la formación que les permita adaptarse a un mercado de trabajo cada vez más cambiante. Va a haber que reinventarse, huyendo de las rutinas, en busca de lo imprevisible.

Tómate la pastilla, humano

Otra razón para dejar de despotricar contra los robots es que habrá que ir haciéndose a la idea de que lo más probable es que acabemos necesitando uno que nos cuide. De hecho, los países que más envejecen son los que más robots necesitan. Primero, porque a medida que los mayores se jubilan, muchas de sus tareas se van automatizando. También, porque son los jubilados los que empiezan a necesitar antes ayuda con los cuidados médicos.[10]

Mini no me pareció, cuando me lo presentaron, mala compañía para la vejez. Se trata de un inofensivo robot de sobremesa, de unos cuarenta centímetros, diseñado para interaccionar con gente mayor. Su aspecto es el de una especie de peluche con cabeza de rana y cuerpo de pingüino. Sus ojos de luces azules parpadean al hablar y, tal vez lo más importante para los humanos que lo necesitan, al escuchar. También es azul el corazón que parpadea en su pecho cuando lo enciende María Malfaz, investigadora experta en robótica social del Robotics Lab de la Universidad Carlos III de Madrid:

> A la gente mayor, *Mini* le suele gustar bastante y lo quieren tocar —explica Malfaz posando la mano en la cabeza del prototipo de *Mini* en pruebas—. Los anima a hacer ejercicios moviendo los brazos, a cantar canciones de su época, y eso funciona bien. Al final son cosas que, si se lo pide otra persona, no lo hacen, pero como se lo dice un robot, les hace gracia y sí se animan.

Mini une los distintos tipos de terapias pensadas para la gente mayor: la estimulación cognitiva, la física y la afectiva. La idea es que entretenga al anciano a quien acompaña —escuchando las noticias, la radio o con algún juego— y al mismo tiempo haga alguna actividad de estimulación. «Están pensados para que siempre los supervise un terapeuta», añade Concha Monje, doctora en Ingeniería Industrial y profesora de la Universidad Carlos III de Madrid, mientras paseamos por el laboratorio de robótica del campus de Leganés en el que trabajan ochenta personas. También desarrollan exoesqueletos para ayudar a la movilidad de las extremidades de personas con discapacidad y otros robots de asistencia para tetrapléjicos. El más grande de todos es TEO, un humanoide bípedo que tiene al descubierto su amasijo de cables, de unos 60 kilos y estatura humana. Sus dos brazos articulados le permiten llevar bandejas, manipular objetos con precisión y hasta planchar. Explica Monje que en un hospital TEO lo mismo podría avisar a un médico en caso de emergencia que llevar al paciente un vaso de agua.

Mientras conversamos, el corazón azul de *Mini* se enciende. Con su voz de pitufo, el robot nos pregunta qué le hemos dicho. Habrá oído su nombre cuando me hablaban de él y se ha activado. Las investigadoras de Robotics Lab insisten en que las máquinas que desarrollan no pretenden sustituir a los humanos, sino ayudarlos: «Lo ideal —dice Malfaz— es que las personas estén rodeadas de personas y estos robots están pensados como herramientas para ayudar al cuidador y a la propia persona; nunca como sustitución».

Estas máquinas pueden ayudar en terapias motrices, pero también emocionales para reducir la sensación de aislamiento social. *Mini* ya ha demostrado su utilidad en pacientes con demencia. Aún están lejos de ser capaces de detectar si, por ejemplo, una persona hace algo que ponga en riesgo su salud, como confundir una botella de lejía con una de agua. Para eso todavía no están preparados. Aunque ya hay pruebas en robótica social para utilizar cámaras de reconocimiento facial como apoyo en tareas de vigilancia.

En Japón, Sony lleva más de una década comercializando un cachorro robótico llamado *Aibo*. Su sistema de inteligencia artificial le permite reconocer a los dueños y almacenar conocimiento en la nube para ir desarrollando lo que la empresa llama *personalidad*. En realidad, los beneficios que aporta a los pacientes son similares a los que ofrecería la compañía de una mascota, pero ni *Aibo* ni *Mini* necesitan que los alimenten ni los lleven al veterinario.

La década anterior ha sido la de la robótica industrial que llena las fábricas. La de los años 2020 será la de la robótica de servicio, y la función social de los cuidados es una de las más demandadas. Según la Federación Internacional de Robótica, solo en 2018 se vendieron unos veinte mil robots útiles para el envejecimiento (menos de un 5 por ciento). Y la demanda crece rápidamente. En Japón, el 80 por ciento de los ancianos que reciben atención médica ya son asistidos por robots.[11]

Son mucho más que mascotas automáticas que recuerdan la hora de tomarse la pastilla. Hay camas robóticas que se convierten en sillas de ruedas y exoesqueletos que ayudan a los cuidadores a levantar enfermos. Y cada vez hay más tareas que son capaces de realizar, aunque ni siquiera llenando de robots una casa podrían igualar a un humano en la función de los cuidados, llena de imprevistos.

Con la amenaza del coronavirus que ha costado decenas de miles de vidas, sobre todo de personas mayores, la urgencia de esta tecnología se hace aún más acuciante. Pueden servir para evitar contagios al personal sanitario, vigilar a los pacientes aislados para avisar cuando algo vaya mal o, simplemente, acercarles un vaso de agua si lo piden. También sirven de acompañamiento para quienes no puedan echar mano de otras tecnologías. Un robot básico que se activa con la voz y tenga, como Pepper, una pantalla en la barriga lo mismo puede realizar llamadas a familiares cercanos que mostrar en la pantalla las fotos de los nietos cuando se le pide. En la primavera de 2020, en plena pandemia, la Unión Europea aceleró un llamamiento para proyectos de investigación como los de RoboticsLab, que promueven la robótica sanitaria. Desarrollar asistentes de inteligencia artificial que puedan ayudar a los humanos en los hospitales y las residencias es algo que Japón llevaba tiempo haciendo, pero con la COVID-19 dejó de pronto de ser una cosa del futuro para convertirse en algo que hubiera venido bien tener listo para antes de ayer.

La robótica ya está preparada para esto, pero nuestro sistema sanitario, no. Están también las fronteras éticas. De ahí que Margaret Boden, referente mundial en el estudio de la inteligencia artificial, no vea con buenos ojos algunos robots para cuidar a los ancianos. Esta octogenaria, profesora de Ciencia Cognitiva y Computacional de la Universidad de Sussex, no tiene nada en contra de los sistemas que vigilan el estado de salud de los mayores o se dedican a su entretenimiento, «lo que sí puede ser un problema es que se empleen para ofrecer confort emocional, es decir, para ofrecer el tercer nivel de la pirámide de Maslow».[12]

Boden me explica en inglés por qué le parece mal que se desarrollen robots para *cuidar* de las personas. La palabra que utiliza es *care*, que, además del sentido de asistencia, puede traducirse como «preocuparse por alguien». «Los robots no se interesan por ti, les das igual, no tienen sentimientos reales.» Por eso la científica reivindica que no es posible que las máquinas *cuiden* de alguien:

> Imagina un robot que pudiera, a través de sus conversaciones con un anciano al que hace compañía, recoger todos los recuerdos que le ha contado y meterlos en un diario para que cuando fallezca sus familiares lo tengan de recuerdo —plantea Boden con un gesto entre el espanto y la

risa—. Hay quien ya está especulando sobre ello y se supone que debería ser algo bueno. Piénsalo bien. ¿Querrías que tus hijos o tus nietos tuvieran acceso a todos tus recuerdos? Todos hemos hecho algo de lo que no estamos orgullosos o que no querríamos que supieran nuestros familiares.

En lugar de en *Black Mirror,* suena menos inquietante pensar en *Cine de barrio.* Los robots asistenciales pueden llenar una parte del vacío que deja la soledad. Tener a un anciano solo con una máquina es algo que se lleva haciendo desde el siglo xx, cuando se normalizó dejarlo frente al televisor como única compañía. ¿No es mucho mejor un aparato que sepa cantar y jugar a la brisca? En 2020, por primera vez en la historia, hay en el mundo más mayores de 65 que menores de 5 años. A los robots no les va a faltar trabajo. A los humanos que como Monje y Malfaz sepan programarlos, tampoco.

Inventar la pólvora

Para celebrar la llegada de 2020, varias ciudades alemanas prohibieron en Nochevieja los fuegos artificiales, bengalas y petardos, tanto por la contaminación como por el ruido y el riesgo de quemaduras.[13] También el Reino Unido y Países Bajos discuten la tradición. Y mientras en el Viejo Continente se debatía la pertinencia de acabar o no con la pirotecnia, Shanghái celebraba la primera noche del nuevo año con miles de drones de colores surcando el río Huangpu. Formaban tantos dibujos y mensajes que parecían una alucinación en la oscuridad. El país que hace mil años inventó la pólvora ya ha sustituido los fuegos artificiales por luces voladoras que se sincronizan en el cielo, capaces de adornarlo a capricho, adoptando cualquier forma deseada.

La de diseñador de espectáculos aéreos para drones lumínicos podría ser otra de esas profesiones del futuro en busca de nombre. El mundo no ha necesitado un especialista en tal cosa durante miles de años, pero ahora lo empieza a demandar. Si en algo somos expertos los humanos es en inventarnos necesidades que a su vez generan nuevos problemas a los que luego buscar solución. Esa es la creatividad que reclaman las profesiones del futuro. Nuestro afán por vivir mejor, igual que el de complicarnos la vida, es infinito.

Por eso, la inteligencia artificial, más que poner en peligro el futuro del empleo, supone un cambio en la cultura del trabajo. A medida que las tareas más previsibles vayan asumiéndolas los robots, los humanos nos iremos dedicando a otras más creativas. Pero *creativo* no quiere decir que vayamos todos a tocar el violín y pintar atardeceres. El empleo del futuro es creativo en la medida en la que va a reaccionar constantemente a imprevistos y descubrir nuevos recursos. Ya sea para sacar el carrito autónomo que se atasca en la nieve mientras reparte una *pizza* o sincronizar un espectáculo de drones callejeros. El futuro está lleno de retos que van a exigir adaptarnos a contextos que ni siquiera tienen nombre todavía. Si no fueran inesperados, ya habría un algoritmo aprendiendo su rutina.

Claro que van a surgir nuevas profesiones, pero es difícil prepararse para ellas cuando aún ni siquiera está claro cuáles son ni cómo se llamarán. El 40 por ciento de los empleos a los que aspiran los escolares españoles pueden haber desaparecido en quince años, es decir, cuando ellos accedan a un mercado laboral que hoy resulta impredecible.[14] Y difícilmente al mercado le va a dar tiempo a reabsorber a corto plazo tantos empleos a punto de quedarse obsoletos. Urge reinventarnos para lo que viene. Lo bueno es que no siempre la inteligencia artificial quita el trabajo a los humanos, también nos ayuda a encontrar uno.

Mis profesiones del futuro

De mayor puedo ser filósofa, me lo ha dicho un algoritmo. Bueno, no exactamente. El informe que he recibido dice que valgo para hacerme experta en ética de inteligencia artificial. Me lo envía Singularity Experts, un programa que utiliza *big data* para buscar las profesiones con más futuro y que mejor le encajan a cada uno según su propia vocación y sus habilidades.

El informe con mis empleos futuribles también me sugiere ganarme la vida como analista de actualidad tecnológica y política. Dice que son profesiones que van a ser muy demandadas por las empresas de aquí a 2050 y, la verdad, tengo mucha suerte porque más o menos ya me dedico a ello como periodista. Pero eso el algoritmo no lo sabía cuando hice las pruebas de competencias a las que me sometió. Será que me ha calado.

Quién me iba a decir cuando hace casi veinticinco años decidí estudiar la licenciatura de Humanidades que aquella carrera que nadie sabía para qué servía iba a tener futuro. Recuerdo que en el instituto hice trampas (mamá, papá, creo que esto nunca os lo he contado) cuando la psicóloga del centro me hizo el típico test de orientación educativa para elegir itinerario en segundo de BUP. Por algún motivo, en los noventa, la moda era convencer a los hijos de que estudiaran Derecho y Empresariales. «Que vale para todo», decían, como si hablaran del vinagre, que lo mismo aliña la ensalada que limpia la cubertería. Yo solo quería ser escritora. Total, que falseé el test para que las competencias en matemáticas me salieran por debajo de la media y nadie rechistara si elegía el COU de letras puras. A ver si así dejaban de insistir en que me hiciera abogada.

En 1995, aquellos test se hacían a lápiz. Ahora, una plataforma de inteligencia artificial identifica mis habilidades (y limitaciones) después de tres horas frente al ordenador de casa respondiendo miles de preguntas que miden mi inteligencia emocional y mis aptitudes cognitivas. Una vez obtenidos los cincuenta rasgos principales, el algoritmo de Singularity Experts procesa millones de datos para cruzarlos con la información de miles de empleos para los que prevé alta demanda en las próximas décadas. El informe busca entre millones de combinaciones las que encajan con cada perfil, teniendo en cuenta variables como la edad y los intereses personales. La tecnología, por cierto, ya no es de ciencias ni de letras, impregna todas las profesiones. Igual que las humanidades. Lástima que nuestro sistema educativo no se haya enterado todavía, pero la mayoría de las profesiones del futuro son muy transversales.

«No es lo mismo que la prueba la realice una niña de 14

años, que tardará otra década en llegar al mercado laboral, que alguien de 40 o 50 años, que se somete a la prueba buscando reinventarse para encontrar trabajo ya», apunta Elena Ibáñez, fundadora de Singularity Experts, convencida de que esta plataforma puede ayudar a mucha gente desconcertada por lo rápido que está cambiando el mercado laboral. «Si el 70 por ciento del tiempo que ahora pasamos en una oficina, por lo que nos pagan, se va a automatizar, toca replantearse qué queremos ser de mayores».

El test de Singularity Experts ya se está utilizando en varios colegios españoles para ayudar a los niños de Enseñanza Secundaria y Bachillerato a encontrar su vocación. «Tanto padres como profesores se encuentran perdidos a la hora de asesorar a los adolescentes, porque ya no saben qué profesiones tienen futuro», me cuenta Ibáñez. En realidad, nunca lo han sabido. Suele haber tres o cuatro profesiones que se ponen de moda y son las que siempre se les ocurre recomendar a los padres. La ventaja de este algoritmo es que tiene identificados más de tres mil trabajos de alta demanda. Desde gestor de vehículos autónomos hasta experto en ciudades inteligentes, o ingeniero para la fabricación de órganos en 4D y lingüistas para robots. Los padres no se los podrían recomendar a sus hijos porque no saben que existen ni qué estudiar para ello.

Los test a los que me ha sometido este algoritmo están basados en los mismos que los psicólogos llevan aplicando desde antes de que yo aspirase a trampearlos en el instituto. Solo que el sistema de Singularity Experts es capaz de trasladarlo a un sistema que explota toda la información para personalizar el itinerario. Recoge la experiencia de miles de psicólogos y pedagogos, y la hace computable. ¿Podría hacer un asesor humano lo que esta máquina? «Difícilmente —responde José María Álvarez, profesor titular del Departamento de Informática de la UC3M, que asesora en el proceso técnico a Singularity Experts—. Un experto no tendría el tiempo ni la capacidad para calcular tanta combinación de posibilidades como hace este algoritmo.» ¿Pero realmente llega a conocer la vocación de un adolescente desubicado? ¿Acaso puede un humano?

No se trata de que un algoritmo actúe como una bola de cristal que le dice al niño lo que tiene que ser de mayor, quiera o no. Este sistema está pensado para abrir horizontes y evitar elegir el camino equivocado ajustándose a la demanda futura. Uno de cada tres alumnos españoles no finaliza la carrera universitaria que inicia (a menudo porque no se ajusta a sus intereses o capacidades). Y en 2030, según la Unión Europea, España necesitará más graduados en Formación Profesional que titulados universitarios.[15]

El informe de Singularity Experts me confirma, veinticinco años después, que el pensamiento computacional no es lo mío. Pero puntúo alto en habilidades comunicativas, razonamiento e inteligencia emocional. Todos los empleos que me recomienda implican la observación, la comunicación y la imaginación. Incluye unos cursos con los que ir preparándome para el futuro.

Lo malo es que en esta lista de profesiones tan personalizada que me recomienda el algoritmo, tras cruzar millones de datos para llegar a un diagnóstico objetivo, entre las que me aconseja está la de… ¡abogada! Lo llama *legaltech,* pero no cuela. Me quiere convencer dándole un aire de futuro al cargo: *experta legal de ampliación de condiciones del ser humano*, lo llaman en Singularity Experts. Resulta que el transhumanismo (las personas que quieren alterar su cuerpo o su mente, ya sea con ingeniería genética, robótica o bioelectrónica) también va a dar mucho trabajo a los abogados del futuro. Al final va a ser verdad que saber de leyes sirve para todo. Pero tú tampoco me vas a convencer, algoritmo. Qué manía con que estudie Derecho.

9

La naturaleza

De cuando dejamos de mirar al cielo para saber si está lloviendo y empezamos a temer por el vino del futuro

Cuando no quería ser molestado, Lewis Fry Richardson colgaba su sombrero por fuera del pomo de la puerta. Así, todo el mundo sabía que estaba trabajando en alguno de sus cálculos matemáticos. También le gustaba arrojar piedras al río cuando daba paseos por la campiña escocesa para estudiar cómo se movían las corrientes. Estaba convencido de que eso le ayudaría a entender cómo funciona la atmósfera para deducir de un modo científico si al día siguiente llovería o no. Este matemático británico que empezó a dirigir el observatorio escocés de Eskdalemuir con apenas 30 años se había empeñado en idear un sistema de predicción del tiempo.

Era 1913 y Richardson no tenía experiencia en predicciones meteorológicas. Nadie la tenía, en realidad, porque a principios del siglo XX apenas existía tal cosa. Había pronósticos climáticos, pero fallaban tanto que en el siglo XIX existió incluso la discusión de si podía o no considerarse una actividad científica.[1]

Primero observó, que para eso dirigía un observatorio. Luego, colgó el sombrero en la puerta del despacho y se puso a calcular, que para eso era matemático. Hasta que por fin ideó una fórmula para saber qué tiempo haría al día siguiente. Fue el primer pronóstico que, en vez de mirar al cielo, como se había hecho toda la vida, atendía a cálculos sobre el papel. Todo un hito. Aunque su fórmula tenía un problema. Para saber qué tiempo haría mañana, necesitaba hacer cálculos durante tres meses. Así no era muy práctico, claro.[2]

Dentro de mil años

Hace tres mil años, los griegos creían que Zeus y Hera presidían a los dioses meteorológicos. Tenían diosas del amanecer y de las puestas de sol, dioses de los vientos y de las tormentas, también ninfas de las brisas. En tiempos de los romanos, cada fenómeno atmosférico era un mensaje divino. El tiempo no se pronosticaba, se imploraba.

Siguiendo su ejemplo, durante siglos, los católicos se han acordado de santa Bárbara cuando truena y de san Isidro si no llueve. Muchos campesinos confían, según la tradición, que san Marcos, san Bernabé y san Blas pueden ayudarlos todavía en caso de sequía. Algunos pueblos van más allá de las oraciones. Para que el santo haga caso a sus súplicas de agua, en Higuera de la Serena (Badajoz), despiertan la sed de san Isidro colocándole en la iglesia un trozo de bacalao. Vivir pendientes del campo siempre ha sido vivir pendientes del cielo. Y hasta que la tecnología se hizo accesible, lo más parecido a predecir el tiempo era aprenderse el refranero.[3]

Ahora no solo damos por hecho que mirando una pantalla podemos saber qué tiempo va a hacer mañana o incluso la semana que viene, también el que está haciendo en este momento. ¿O soy la única que para saber si está lloviendo a veces lo mira en el móvil en vez de por la ventana? El pronóstico del tiempo es algo tan fácil de obtener como echar la mano al bolsillo o preguntárselo a Alexa. Este sería uno de los avances tecnológicos que más sorprendería a un viajero en el tiempo que viniera de cien años atrás.

En un curioso relato de ciencia ficción escrito por Bessie Rogers en 1905, su protagonista aparece de pronto mil años más tarde. La señora Tillman llega a un mundo feliz en el que no hay hospitales porque nadie enferma, la gente es capaz de leer los pensamientos y puede también volar. Esta dama del siglo XX admiraba también que en el futuro los relojes se dieran cuerda solos con electricidad y ya no hicieran falta animales para la tracción de vehículos, por lo que las casas de 2905, sorprendentemente, ya no tenían establos. Y para imaginar un mundo sin caballos, que durante miles de años habían sido fundamentales, sí que había que echarle imaginación.

Sin embargo, lo que más desconcertaba a esta viajera en el tiempo al comparar 1905 con el mundo de mil años después era algo más increíble todavía. ¡Por fin podían predecir el tiempo! «Cuando deseamos conocer las condiciones meteorológicas del día siguiente, simplemente lo consultamos y sabemos sin posibilidad de error qué ocurrirá, lo que nos permite hacer planes», explica la anfitriona del siglo XXX. «En 1905, nosotros teníamos barómetros que podían indicar la aproximación de tormentas y el viento —le responde la del siglo XX—. ¡Pero nunca nos imaginamos que podría saberse de un día para otro!»[4]

La fábrica de pronósticos del tiempo

Recordar que la predicción del tiempo sonaba a ciencia ficción hace no tantos años ayuda a entender el valor del libro que Richardson publicó en 1923. Es un ensayo curiosísimo titulado *Weather Prediction by Numerical Process* (*La predicción del tiempo por procesos numéricos),* considerado el primer tratado de meteorología.[5] En él, el matemático también soñaba con un futuro en el que fuera posible calcular tan rápidamente el clima como para conocerlo al menos con un día de antelación. «Pero eso es un sueño», decía. Tenía claro, sin embargo, que de hacerse realidad sería gracias al cálculo matemático.[6]

Richardson juntó en aquel libro todas las ecuaciones matemáticas que había reunido a lo largo de una década para interpretar el comportamiento de la atmósfera. Pasó la Primera Guerra Mundial conduciendo ambulancias en Francia y tomando notas de sus cálculos de las condiciones climatológicas. Además de transportar los heridos fuera del campo de batalla, aprovechaba para probar su sistema de pronóstico del tiempo. En sus dibujos, dividía el mapa de Europa en recuadros como un tablero de ajedrez y en ellos iba incluyendo la presión atmosférica y el movimiento del aire.

Su tratado matemático es también un relato fantástico. En él, Richardson imagina una fábrica gigante con más de 64.000 computadores capaces de calcular el clima de todo el mundo:

> Después de tanto razonamiento, ¿puede uno jugar con la fantasía? Imagine una sala grande como un teatro [...]. Las paredes de esta cámara están pintadas para formar un mapa

del globo terráqueo. El techo representa las regiones del Polo Norte, Inglaterra está en la galería, los trópicos en el círculo superior [...]. Una legión de computadoras trabajan sobre el clima de la parte del mapa donde se sienta cada una [...]. En un edificio vecino hay un departamento de investigación, donde inventan mejoras. Pero se ponen a prueba muchos experimentos a pequeña escala antes de que se apliquen en la compleja rutina de la sala de computación.[7]

En 1923, Richardson imagina miles de computadoras en hilera trabajando en la ecuación del trocito de mapamundi que les toque. No es que este matemático fuera capaz de prever la revolución informática cuatro décadas antes de su llegada. En aquella época, una sala llena de «computadoras» quería decir un lugar lleno de personas sentadas en un pupitre haciendo operaciones matemáticas. A mano, se entiende. Quien computaba era un computador.

Poco a poco, el sueño de Richardson se fue volviendo realidad. El Electronic Numerical Integrator and Computer (Eniac) se terminó de construir en 1945. Ocupaba una habitación entera y pesaba veintisiete toneladas. Era capaz de hacer cinco mil sumas y unas treinta y cinco multiplicaciones por segundo. Aquella computadora no necesitaba, como la imaginada por la fábrica de pronósticos de Richardson, tubos que transportaran los documentos con los resultados. Sí que precisaba, sin embargo, meter y sacar cables de unas seis mil clavijas. Para programar el Eniac era necesario conectar y reconectar los cables como hacían en esa época las telefonistas. Las encargadas de programarlo fueron seis mujeres computadoras, así las llamaba todavía en los años cuarenta, responsables de hacer funcionar aquel primer gran cerebro electrónico.[8]

En la segunda mitad del siglo XX, las agencias meteorológicas comenzaron por primera vez a utilizar pronósticos por ordenador para mejorar los cálculos atmosféricos, basados en gran medida en las fórmulas de Richardson. El matemático del sombrero no vivió para verlo. Murió en 1953, un año antes de que apareciera el primer pronóstico meteorológico en la BBC.[9]

El hombre del tiempo

El primer hombre del tiempo de la televisión en España, Mariano Medina, empezó dando las previsiones meteorológicas en la TVE de los años cincuenta ayudándose de una pizarra y una tiza. Luego pasó a utilizar un mapa con cartulinas más modernas que marcaba con rotulador; y hasta los años ochenta no empezaron las imágenes fijas de satélite en televisión.

Desde entonces han evolucionado mucho tanto la tecnología que permite predecir el tiempo como la que comunica el pronóstico. Me lo explica frente a su ordenador Roberto Brasero, el hombre del tiempo de Antena 3. Está en la redacción de Atresmedia, pendiente de la Agencia Estatal de Meteorología (Aemet) al tiempo que revisa los vídeos que circulan en redes sociales de las últimas inundaciones en Cantabria. De ello informará en el telediario de las 15.00.

Brasero, que lleva veinticinco años dando información meteorológica, recuerda de cuando era niño la pizarra de

Mariano Medina. Ahora trabaja con simulaciones de realidad aumentada capaces de inundar de agua virtual el plató mientras advierte a la audiencia a qué altura puede llegar la inundación de la que informa.

En su «equipo del tiempo» también trabaja Andrés Pantoja, un meteorólogo que mientras hablamos vigila simultáneamente cuatro pantallas llenas de números. Tiene abiertas tablas con cálculos de latitudes y longitudes, y varios satélites en tiempo real. Un *Matrix* meteorológico. Está sentado junto a la ventana, pero no va a asomarse a ella para saber qué tiempo va a hacer. Prefiere combinar filtros de infrarrojos en el ordenador que le muestran desde la evolución de las nubes medias y altas sobre la península Ibérica a la evolución de los incendios en Australia, gracias a una herramienta de la NASA. Este físico está convencido de que la llegada de la tecnología 5G volverá a revolucionar los pronósticos atmosféricos en la próxima década.

Empresas como IBM ya están aplicando la inteligencia artificial para mejorar la predicción del tiempo. La combinación de la supercomputación con el *big data* permitirá proporcionar diagnósticos mucho más precisos con detalle. El sistema IBM GRAF trabaja con mayor anticipación y mejor resolución para áreas cada vez más pequeñas (da precisión para radios de tres kilómetros, frente a los entre diez y quince kilómetros actuales). La clave está en la supercomputadora Dyeus, llamada así por un dios antiguo indoeuropeo que gobernaba el cielo durante el día. Ese poder divino se lo otorgamos ahora a la inteligencia artificial.[10]

El gran reto no es solo informar por la tele. La mayor precisión en los pronósticos ayudará, sobre todo, a Gobiernos y empresas. Para la prevención de incendios, la actualización de rutas de vuelo y un sinfín de actividades. Hasta las cadenas de supermercados están pendientes de las predicciones meteorológicas en tiempo real para que su cadena logística calcule cuántas cervezas se van a comprar el próximo fin de semana. En el caso de las aseguradoras, gran parte de su negocio depende de la precisión de estos cálculos.[11]

En la redacción de *El tiempo* de Antena 3, otro compañero de Brasero se acerca a mostrarle la última actualización del mapa de la Aemet. Para el próximo sábado, Galicia y Cantabria aparecen en rojo. Estamos a jueves y ya se ha activado el nivel máximo de alerta por oleajes de nueve metros:

> El tiempo es previsión, pero también información —sostiene Brasero—. Ahora, con el cambio climático y los fenómenos cada vez más extremos hace falta explicar cada vez más cosas. Hace cuarenta años se hacían chistes sobre el hombre del tiempo porque se decía que no acertaba casi nunca. Y ahora lo raro es equivocarse. Y si fallamos no es culpa de los meteorólogos, sino de los periodistas, que no lo hemos contado bien. Al fin y al cabo, los cálculos son una cuestión de probabilidad, y si el pronóstico es que hay un 50 por ciento de posibilidades de que llueva, ¿qué dices ese día en la tele? Saca el paraguas por si acaso.

En enero de 1967, tras un otoño de sequía, el meteorólogo Eugenio Martín Rubio pronosticó en TVE que estaba convencido de que al día siguiente llovería. Si se equivocaba, prometió en directo cortarse el bigote. Al día siguiente, el cielo apareció despejado y él afeitado. La noche siguiente comenzó a llover. Aunque entonces la gente estaba acostumbrada a los pronósticos erróneos, la promesa convirtió aquel fallo en el más famoso de la meteorología en España.

Medio siglo más tarde, la exigencia del público es mucho mayor. Es en Semana Santa cuando Brasero reconoce que siente más presión por no equivocarse. Todo el mundo está pendiente del tiempo, bien para organizar sus vacaciones, bien para prepararse para la llegada de turistas. Salvo en 2020, el año en que con el confinamiento desapareció la primavera, normalmente son fechas en las que hasta políticos y empresarios cargan contra la propia Aemet si vaticina temporal por «ahuyentar» a los visitantes de sus regiones:

> Tenemos el país entero pendiente de la borrasca, a ver si pueden o no ir a la playa o salir las procesiones. Además, es en primavera cuando más variable es el tiempo, porque los coletazos del invierno complican la predicción. La gente espera oír algo útil con una semana de antelación y no siempre es posible. Incluso puede cambiar de un día para otro.

El tiempo, en gran medida, sigue siendo imprevisible porque la naturaleza también lo es. Según los físicos, es caótica. Nunca se tiene toda la información, pero eso cada vez es más difícil explicárselo a una opinión pública acostumbrada a sentir que la tecnología lo puede controlar todo. Por ejemplo, las lluvias torrenciales o las depresiones aisladas en niveles altos (DANA) —eso que Mariano Medina bautizó como *gota fría*— pueden ser tremendamente devastadoras y las provoca un movimiento errático de las masas de aire frío muy difícil de prever.

En septiembre de 2019, una de estas DANA arrasó el sureste español causando varios muertos, cientos de evacuados y millones en destrozos por las inundaciones. Cuatro meses más tarde, otro temporal engullía el delta del Ebro y devastaba el litoral mediterráneo. El Gobierno había elaborado en 2018 un informe con cinco escenarios previendo distintos grados de afectación, pero esas inundaciones invalidaban todos los pronósticos. Según la Aemet, estos episodios cada vez van a ser más frecuentes, porque el cambio climático aumenta los fenómenos extremos. Nos vamos acostumbrando a que la predicción meteorológica sea más exacta, pero a la vez la naturaleza se vuelve más imprevisible.[12]

Selfis en el volcán

El crucero de Royal Caribbean, donde viajaban los turistas con destino a la isla Whakatan, prometía en su web «una inolvidable visita guiada por el mayor volcán activo de Nueva Zelanda». Les recomendaba no olvidar su cámara, porque «los tonos vívidos de amarillo y naranja que deja el azufre en la isla permiten hacer fotos notables». Para acercarse a los respiraderos de vapor y al lago de ácido humeante les proporcionarían a bordo, según la publicidad, máscaras antigás. «Acércate al drama», decía la promoción. Y, lamentablemente, se acercaron.[13]

De aquel medio centenar de turistas que visitaron esta isla volcánica el 9 de diciembre de 2019, una veintena murieron y el resto fueron hospitalizados con quemaduras muy graves. Más de 17.500 personas subieron el año anterior al volcán, que ese día entró sorpresivamente en erupción cuando se encontraba en alerta 2 de una escala de 5, por lo que las visitas no estaban restringidas.

«Tiene que haber más respeto por la naturaleza. No podemos asumir que podemos acceder a lo que queramos», respondía Jozua van Otterloo, un vulcanólogo de la Universidad de Monash en Melbourne, a la pregunta de cómo es posible que las visitas turísticas estuvieran permitidas y no se previera la catástrofe. [14] Basta buscar el *hashtag* #whiteislandvolcano en Instagram para encontrar cientos de fotos, realizadas semanas antes de la tragedia, de turistas que tuvieron mejor suerte fotografiándose junto al cráter del volcán. Algunos hacen el pino mirando dentro de su cavidad para ver de cerca el núcleo hirviendo del que salían los vapores. La alta presión hacía que pudiera explotar en cualquier momento. La percepción general del riesgo, sin embargo, era muy distinta. Un año antes de la tragedia, White Island Tours ganó un premio como uno de los lugares más seguros para trabajar en Nueva Zelanda.

El neozelandés es solo uno más de los cientos de volcanes activos en todo el mundo que reciben anualmente millones de turistas, de Japón al Congo, pasando por el Estrómboli en Italia. Los geólogos son capaces habitualmente de predecir con horas de antelación una erupción, pero no siempre aciertan. Algunas explosiones son repentinas. Cuanto más tiempo lleve inactivo un volcán, más difícil es tener datos para anticipar las erupciones. Seguramente no sean conscientes de estos riesgos los turistas que optan por estos viajes llamados *de aventura*, pero empaquetados al por mayor.

Aun así, es más fácil predecir erupciones que terremotos. Algunos de los temblores más destructivos del mundo —los de Los Ángeles en 1994, China en 2008, Haití en 2010 y Japón en 2011— ocurrieron en áreas que los mapas de riesgo sísmico consideraban seguras. Ya hay redes neuronales analizando cantidades ingentes de datos en busca de patrones que hasta ahora han sido imposibles de detectar para el ojo humano. El *machine learning* podría salvar muchas vidas ayudando a prever la actividad sísmica.[15] De momento, como le pasaba hace cien años a Richardson con la predicción del tiempo, es solo un anhelo.

El futuro del vino

Los científicos expertos en cambio climático advierten de que si hay algo que podemos prever es el aumento de la temperatura planetaria. Este siglo aumentarán también las inundaciones, las sequías y la desertificación; se multiplicarán los incendios y la extinción de muchas especies. No es una advertencia a tan largo plazo como parece. Más de doscientas mil personas podrían sufrir inundaciones costeras en España hasta 2050. Para 2100, las previsiones duplican esa cifra.

Las zonas más vulnerables son Doñana, Huelva, Cádiz y el delta del Ebro, según un estudio de Climate Central. Si la temperatura continúa aumentando a la velocidad prevista, a España podrían llegar especies invasoras que pongan en riesgo ecosistemas enteros y en peligro de extinción a especies como el oso pardo, los alcornoques y la dehesa extremeña. Son datos que Brasero da a menudo en el telediario.

La desertificación del 74 por ciento del territorio español algo preocupa, sí, pero así, en general. Ahora bien, al preguntar a la gente, si desaparece la dehesa extremeña, qué pasará con el jamón ibérico, entonces la cosa se pone seria. La especie humana podría extinguirse, pero el fin del ibérico son palabras mayores. Así somos. Pasa también con el vino. Me decía un experto en cambio climático que llevaba dos décadas hablándole a su familia de los riesgos del aumento de temperatura en el planeta, que hasta que no les explicó en una comida familiar que ese Ribera del Duero que se estaban bebiendo también corría peligro de desaparecer, no le tomaron en serio. Una cosa es que se extinga el oso pardo, pero el tempranillo…

Que no sepamos a qué sabe el vino del futuro se explica mejor en familia que los datos del índice de riesgo climático global y del Panel Intergubernamental del Cambio Climático (IPCC) de la ONU. El aumento de la temperatura entra dentro de lo que la ciencia considera previsible. Las consecuencias que pueda tener en la naturaleza, sin embargo, no lo son. Nunca hemos vivido en un planeta como el que se avecina y son tantas las variables que se van a modificar con el aumento de temperatura que ni siquiera los científicos alcanzan a imaginarlas. Los ciudadanos, menos.

El cambio climático ya está obligando a los enólogos en España y en Francia a revisar las uvas que plantan en sus viñedos para adaptarlos a temperaturas más altas. En las regiones vitivinícolas de todo el mundo han aumentado las temperaturas 1,4 grados centígrados de media desde principios del siglo XX, según un estudio del Centro Evenstad para la Educación del Vino en Estados Unidos. El aumento ha sido mayor en el sur de Europa, concretamente en España. En las zonas del Rioja y del Ribera del Duero ha subido 2 grados y se espera que aumente otros 2 en cincuenta años.[16]

En contrapartida, se están empezando a plantar viñedos en lugares en los que nunca se había planteado que pudiera salir un vino bueno. El sur de Inglaterra, por ejemplo, está apostando por el espumoso.[17] También están plantando viñedos en Dinamarca, Suecia y Bélgica, donde lo que corre peligro con el cambio climático son algunas de sus cervezas tradicionales, como la belga *lambic* de la célebre región de Pajottenland.

La bodega Viña Mayor, en Quintanilla de Onésimo (Valladolid), lucha en la Ribera del Duero contra el aumento de las temperaturas y un clima que, según su directora técnica, Almudena Alberca, cada vez es más impredecible. Actualmente hay menos agua y más tormentas de granizo o heladas inesperadas. Lo extraordinario empieza a convertirse en rutina. En palabras de la enóloga: «Ahora, todos los años son extraños».[18]

¿Salvar el mundo en patinete?

En los años sesenta, era la política lo que nos cambiaba la vida; ahora, la revolución está en el *smartphone*. Me lo dijo, precisamente a través de una videollamada, el filósofo Gilles Lipovetsky. Me hacía ilusión entrevistarle porque empecé a leer sus libros sobre la sociedad de consumo hace más de veinte años, cuando yo estaba en la Facultad de Humanidades y solo habían pasado treinta años del Mayo del 68.

Aquella todavía era la revolución que lo explicaba todo para la generación de sociólogos que, como Lipovetsky, habían estudiado en la Sorbona en aquel Mayo francés y en los años noventa mandaban en las universidades. Ahora que de 1968 han pasado más de cincuenta años, reconoce que lo que explica dónde va el mundo es otra revolución, la tecnológica. Y el gran desafío, el climático.

> La tecnología nos está transformando todos los aspectos de la vida: de la exploración del espacio a la medicina genética —afirma el filósofo, para quien la tecnología más urgente de todas es la transición a las energías limpias por la urgencia del cambio climático—: Creo que es una utopía pensar que podemos pararlo cambiando nuestros hábitos. Es una ilusión creer que vamos a transformar nuestro modo de vida motivados por la virtud. La gente no va de repente a dejar el coche, comer menos carne y no viajar en avión por conciencia. No lo creo. A escala planetaria no hay otra solución que invertir más en innovación.

Y aunque la parálisis económica provocada por el coronavirus condujo a una caída inmediata en las emisiones de carbono, a la larga podría ser una amenaza para la acción climática si la crisis socava la inversión en energías limpias. Es difícil imaginar una solución al cambio climático que no dependa de la tecnología, tanto para innovar en la producción y almacenaje de energías no contaminantes como para reducir la huella de carbono y producir suficientes alimentos de forma sostenible. Pero no todo es tecnología. ¿Acaso no hemos cambiado nuestras costumbres muchas veces en la historia? ¿Por qué no hacerlo ahora por la supervivencia del planeta, es decir, por la nuestra?

> Imaginemos un desastre planetario —proponía Lipovetsky como hipótesis tres meses antes de que la COVID-19 paralizase el tráfico aéreo mundial y descongestionara de atascos las ciudades confinadas—. Claramente, entonces sí que habría un cambio de modo de vida, como pasa después de una guerra. Es posible cambiar, pero si no hay una crisis considerable y evidente, los ajustes solo los harán unas pequeñas minorías. Antes, los cambios se producían a gran escala por las guerras o por las religiones. Hoy, ninguno de estos dos son los factores dominantes, así que para transformar la manera de vida va a hacer falta algo más que eso. Tenemos que innovar más para resolver estos problemas y encontrar tecnologías más responsables con el medio ambiente. Invertir en investigación es lo único factible. El resto es ilusión.[19]

Antes de la crisis del coronavirus ya era evidente que había que innovar, pero ahora no hay otra opción. Lipovetsky tenía claro que hay problemas demasiado graves como para creer que los podemos arreglar yendo a trabajar en patinete. El planeta va a tener 10.000 millones de habitantes en 2050 y los recursos son finitos. Por eso insiste el sociólogo francés en que las soluciones a nivel individual se nos quedan pequeñas y reivindica una política pública responsable: un urbanismo que respete el medio ambiente, coches eléctricos y mayor inversión en energías limpias.

Si los problemas ecológicos solo se pueden solucionar

con mejoras tecnológicas, entonces el aumento de la presión social es lo único que puede hacer que empresas y Gobiernos canalicen las inversiones necesarias para reinventarse.

Le pregunto al filósofo, y de paso a mí misma, si creyendo que la tecnología es el remedio que todo lo puede no estaremos excusando nuestra responsabilidad individual sobre el futuro. Al fin y al cabo, ya que hablamos de innovación, merece la pena recordar que el último gran avance que Apple presentó en Cupertino para el iPhone 11 fue, ¡tachán!, la posibilidad de hacerse selfis a cámara lenta. ¿No estaremos innovando en la dirección equivocada para salvar el mundo? Creo que la pregunta enfadó un poco a Lipovetsky, pero conste que es un poco culpa suya. A desconfiar de las frivolidades posmodernas aprendí en parte leyéndolo a él:

> El consumidor quiere experiencias y placeres narcisistas. Por eso producimos una cantidad considerable de bienes superficiales. Necesitamos más innovación para cosas positivas, como la medicina y las energías limpias, pero la vida no es solo la utilidad. Si solo pensáramos en la funcionalidad, sería triste. Si eliminamos lo lúdico y lo superficial, viviríamos como monjes en un monasterio tibetano. La gente necesita emociones y fiestas desde un punto de vista antropológico. Y el selfi es un pequeño espectáculo superficial y narcisista que no debemos dramatizar.

Más que en defensa del selfi (o del *slowfy*, que es como llama iPhone a este formato de autofotos a cámara lenta), Lipovetsky reclama que para salvar el planeta de nosotros mismos afinemos más el tiro en lo que nos preocupa: «Me escandaliza más el fracaso escolar que los selfis». Y concluye, regañándome otro poco por la última pregunta: «Hay que trabajar para que la escuela desarrolle más capacidad crítica y creativa en los ciudadanos. La última moda del selfi dará lo mismo si las escuelas hacen bien su trabajo. No invirtamos las prioridades, centrémonos en la educación y ya veremos luego lo que demanda el mercado».

10

La justicia

De cómo la policía calcula dónde se va a cometer el próximo crimen y un juez automático decide la libertad condicional

Todo empezó viendo *Minority Report.* Ambientada en Washington D. C., año 2054, esta historia de ciencia ficción rodada por Steven Spielberg hace casi veinte años planteaba la existencia de tres mutantes con la capacidad de anticipar los crímenes que se van a cometer antes de que sucedan, lo que permitía a la policía del futuro reducir al mínimo la criminalidad.

Quién no ha fantaseado alguna vez viendo una película futurista con hacer realidad alguno de esos inventos que aparecen en pantalla. Si tuviera que quedarme con uno, elegiría el teletransportador de *Star Trek.* Lástima que no fuera más que un truco de guion para ahorrarse la costosa escenografía de viajes espaciales.

Cuando los que ven una película del futuro son ingenieros y expertos en eso que ahora se llama *business intelligence,* la diferencia es que en vez de fantasear con qué pasaría si un invento fuera realidad, pueden llegar a proponérselo en serio. Y eso fue lo que hace apenas cuatro años le pasó al ingeniero Santiago González y a sus compañeros de la empresa Synergic Partners al volver a ver aquella película con Tom Cruise: «Pensamos… ¿se podrá crear un sistema de *big data* como el de *Minority Report* para ayudar a la policía? Nos pusimos a comprobarlo… Y resultó que sí».

Anticiparse a los delitos supondría que estos son predecibles. ¿Lo son? Si fuera posible prevenirlos, lograrlo cambiaría el futuro hasta hacer errónea su propia predicción. Es la eterna paradoja temporal de los viajes en el tiempo con la que, a mediados del siglo XX, Philip K. Dick ideó el relato de ciencia ficción en el que se basó Spielberg para *Minority Report.*

¿Se puede realmente prever lo que va a pasar o somos libres de nuestro destino? En el relato era una duda filosófica, igual que las implicaciones morales de culpar a alguien de algo que no ha cometido todavía. Otra es si los criminales son personas inmorales o la mayoría de nosotros en esa misma situación actuaría así. El planteamiento seguía siendo igual de teórico medio siglo más tarde, cuando se rodó la película. Hoy en día, sin embargo, además de filosófico, es un reto tecnológico que los expertos en *big data* están perfeccionando, convencidos de que el mundo es cada vez más previsible.

En el siglo XXI no son unos mutantes imaginarios llamados *pre-cog* los que realizan las predicciones, sino el análisis de datos. Igual que en la película, también se aspira a que la policía pueda adelantarse al crimen antes de que suceda. *Spoiler:* el mundo resultante de un mayor control no es necesariamente más justo, ni siquiera está claro si más seguro. El capítulo sobre la estupidez ofrecerá algunas claves de por qué.[1]

Synergic Partners era una empresa española especializada en *big data*, fundada y dirigida por la ingeniera Carme Artigas, que por entonces tenía unos ciento cincuenta empleados y trabajaba para predecir todo tipo de cosas. Lo mismo desarrollaba herramientas de *deep learning* (aprendizaje profundo) para anticipar cuándo estaba a punto de estropearse la máquina que fabrica puertas de madera para Ikea que para que los bancos calcularan si confiarle un crédito o no a un cliente. A raíz de este nuevo proyecto, empezó a probar sus técnicas aplicadas a la seguridad con los datos del equipo de bomberos de Seattle. ¿Son los incendios predecibles? Procesaron cinco años de datos de todas las actuaciones de bomberos y los cruzaron con información en tiempo real de cuándo se producían los fuegos de toda la ciudad. Sumaron, además, otras variables de la información municipal en busca de correlaciones que pudieran servir de pista.

> Conseguimos resultados muy buenos que permitían optimizar hasta un 20 por ciento de tiempo de respuesta de los bomberos —recuerda González de aquel proyecto—. Llegamos a lograr el 80 por ciento de aciertos para anticipar dónde se iba a producir la siguiente emergencia, tanto de positivos como de negativos, porque era tan importante predecir dónde era más probable que pudiera pasar algo como dónde no.

Su sistema, además de alimentarse de información de la policía y del cuerpo de bomberos, calculaba el valor de las casas, la información meteorológica y hasta la propensión de la gente a estar o no en casa a determinadas horas. Influía en el algoritmo hasta cómo iba la bolsa. Aunque el prototipo tenía, claro, muchas limitaciones. Además de la limitación para acceder en tiempo real a ciertos datos, hay un principio básico con el que hay que educar al algoritmo, *correlación* no significa *causalidad*:[2]

> A ver, no podríamos saber en qué casa exactamente iba a producirse un incendio, pero sí detectábamos gracias al análisis de datos cuándo había muchas probabilidades de que algo grave pasara en una zona concreta y si iba a necesitarse equipo médico y hacia qué hora. Esto puede ayudar a salvar vidas y a gestionar con más eficiencia los recursos públicos.

Sus cálculos acertaban que algo iba a pasar unas tres de cada cuatro veces. Y este sistema de precrimen en fase beta de los bomberos de Seattle permitió a Synergic Partners desarrollar un piloto que le abrió las puertas de un cliente mucho más ambicioso: la policía de Nueva York. A cambio de dejarles utilizar sus datos, les aseguraron que serían capaces de predecir en qué zonas y en qué momento del día se podía producir un crimen. En 2017, en colaboración con la Universidad de Columbia, empezaron a desarrollar el sistema cruzando información de los últimos siete años (las denuncias y los avisos del teléfono de emergencias, qué tiempo iba a hacer, el nivel adquisitivo de cada zona, la tasa de desempleo, las noticias de sucesos de la hemeroteca de *The New York Times,* la agenda cultural y deportiva de la ciudad...).

Sé lo que haréis el próximo verano

El análisis estadístico a gran escala da pistas de qué patrones siguen ciertos delitos. El cálculo de Synergic Partners permitió, por ejemplo, saber que la hora más habitual elegida para delinquir en Nueva York suele ser entre las tres y las siete de la tarde, y el día favorito, el viernes. El análisis de la herramienta aplicada por la policía también descubrió que en Manhattan los crímenes bajaban durante la noche. Así que no tenía mucho sentido que precisamente fuera en ese tramo horario en el que más coches patrulla circulan siendo en el que menos delitos se producen. También aprendieron que no es lo mismo anticiparse a algo que se planea y sigue un patrón, como el tráfico de drogas o los robos, que los crímenes realmente imprevisibles. Por ejemplo, la mayor parte de los homicidios involuntarios.

La policía de Nueva York dejó investigar a este equipo de ingenieros los datos disponibles. En unos meses, desarrollaron una nueva herramienta de detección del crimen que acertaba el 72 por ciento de las veces que decía que algo iba a pasar (o que no), según los datos de Synergic Partners. Sin embargo, para confiarle a una red neuronal la responsabilidad de predecir dónde y, lo que es más inquietante, quién va a cometer un crimen, faltaba afinar mucho.[3]

Para perfeccionar su sistema y mejorar la ratio de aciertos, la empresa requería más libertad de acceso a todos los datos en tiempo real de las emergencias que registraba la policía. Podrían perfeccionar aún más el algoritmo si colocaban sensores en los coches patrulla para almacenar nueva información en el terreno. Eso permitiría a la policía reforzar las zonas de mayor riesgo y anticiparse a lo imprevisible. Al final, no se pudo llegar a aplicar en la realidad porque no los autorizaron. Meses después, Synergic Partners fue absorbida por Telefónica y es parte de Luca (ver capítulo 2). Las últimas investigaciones que desarrolla la multinacional con esta tecnología en asuntos de seguridad son confidenciales.

En España han desarrollado varios programas piloto. Uno de ellos en Canarias, donde aplicando su algoritmo predictivo a las emergencias del 112 llegaron a tener una tasa de acierto similar a la que obtenían con los bomberos de Seattle. Analizando desde la llegada de turistas a las islas a la información meteorológica y los tipos de incidentes más habituales, el sistema de Synergic Partners predecía en un 80 por ciento si ocurriría algún incidente en un día, un lugar e incluso en qué barrio. De momento, el objetivo principal era ayudar al Centro de Coordinación de Emergencias a calcular los recursos, como operadores y ambulancias, que necesitaría en cada momento.[4]

Han pasado varios años después de que González dejara aquel proyecto neoyorquino y se asentara en España. Sin embargo, aún hoy se pregunta qué habría pasado de seguir investigando para la policía de Nueva York. No ha vuelto a ver *Minority Report,* pero sí ha vuelto a Manhattan. Y, una de las últimas veces, se encontró un fuerte despliegue policial por una amenaza terrorista en Times Square. No pudo resistir la tentación de abrir el algoritmo que habían dejado en fase beta para saber si el sistema habría predicho ese suceso.

Y te prometo que daba positivo —confiesa el ingeniero con un tono de sorpresa. Y añade—. Lo que no me dejaba tranquilo en el caso de predecir los incendios y crímenes es que, si sabes que se va a producir un delito a esa hora y ese día, es probable que lo impidas, pero, claro, eso modifica el futuro porque evitas que suceda, así que a medida que acumulara acierto tras acierto, el modelo se invalidaría a sí mismo.

Nos lo enseñó Philip K. Dick antes de que se inventara el *big data.* Si un sistema aprende de los datos disponibles y los crímenes que anticipa nunca llegan a suceder, no podría aprender de ellos ni saber si acertó. Pero la mayor duda que plantea un sistema de este tipo no es la técnica, sino la ética. ¿Es justo hacer algo así?

La caja negra del futuro

En 2020, hay cientos de comisarías en Estados Unidos que utilizan ya sistemas de precrimen y cada vez más asociaciones dedicadas al análisis ético de los algoritmos que advierten de su peligrosidad. La policía de Nueva York no quiso adoptar finalmente el *software* de Synergic Partners, pero ya está aplicando otras tecnologías similares. Al año siguiente, optaron por un sistema de vigilancia predictiva llamado PredPol, creado por científicos de la universidad de California, que ya trabajaba con la policía de Los Ángeles.

La implantación de esta tecnología está creciendo más rápidamente que las investigaciones por los efectos colaterales que despierta. Si una herramienta de predicción aumenta las expectativas de crímenes en cierto vecindario, ¿ha de actuar de forma diferente la policía que patrulla allí? ¿No vulnera su presunción de inocencia?

El problema más preocupante del uso de la inteligencia artificial, tanto en comisarías de policía como en juzgados, es la opacidad. Se están desarrollando sistemas inteligentes que pueden acertar en sus vaticinios, pero ni sus creadores son capaces de entender por qué. Tan inteligentes no son si resultan incapaces de explicarse a sí mismos. Por eso hay que extremar la precaución a medida que el aprendizaje automático se vuelve más sofisticado y se torna más difícil, incluso para los creadores de los sistemas de inteligencia artificial, desgranar las decisiones de la máquina.[5]

El modelo predictivo es una máquina de churros. Seguramente la policía de Nueva York no habría entendido la metáfora, pero es muy clarificadora. Cuando la masa es buena, los churros son buenos. Con los datos pasa lo mismo. Si tienen sesgos, el sistema los va a tener también. Si los expertos no son capaces de explicar por qué aciertan, estamos generando cajas negras que toman decisiones fundamentales para la sociedad que la ciudadanía no puede escrutar. Los más optimistas pensarán que qué más da si nos ayuda a vivir más seguros. Cambiarían de idea si pasaran a ser sospechosos sin saber por qué.

Mientras la inteligencia artificial carezca de la transparencia necesaria para comprender cómo los algoritmos llegan a sus conclusiones, no podremos estar seguros de si estos son justos. Menos aún si se programa solo para buscar soluciones a corto plazo y sin visión de conjunto. Lo podemos explicar con modelos matemáticos o con la masa de los churros. A estos les basta con estar buenos para que nos los comamos, pero la vida real es más complicada. Si la masa con la que está hecho un algoritmo no es capaz de explicar cómo decide quién es el sospechoso ni por qué, ¿cómo sabemos si funciona?

Suelen mencionarse a menudo los dilemas éticos de un vehículo autónomo. Pero los desafíos empiezan a colarse en estructuras mucho menos visibles que las carreteras. Desde las policiales a judiciales. La incertidumbre que generan estas cajas negras de aprendizaje profundo se puede aplicar a todos los campos en los que opera la inteligencia artificial sin la suficiente transparencia.

Gary Marcus, profesor del Departamento de Psicología de la Universidad de Nueva York y experto en neurociencia, critica que en esta fase de deslumbramiento inicial con la inteligencia artificial estemos bajando el listón de exigencia que sí mantenemos con otras industrias, sometidas a exigentes test antes de salir al mercado:

> La suposición en inteligencia artificial generalmente ha sido que, si funciona con la frecuencia suficiente para ser útil, entonces es lo suficientemente buena, pero esa actitud no es apropiada cuando hay mucho en juego. Está bien si el etiquetado automático de personas en las fotos resulta ser solo un 90 por ciento confiable cuando se trata solo de fotos en Instagram, pero ha de ser mucho más preciso cuando la policía comienza a usarlo para encontrar sospechosos en las imágenes de vigilancia. Es posible que la búsqueda de Google no necesite pruebas de estrés, pero los coches sin conductor, sí.[6]

Protesto, señoría, reseteen al jurado

Una tarde de primavera de 2014, Brisha Borden, una chica de 18 años que llegaba tarde a recoger del colegio a la hija pequeña de sus padrinos, tuvo la terrible idea de arrebatarle a un niño de 6 años su patinete para avanzar más rápido. La madre del niño la vio y la denunció a la policía. El verano anterior, un señor de 41 años llamado Vernon Prater fue pillado *in fraganti* cuando robaba de una tienda de bricolaje varias herramientas de un importe similar al patinete.

Los jueces utilizaron en ambos casos un *software* para decidir la probabilidad de que uno y otro reincidieran, y fijar los requisitos de la libertad condicional. A la hora de calcular muchas variables, las máquinas son mejores que los humanos, porque pueden sopesarlas todas a la vez. El sistema determinó que la chica tenía un riesgo alto (nivel 8) de volver a delinquir y que el del hombre era bajo (nivel 3).

Dos años después, ProPublica investigó el caso y descubrió que quien había reincidido no era ella, sino él, que para entonces había sido condenado a ocho años de prisión por robar miles de dólares en una tienda de electrónica. El estudio también llegó a la conclusión de que el error no era inocente ni el sistema tan neutral como parecía. Borden era negra; Prater, blanco; y el algoritmo, racista.[7]

El sistema predictivo es mejor calculando probabilidades, pero solo si la masa de datos con la que se hacen los cálculos es suficientemente buena. Y calcular la conveniencia de dar o no la condicional, a diferencia de prevenir una emergencia (si logra evitarla, bien, y si no, hubiera sucedido de todos modos), sino que otorga a una máquina el poder de limitar la libertad de las personas.

Cuando los datos que impulsan un sistema de inteligencia artificial para determinar si es probable que un criminal condenado cometa más delitos están sesgados, lo estarán sus decisiones. También los jueces se equivocan, es verdad. Además, los humanos tienen muchos prejuicios; es de ellos de quienes aprenden las máquinas estudiándose décadas de sentencias para sacar sus conclusiones. Estas, sin embargo, tienen una gran ventaja: un algoritmo racista o machista se puede reajustar. Si el que discrimina es un juez, es más complicado cambiar su pensamiento.

No solo máquinas y jueces difieren en sus conclusiones, los jueces tampoco se ponen de acuerdo entre sí. Es más, a veces ni siquiera coinciden consigo mismos cuando tienen que enfrentarse dos veces al mismo caso. La matemática Hannah Fry, para defender la utilidad de los algoritmos en las labores judiciales, pone como ejemplo el estudio que en 2001 se hizo en el Reino Unido con cuarenta y un jueces para comprobar su imparcialidad. No hubo un solo caso en el que los cuarenta y uno se pusieran de acuerdo por unanimidad, aunque todos tenían los mismos expedientes con casos e historias penales imaginarias de los acusados. Lo más curioso es que siete de esos expedientes estaban repetidos varias veces cambiando solo el nombre del acusado para que los jueces no detectaran el experimento. Ni siquiera en los casos repetidos los jueces coincidían con su propia decisión anterior cuando lo veían por segunda vez.[8]

No solo su ideología, a los jueces humanos a veces los influye el estado de ánimo al decidir sobre los casos. Depende de si han tenido un mal día o incluso si les toca dictar sentencia después de comer o un viernes con prisas por irse de fin de semana. ¿Es el factor humano de los jueces una garantía de imparcialidad o justamente lo contrario? ¿Preferimos una máquina que mantiene el mismo criterio, aunque se equivoque o carezca de empatía? Los defensores de introducir la inteligencia artificial en la justicia defienden que no hay que elegir entre los dos sistemas. La robotización no tiene por qué significar que las máquinas tomen solas las decisiones. Su objetivo ha de ser ayudar.

Los jueces deben tener en cuenta muchos datos de los acusados para calcular la probabilidad de que reincidan, pero un sistema de inteligencia artificial puede procesar muchos más. Pese a que en el caso de Brisha Borden y Vernon Prater el sistema se equivocó, se está estudiando cómo mejorar la herramienta.

En 2017, un grupo de investigadores de Cambridge se propuso comparar las predicciones de reincidencia de los detenidos que hacía una máquina con las hechas en el mundo real por jueces humanos a la hora de conceder una libertad condicional. Estudiaron todas las detenciones entre 2008 y 2013 en la ciudad de Nueva York, lo que les daba una muestra de setecientas cincuenta mil personas. La conclusión fue que el algoritmo encarcelaría a un 41,8 por ciento menos de acusados manteniendo invariable la tasa de criminalidad.[9]

La Unión Europea, sin embargo, prohíbe la toma de decisiones automatizada no consentida que pueda tener efectos en la esfera jurídica de las personas. La normativa de protección de datos intenta protegernos precisamente de que se tomen este tipo de decisiones sin intervención humana. A no ser, claro, que otorguemos el consentimiento a la máquina de turno dando al botón de aceptar.[10]

Abogado, el que tengo programado

En Estados Unidos ya hay tribunales que utilizan habitualmente este tipo de sistemas predictivos para calcular las tasas de reincidencia de los presos, y los jueces pueden ver la puntuación del convicto a la hora de decidir no solo la libertad condicional, también el tipo de condena. ¿Están las máquinas deshumanizando la justicia y convirtiéndola en algo más parecido al marcador de un videojuego que a una balanza ciega? ¿Es más humana una justicia en la que un juez se equivoca por sí solo que otra en la que una máquina le ayuda a acertar?

El debate en la justicia no solo atañe a los jueces. También los grandes despachos de abogados a un lado y otro del Atlántico están invirtiendo mucho en incorporar inteligencia artificial. La utilizan para calcular, por ejemplo, las posibilidades de llegar a un acuerdo con la firma rival y evitarse el juicio. También hay fondos de inversión que utilizan estas herramientas para predecir si una de las partes puede ganar un pleito millonario para apoyarla financieramente durante el litigio, con el objetivo de participar en sus ganancias.

El *big data* también se aplica para analizar los propios tribunales. Un bufete de abogados ya puede calcular cuáles son las posibilidades de ganar un caso en función del juez. No es nada que no hayan hecho toda la vida, solo que ahora en vez de jugársela a la intuición o a las relaciones personales y tener una legión de recién graduados revisando jurisprudencia, invierten en máquinas que calculan en segundos la probabilidad de que un juez falle a su favor.

Lex Machina, una *startup* de Silicon Valley, utiliza el archivo con todos los casos de los juzgados estadounidenses para hacer predicciones de un caso particular, como la posibilidad de ganar el juicio, qué ratio de éxito tiene en cada jurisdicción y las indemnizaciones que podría conseguir. Son abogados robóticos que empezaron ayudando en el papeleo de los casos más rutinarios y ya están aportando información clave para la estrategia en la sala.[11]

En España ya está funcionando la herramienta de inteligencia artificial de Tirant Analytics, que entrena su propio algoritmo predictivo con las sentencias (catalogadas por la propia editorial jurídica a la que pertenece). Permite ver de forma inmediata en qué sentido se han pronunciado los tribunales en cada caso (admisión, desestimación...) y qué tipo de pruebas ayudan a ganarlo. Da una idea de por dónde va el futuro, pero aún son solo una ayuda imprecisa y requieren un experto en todo momento para interpretar el resultado.

«Estamos lejos todavía de que estos sistemas predictivos funcionen con la precisión de las películas», me explica la abogada Cristina Mesa, asociada principal de Garrigues y experta en derecho digital y nuevas tecnologías. Al fin y al cabo, por mucha inteligencia artificial que estos árboles de decisión incorporen, no son más que programas que almacenan las sentencias de todos los juzgados. No tienen otros conocimientos ambientales, solo saben que cada vez que toca uno u otro juez es más probable que ganen el caso:

El problema es que las sentencias son documentos muy complejos, y no basta con saber si estima o desestima. Hay que saber por qué, y hay que tener muy en cuenta los hechos. La correcta interpretación de una sentencia compleja puede requerir muchas horas de trabajo de un abogado y, de momento, la inteligencia artificial no tiene capacidad suficiente para entender y sintetizar el contenido de forma correcta —advierte Mesa—. Obviamente, creo que se trata de una cuestión de tiempo y que un correcto entrenamiento permitirá mejorar estas herramientas predictivas, lo que implicará cambios sustanciales en el sector, tanto en las estrategias como en la gestión de los recursos.

¿Acabarán estas máquinas, cuando mejoren su capacidad predictiva, con las tareas de millones de abogados cuyo papel es la revisión rutinaria de documentos? No es mala noticia liberarlos del trabajo rutinario. Sí lo sería que al no dedicar tantas horas leyendo y analizando casos, como pasaban generaciones anteriores al uso de la inteligencia artificial, reduzca su capacidad para relacionar asuntos y llegar a conclusiones complejas.

La automatización ya está haciendo menos necesarios a los abogados encargados del trabajo de bajo valor añadido, que ya se está automatizando (hay herramientas que redactan o contestan demandas rutinarias en casos repetitivos como cláusulas suelo o reclamaciones de consumo), pero aumenta la necesidad de expertos que combinan conocimientos en leyes, programación y *deep learning*. Además, si la tecnología reduce los precios de los servicios de abogados, facilitará su contratación a personas que nunca habían podido permitirse su asesoría. Así que no es el futuro de los abogados lo que debería preocuparnos, sino el de la justicia.

Los sesgos automáticos

La igualdad ante la ley requiere procesos burocráticos y legales en los que se garantice el mismo criterio ante una misma situación. Eso no quiere decir que la justicia sea un proceso mecánico. Ha de ser una persona la que contextualiza y decide si esa ley o ese estándar burocrático se aplica o no y si uno es la excepción de la regla. La ley tiene un componente interpretativo muy importante. *Justo* e *injusto* son conceptos humanos, no matemáticos.

Los sistemas judiciales, igual que los policiales, tienen muchos datos de algunas etnias y pocos de otras. Si nos limitásemos a volcar los datos en un supercomputador para que llegue a conclusiones sobre reincidencia y criminalidad, la máquina obtendría la impresión de que una etnia o una clase social es más criminal que otra porque heredaría los sesgos humanos. Es algo que preocupa mucho a Lorena Jaume-Palasí, que lleva más de una década estudiando cómo humanos y máquinas tomamos decisiones. Mitad filósofa, mitad informática, esta catalana afincada en Berlín es una experta en el estudio del comportamiento humano y la inteligencia artificial. Preocupada por la ética de la automatización, ha fundado organismos especializados en vigilar cómo funcionan los algoritmos que manejan nuestras vidas, como AlgorithmWatch o The Ethical Tech Society.

Según Jaume-Palasí, integrante del grupo de sabios sobre inteligencia artificial y *big data* del Gobierno español, uno de los mayores riesgos que plantea la inteligencia artificial es que se le permita seguir solo criterios matemáticos. «Los ingenieros no están entrenados para hacerse preguntas sociales», insiste en la presentación en Madrid de la Digital Future Society, organización que precisamente busca evaluar el impacto de la tecnología en la sociedad. Para que esta tecnología pueda ayudar a la justicia no solo falta que los ingenieros que diseñan los algoritmos sepan de leyes y los juristas de datos, también es necesario que la sociedad entienda las limitaciones de la inteligencia artificial. A diferencia de la inteligencia humana, la artificial carece de la capacidad de razonar, de ponerse en el lugar de otra persona y de adaptarse a las circunstancias.

«Necesitamos más psicólogos, antropólogos e historiadores que trabajen en darle forma a la interacción entre humanos y máquinas», advierte Jaume-Palasí, que también ha estudiado Historia y Lingüística. La experta reivindica la formación humanística para los proyectos de ingeniería y unos equipos de trabajo más interdisciplinares. Sin un enfoque ético, la inteligencia artificial no puede ser justa porque tampoco lo podemos ser los humanos.

Mucho más optimista en el uso de la inteligencia artificial en la justicia es la abogada Cristina Mesa, convencida de que a la larga será positivo para la sociedad. Aunque reconoce que todavía son muchas las carencias en las bases de datos que nutren los sistemas de inteligencia artificial, defiende que su uso ayudará a tener más transparencia en el comportamiento humano: «A medida que se implante, habrá más datos sobre cómo actuamos jueces y letrados, y cuando seamos conscientes de nuestros sesgos, querremos corregirlos».

Mesa cree que estamos a años luz de que una máquina pueda decirles a los abogados lo que tienen que hacer en un juicio, porque las sentencias tienen más de literatura que de matemáticas: «Otra cosa es que haya dudas de si algo es lícito o no lo es, y el *big data* ayude a decidir revisando millones de páginas de jurisprudencia. No se trata de sustituir la justicia humana por un algoritmo, sino de mejorarla gracias a lo que mejor saben hacer las máquinas en este momento: analizar grandes volúmenes de datos». Reducir los tiempos de los casos que se dilatan en los juzgados sería un valor en sí mismo.

Visto así, no tendría por qué ser negativo el uso de la inteligencia artificial en procesos legales, siempre que compensen los mecanismos de discriminación estructural. La tarea pendiente sigue siendo descifrar las cajas negras del aprendizaje profundo que impiden entender su funcionamiento y sus efectos secundarios.

El detector de mentiras

La biometría, de la que hablamos en el capítulo 3, está cambiando también la forma de cruzar fronteras a la que estamos acostumbrados, que por cierto se inventó en el siglo XX. Mostrar un pasaporte al entrar en un país, igual que las cuchillas de afeitar y la comida enlatada, es un invento de la Primera Guerra Mundial. Antes de ella no era necesario mostrar documento alguno para entrar en la mayoría de los países, si acaso bastaba una carta de recomendación.

En 1920, la recién creada Sociedad de Naciones convocó la primera Conferencia Internacional sobre Pasaportes, Formalidades Aduaneras y Billetes Directos. Ahí se decidió que debían medir 15,5 por 10,5 centímetros, tener treinta y dos páginas de grosor, encuadernarse con tapas de cartón y llevar una foto. A partir de entonces, la libertad con la que una persona podía moverse por el mundo empezó a depender del color del pasaporte que tuviera.[12]

La justicia de este sistema ya es de por sí discutible, pero un siglo después nos hemos acostumbrado a darlo por hecho. Más novedoso es que para cruzar algunas fronteras ya no baste con tener los papeles, también hay que convencer a la máquina que realiza el reconocimiento facial de que uno llega con buenas intenciones. En 2018, la Unión Europea puso en marcha un proyecto piloto con un detector de mentiras basado en inteligencia artificial para entrar en Hungría, Grecia y Letonia desde fuera de la Unión Europea.[13]

Este sistema informático recolecta datos biométricos, y escruta treinta y ocho microgestos faciales para decidir si el viajero/migrante está mintiendo. El *software* analiza las huellas dactilares, las venas de la palma de la mano y demás reacciones a las preguntas que realizan los agentes europeos. La información biométrica del detector de mentiras se combina además con otras informaciones de entradas y salidas en el continente para dar un informe al agente de Frontex, el cuerpo europeo de protección de fronteras y costas. Según la empresa fabricante del *software,* las pruebas iniciales demuestran una fiabilidad del 76 por ciento en la detección de mentiras, aunque confían en alcanzar el 85 por ciento a medida que recaba más información.[14]

«El concepto es totalmente erróneo», afirma Lorena Jaume-Palasí al preguntarle si ve justo este sistema. *A priori,* puede parecer buena idea preguntarle a alguien si tiene intención de delinquir y, si dice que no y el polígrafo determina que dice la verdad, dejarle pasar… Pero hay muchos motivos por los que el sistema puede fallar. El primero es el contexto social. Una mujer con un burka, por ejemplo, se puede poner nerviosa si la obligan a descubrirse para pasar el test y se tiene que poner delante de cuatro hombres de la policía europea que le empiezan a hacer preguntas. Y se estresará no porque esté mintiendo, sino porque el entorno la intranquiliza. Otro hándicap que ha llevado a Jaume-Palasí a denunciar el sistema en un simposio sobre inteligencia artificial de la propia Comisión Europea es el sesgo de la propia tecnología biométrica:

> ¿Qué estándar de longitud se le da a la nariz o a los labios? Hemos tenido ya situaciones en las que, por ejemplo, gente afroamericana no ha sido aceptada por este tipo de biometría, porque interpretaba que tenía la boca abierta… y solo era que el estándar de sus labios era más grande que el de los labios caucásicos, pero la prueba solo se había hecho con hombres blancos y, en el mejor de los casos, alguna mujer. A la gente de origen asiático a veces no les detecta los ojos abiertos… No todo es estandarizable —concluye Palasí—. No hay una cara de la verdad y una de la mentira.

Además, una tasa de precisión entre el 80 y el 90 por ciento en un cruce fronterizo supone que miles de personas inocentes pueden ser señaladas erróneamente y que dos de cada diez terroristas entrarían sin ser detectados. Los errores los pagarían siempre los más vulnerables, porque es a ellos a quienes se les aplica. Por algo se prueba en la frontera con los solicitantes de asilo, no en los Parlamentos y las campañas electorales.

Hasta ahora, ningún polígrafo se considera plenamente fiable, pero, pese a estar desacreditados científicamente, mueve una industria de 2.500 millones de dólares anuales. Además, cada vez más *startups* están desarrollando sus propios sistemas tratando de dar con la clave biométrica. Eye Detect es uno de esos sistemas de inteligencia artificial que cuentan entre sus clientes, además de Gobiernos, con empresas que ya les pasan el test a sus empleados. FedEx lo ha utilizado en Panamá y Uber en México para descartar conductores; también lo usa McDonalds.[15]

Los expertos en biometría a los que he consultado sobre la fiabilidad de esta tecnología se muestran escépticos sobre su exactitud actual, pero no descartan que llegue a ser posible tecnológicamente un sistema de *deep learning* que detecte cuándo alguien está mintiendo. Faltaría para ello, como siempre dicen, dotar al sistema de los datos correctos para aprender. Si en vez de a un ingeniero le preguntara a un filósofo, diría que los humanos nunca hemos tenido claro qué es la verdad ni por qué mentimos. ¿De verdad va una máquina a entenderlo mejor que nosotros? Una máquina de la verdad transformaría no solo el sistema judicial, sino las relaciones humanas al completo. Mentimos de media unas doscientas veces al día.[16] Sería paradójico confiarles a las máquinas el poder de delatar las mentiras justo en la era de la posverdad.

11

La verdad

De por qué no nos vamos a fiar de nuestros propios ojos y los vídeos de gatitos amenazan la democracia

Cuando un alto directivo de una importante compañía de energía recibió en su oficina de Londres la llamada de su jefe pidiéndole que hiciera una transferencia urgente de más de 243.000 dólares a un proveedor húngaro, actuó lo más rápido que pudo. El jefe, al que reconoció por su acento alemán, le había dejado claro que el pago debía hacerse en menos de una hora, así que cumplió la misión tan rápido como pudo. Ese fue el problema.[1]

En realidad, no era su superior el que le llamó. Era un estafador que había utilizado un sistema de inteligencia artificial para imitar su voz con exactitud. Fue la segunda llamada de su supuesto jefe pidiendo una segunda transferencia de dinero la que hizo sospechar al directivo londinense. Para cuando activó los protocolos de seguridad, el dinero se había transferido de la cuenta húngara a otra en México, y de ahí a varios destinos difícilmente rastreables. Según *The Wall Street Journal,* que informó del caso, tanto la aseguradora de la empresa que sufrió el ataque como los investigadores de Europol decían que esta era la primera estafa de este tipo de la que se tenía conocimiento en Europa. Eso no quiere decir que fuera la primera, de lo que estaban seguros es de que no sería la última.

Esta tecnología, llamada *deepfake,* utiliza algoritmos de *machine learning* o aprendizaje automático para crear vídeos y audios que imitan a la perfección a otra persona, hasta el punto de que hace imposible diferenciar a simple vista entre lo que es real y lo que no. La tecnología se inventó en 2014, pero desde entonces se ha vuelto mucho más realista y accesible. Cualquiera puede imitar voces o superponer unas caras encima de otras con precisión.

En el caso de la multinacional estafada, no quedó claro si quien estaba al otro lado del teléfono era una persona o un bot que generaba respuestas automáticas. Sin saber siquiera si es humano o no, es aún más complicado identificar al sospechoso. Medio año después del ataque, aún no habían encontrado a ninguno.

Disney popularizó esta tecnología para insertar en las nuevas escenas de *Star Wars* la cara de Carrie Fisher después de que la actriz falleciera. Y Martin Scorsese la aprovechó para rejuvenecer a Robert De Niro en *El irlandés*. De haber existido tal cosa cuando rodaron *El padrino,* Coppola no habría necesitado a De Niro para el papel del joven Vito Corleone que le valió el Óscar en 1974. Le habría bastado rejuvenecer a Marlon Brando con *deepfake*.

La manipulación de imágenes falsas con sofisticados algoritmos puede hacerse con propósitos artísticos, pero también delictivos. De momento, la técnica es suficientemente cara como para que los más preocupados por su seguridad sean las grandes empresas, que ya están desarrollando protocolos de ciberseguridad antisuplantaciones de personalidad, como es el caso de la compañía energética timada.

No solo se temen estafas, también crisis reputacionales por vídeos falsos que puedan dañar la imagen recreando escenas que nunca han sucedido. Al fin y al cabo, el primero y más lucrativo uso de esta tecnología que permite intercambiar caras y cuerpos sin que se aprecie el truco lleva años usándose en la industria del porno. El 96 por ciento de los vídeos falsificados con *deepfake* son pornográficos, según un informe de Deeptrace.[2]

La actriz Scarlett Johansson lleva años sufriendo la circulación en internet de supuestos vídeos pornográficos en los que sale su cara. Parece ella, pero no lo es. Uno de estos vídeos falsos con su rostro en escenas de sexo casero y explícito, que finge ser un «vídeo filtrado» de la actriz, lleva más de 1,5 millones de reproducciones en una web porno. Las mujeres son las más vulnerables a este tipo de humillación que también se está extendiendo en forma de chantaje.[3]

El número de *deepfakes* disponibles online se duplicó en la primera mitad de 2019.[4] Como no requieren ni conocimientos previos ni grandes inversiones (algunas webs ofrecen vídeos manipulados a medida por unos pocos euros), puede extenderse también como método de extorsión a particulares. No solo con imágenes falseadas, también con voces. A cualquiera nos podrían engañar al teléfono haciéndose pasar por nuestra hermana o nuestro padre (siempre y cuando haya suficiente material online que sirva de materia prima para que el algoritmo aprenda a imitar el sujeto elegido). Otra manera de falsear la realidad es enviando un vídeo haciéndole creer a alguien que un ser querido está en peligro.

Modulate, una empresa emergente con sede en Boston, está creando «pieles de audio», cambiadores de voz en tiempo real para usar en videojuegos.[5] La idea es recrear una voz imaginaria para no ser reconocible, pero facilita también que un hombre se haga pasar por una mujer, y viceversa, o un niño por un adulto.

A medida que la verdad se convierte en arenas movedizas, el único antídoto para desactivar las sofisticadas mentiras creadas por la inteligencia artificial es la propia inteligencia artificial. Facebook, Microsoft y Amazon trabajan con varias universidades para investigar nuevas maneras de detectar *deepfakes* y prevenir a los medios de la distribución de vídeos secretamente manipulados.[6]

La plataforma AI Foundation, una organización sin ánimo de lucro que promueve el uso responsable de la inteligencia artificial, creó una web llamada Reality Defender 2020 (Defensor de la Realidad 2020) para analizar la veracidad de vídeos que les envían los periodistas. Es un antídoto para la oleada de vídeos falsos en las campañas electorales, en las que pueden aparecer candidatos en todo tipo de situaciones comprometidas que nunca sucedieron. Este sistema trata de prevenir la viralización de vídeos falsos utilizando la misma herramienta para el bien. En cuestión de minutos, con complejos algoritmos, pueden verificar si hay píxeles que hayan sufrido alguna alteración que lleve a desconfiar de su veracidad.

Producir vídeos falsos pronto será tan sencillo como mentir. Así que igual que para creer un testimonio no basta con escucharlo, para saber si nos fiamos de un vídeo no bastará con verlo. Necesitaremos saber de quién es, de dónde ha salido y quién lo comparte. Cuando alguien nos cuenta algo sorprendente, solemos preguntarle quién se lo ha contado para juzgar qué credibilidad damos al rumor. Con una imagen no hacemos lo mismo, porque todavía creemos lo que vemos. Todavía. En realidad, el único antídoto eficaz para proteger la verdad es un cambio cultural, el más complicado de todos. ¿Cómo convencer a la gente de que la verdad se ha vuelto imprevisible a simple vista?

La verdad marxista

Cuando Groucho decía en *Sopa de ganso* aquello de «¿A quién va usted a creer? ¿A mí o a sus propios ojos?», la pregunta era graciosa por lo obvio de la respuesta. El *deepfake* está a punto de arruinar uno de los mejores gags de la historia del cine, porque a medida que se vuelva habitual desconfiar de lo que vemos, en el futuro la gente no entenderá dónde está la gracia. ¿Acaso en el siglo XX la gente se fiaba de lo que veía? Ahora que lo pienso, la frase no la dice Groucho, sino Chico disfrazado de Groucho. Jugar con las apariencias daba mucho juego a los hermanos Marx mucho antes del *deepfake*. Entonces engañaban las apariencias, ahora nuestros sentidos. ¿De qué nos vamos a poder fiar?

Según Regina Rini, profesora de Filosofía en la Universidad de York de Toronto, sabemos que la gente nos puede engañar, pero tendemos a pensar que la percepción, la evidencia de nuestros ojos y oídos, proporciona una justificación bastante fuerte para creernos algo: «A veces, por supuesto, tus sentidos también pueden engañarte, pero es menos probable».[7] Hasta ahora. Con la nueva tecnología *deepfake*, capaz de crear vídeos falsos a un coste ínfimo, esto cambia. A medida que tengamos que desconfiar de lo que vemos, iremos despojando de valor epistemológico a nuestros sentidos. Esta tecnología no solo permite crear vídeos y audios manipulados, también desarrollar identidades enteras.[8]

Katie Jones, una pelirroja de treinta y tantos, muy bien conectada en Washington a través de su perfil de LinkedIn, es un ejemplo de ello. Katie Jones nunca ha existido. Es una (o un) espía virtual con una imagen de perfil falsa generada por inteligencia artificial para engañar a contactos en las redes sociales. Ni siquiera el rostro que utilizaba existía en realidad, pero le sirvió para codearse con altos cargos de la Administración. «En lugar de enviar espías a Estados Unidos, se ha vuelto más eficiente sentarse detrás de un ordenador en Shanghái y enviar solicitudes de amistad a treinta mil objetivos», señala William Evanina, director del Centro Nacional de Contrainteligencia y Seguridad de Estados Unidos, según el cual cada vez es más frecuente que espías extranjeros usen perfiles de redes sociales falsos, pero de gran verosimilitud, para engañar a objetivos estadounidenses. Es un nuevo espionaje «a gran escala».[9]

Lo malo es que la capacidad de engañar no está avanzando a la misma velocidad que la desconfianza. Mientras la tecnología ya permite crear sofisticados vídeos falsos, cualquier burdo bulo que llega por WhatsApp tiene posibilidades de ser creído y compartido. No es culpa de la tecnología, sino de la credulidad humana.

Diferenciar lo verdadero de lo falso es cada vez más complicado gracias al caos de mentiras y rumores que circulan por la red. Hay tanta información falsa que los hechos se están convirtiendo en un punto de vista más que cualquiera puede discutir. La verdad alternativa (eso a lo que antes llamábamos *mentiras*) suele siempre coincidir, qué casualidad, con los propios prejuicios. Los algoritmos no están diseñados para mostrar verdades. Ganan más dinero dándonos la razón para que pasemos más rato regocijándonos en nuestra propia construcción del mundo.

Por qué la red está llena de mentiras

A sus 80 años, sentada en una silla de madera junto a la chimenea de su casa, Barbara Liskov tiene el aspecto de una señora que en la tele anunciaría alguna receta de croquetas caseras. Porque en los anuncios las octogenarias de aspecto afable no suelen ser genios de la computación, sino de la cocina. En la vida real, sin embargo, las croquetas congeladas nunca saben como las que hacía nuestra abuela, y hay señoras como Liskov que llevan más de cincuenta años echando números para darles forma a las tripas de internet.[10]

De la cocina no sé, pero Liskov sí que es un genio de la informática. Fue ella quien inventó hace cuarenta años el lenguaje de programación en el que se basan todos los demás. Pero antes de eso, la científica ya había empezado a investigar sobre inteligencia artificial en los años sesenta aplicándola al ajedrez, «cuando se percibía que la sabiduría era hacer que el programa actuara como lo haría una persona».[11] Medio siglo más tarde, imitar la capacidad de cálculo huma- no no vale para impresionar. Los algoritmos han de ser mejores, mucho mejores.

Al recordar los orígenes académicos de internet en los años

setenta y ochenta, Liskov se muestra muy preocupada por el peligro que supone dónde estamos llegando. Sobre todo por las noticias falsas, hace en parte responsable a su generación de ingenieros y matemáticos, la que se inventó internet, por haber sido excesivamente ingenua en el uso que en el futuro se iba a dar al anonimato en esta red. No pensaron entonces que, si creaban un sistema para que la información pudiera circular sin control, también podría hacerlo la desinformación:

> Tenemos un gran conjunto de problemas, incluidos las noticias falsas y los problemas de seguridad. Me preocupa la pareja divorciada en la que el esposo publica calumnias sobre la esposa, incluso información sobre dónde vive. Están sucediendo cosas terribles. Parte de esto surgió de una actitud en los años ochenta. En aquellos días, éramos quince universidades y un par de laboratorios gubernamentales conectados a internet. Todos éramos amigos. La idea original era que los sitios no deberían tener responsabilidad por el contenido porque reprimiría su desarrollo.[12]

Cuando internet dejó de ser una red a la que se conectaban unos cuantos profesores de universidad y se convirtió en un canal de miles de millones de personas, la tensión entre privacidad y seguridad planteó un reto inabarcable. Entre los expertos como Liskov cunde la idea de que la manera en la que las mentiras circulan por la web se nos ha ido de las manos, tanto a los ciudadanos como a las empresas y a los Gobiernos, sin que nadie tenga muy claro cómo parar al monstruo de la desinformación. Ella sostiene que no fue tanto por un canto a la libertad, como muchos teóricos pontifican *a posteriori*. Si crearon una red tan ingobernable «fue por pragmatismo —recuerda—, sin comprender dónde terminaríamos».[13]

Las noticias falsas viajan más rápido que las verdaderas en internet porque son mucho más llamativas. Facebook y el resto de las plataformas no se hacen responsables de la veracidad del contenido que difunden, pero se benefician de las mentiras, porque cuanto más tiempo estemos enganchados a la red, más aumentan sus ingresos. Y las mentiras atrapan más atención. El algoritmo que decide la velocidad a la que Facebook difunde la información prima criterios que nada tienen que ver con la veracidad. Conseguir muchos «me gusta», por ejemplo, es más importante para difundir algo que la calidad del contenido en sí.

Una teta gigante

Mark Zuckerberg, fundador y consejero delegado de Facebook, siempre ha sostenido que su empresa es una gran defensora de la libertad de expresión. Y, durante mucho tiempo, ha defendido que no debería decidir qué se publica y qué no: «No creo que una empresa privada tenga derecho a censurar a políticos o noticias en una democracia…». Lo dijo el milmillonario directivo dueño del mayor imperio de redes sociales ante estudiantes de la Universidad de Georgetown, en plena polémica por la responsabilidad de Facebook en la difusión de noticias falsas.[14]

El argumento suena aparentemente bastante liberal. Sin embargo, no es cierto que lo sea. Facebook no siempre permite la libre circulación de información y sí que tiene sesgos ideológicos que censuran contenidos. Que se lo digan a los pezones. La artista Vicky Martin, rodeada de mujeres que han sufrido cáncer de mama, infló una teta gigante a las puertas del cuartel general de Facebook en Londres precisamente para protestar por la censura que ha sufrido su trabajo. Tatúa pezones a mujeres a las que les han reconstruido el pecho tras una mastectomía. «No es pornográfico, es bello», decía Martin frente a las cámaras señalando la teta gigante inflada a las puertas de una de las compañías más poderosas de internet. Le habían censurado la cuenta en la que exponía sus tatuajes por ser demasiado realistas, cuando, precisamente, que parezcan pezones de verdad es lo que ayuda a otras mujeres con cáncer a recuperar la autoestima y a aceptar su propio cuerpo.[15]

No siempre es fácil que el algoritmo de Facebook diferencie la pornografía del arte, pero lo intenta. También ha habido polémica por censurar obras que llevan siglos en los museos. Sin embargo, en el caso de la mentira, la compañía ha decidido que no va a hacer ningún esfuerzo. Considera Zuckerberg que no es cosa suya. Y de no ser porque se ha convertido en la fuente principal de información para cientos de millones de personas en todo el mundo, que ya no se informan por medios tradicionales, solo por Facebook, Instagram y WhatsApp (las tres, por cierto, de Zuckerberg), esto no sería tan preocupante.

Precisamente, como protesta por esa decisión de la red social de eximir a los anuncios o contenidos colocados por los políticos de verificación, la senadora demócrata Elizabeth Warren pagó anuncios en internet que aseguraban que el propio «Mark Zuckerberg apoya a Trump en las elecciones». Era mentira, claro. Lo que la política quería era precisamente denunciar con esa acción que en Facebook se puede anunciar cualquier falsedad sin control alguno. Estamos diseñados para creer lo que nos cuentan porque no tendríamos tiempo de comprobar cada afirmación que nos dicen al cabo de un día. Si preguntamos cuánto cuesta la merluza, no pensamos que el pescadero nos miente. Tan cierto es que la mayoría de los humanos normalmente dicen la verdad como que somos bastante malos detectando quién nos miente. Lo malo es que evolutivamente estamos programados para ser crédulos en un tiempo en que engañar se está volviendo cada vez más sofisticado y rentable.

Tuvo que llegar una pandemia global con centenares de miles de muertos para que Facebook cambiase su política de gestión de las noticias falsas. Fue a raíz del coronavirus cuando la red social amplió su política de verificación y, en el caso de que una publicación pudiera conducir a daño físico inminente (como los bulos que incitaban a beber lejía), entonces pasaban a eliminarla inmediatamente. La plataforma borró millones de noticias falsas relacionadas con la COVID-19. Pero hay una pregunta que sigue en el aire: ¿quién verifica al verificador?

La geopolítica de la posverdad

Tanto la revista *Foreign Affairs* como *Financial Times* sitúan los *deepfakes* como una de las amenazas más peligrosas de la actualidad en términos geopolíticos. Basta imaginar un vídeo del primer ministro israelí en una conversación privada en la que supuestamente revela un plan para llevar a cabo una serie de asesinatos en Teherán, un audio falso de importantes banqueros hablando de una inminente quiebra del mercado; o el vídeo falso de un político en una antigua fiesta universitaria abusando de una joven.

Si se viralizaran estas mentiras más rápido que sus desmentidos, como suele pasar, podrían desencadenar una reacción difícil de controlar. La posverdad es una bomba de relojería que va más allá de lo digital. En la India ya ha habido varios linchamientos que han acabado en asesinatos incitados por bulos que circulaban por WhatsApp y acusaban falsamente de haber cometido un crimen a ciudadanos anónimos de una etnia determinada. La turba digital.[16]

La mentira es una de las grandes amenazas de la democracia en el siglo XXI. No es nueva, siempre ha existido la desinformación como arma política. Sin embargo, en el mundo conectado su poder adquiere una nueva dimensión. Y sus consecuencias para la democracia son imprevisibles.

Según un informe del Senado estadounidense, la interferencia en las redes sociales por parte de Rusia para influir en la opinión pública norteamericana es constante y sofisticada. Según Jonathan Albright, investigador de la Universidad de Columbia, lejos de ser un incidente aislado en la campaña electoral de 2016, es una «guerra de información más amplia, sofisticada y continua».[17]

El objetivo de esta campaña de desinformación, de la famosa fábrica de propaganda rusa conocida como Agencia para la Investigación de Internet, habría invertido en socavar la fe en la democracia de los estadounidenses, difundiendo vídeos centrados en tensiones raciales y brutalidad policial. Según el informe, publicaron más de 61.500 entradas en Facebook, 116.000 en Instagram y 10,4 millones de tuits, todas destinadas a exacerbar la gravedad de las tensiones ya de por sí existentes.

Este tipo de manipulación de la opinión pública por terceros países con total opacidad es uno de los grandes desafíos para las democracias, que tendrá difícil solución mientras las compañías tecnológicas sigan actuando como si no tuvieran responsabilidad en la gestión de contenidos que sus plataformas diseminan.

Mi candidato miente, pero tiene razón

A los políticos las mentiras les pasan pocas facturas. Es más, pueden incluso resultarles más útiles que nunca en campaña. De ser bochornoso, mentir ha pasado a convertirse en una estrategia pensada para que los pillen, porque es el revuelo que crea el desmentido lo que consigue marcar agenda. Incluso la proliferación del *fact checking* (verificación de hechos) puede jugar en favor de algunos políticos mentirosos. Desenmascarar las mentiras y medias verdades de los políticos es una obligación periodística. La pregunta es: ¿para qué sirve? A la hora de decidir a quién votar, parece que para poco. Eso es al menos lo que revelan numerosos estudios psicológicos que analizan el efecto de las mentiras en política.

Siempre ha habido candidatos deshonestos, la novedad es que nunca les ha salido tan a cuenta serlo abiertamente. No solo han cambiado ellos y las tecnologías. Hemos cambiado, sobre todo, los votantes. Además de crédulos, dicen los expertos que cada vez somos más indulgentes con las falsedades cuando descubrimos que un político ha tratado de engañarnos.

Tanto en el Reino Unido como en Estados Unidos llevan tiempo estudiando, sobre todo desde el *brexit* y la victoria de Trump en 2016, cómo afecta al votante la incorporación de las mentiras sin complejos en la estrategia política. Hay suficientes indicios de que en contextos polarizados son muchos los ciudadanos que apoyan a los candidatos que mienten a sabiendas de que lo hacen.[18]

En 2019, el índice de aprobación de Trump era once puntos más alto que el porcentaje de personas que confiaban en que decía la verdad. No solo pillar mintiendo al candidato favorito no cambia un voto, sino que puede servir para ganar más apoyos, especialmente si el bulo confirma una idea preconcebida de la realidad (un prejuicio, vamos). Es decir, el umbral de la verosimilitud que le damos a una información depende de si sirve para darnos la razón. Sobre todo, en contextos en los que la decisión de a quién apoyar en las urnas se toma con motivos más relacionados con las emociones y los miedos que con la razón. De ahí que a los partidos populistas, los que más incentivan las emociones y simplifican la realidad ofreciendo soluciones imposibles a sabiendas de que lo son, las mentiras les pasen menos factura e incluso puedan serles abiertamente útiles en campaña.

Los asépticos desmentidos estadísticos del *fact checking* que se dirigen al cerebro son especialmente inútiles para cambiar el voto de quien decide con las tripas y el corazón. Lo que los expertos aseguran que percibimos como verosímil tiene menos que ver con la credibilidad de la fuente y más con dos precepciones muy básicas del mensaje: la familiaridad (si lo hemos oído antes) y la simpleza (la facilidad de procesarlo). Somos carne de bulo.

Hay otra manera de explicar que las mentiras pasen tan inadvertidas: la pereza. Creer a los políticos que dicen lo que queremos oír requiere menos esfuerzo que dudar de ellos. El experto en comunicación Timothy Levine, profesor de la Universidad de Alabama y autor del libro *Duped,*[19] lleva décadas estudiando la capacidad que tenemos de darnos cuenta de que nos están mintiendo y su conclusión es que somos mucho peores detectores de mentiras de lo que nos creemos. El error en la autopercepción hace que seamos aún más vulnerables porque nos pasamos de listos.

En numerosos experimentos se ha demostrado que la mayor parte de la gente es incapaz de detectar cuándo le están engañando, porque estamos diseñados para confiar en los demás inconscientemente (y esto incluye también a los agentes del FBI y de la Agencia de Seguridad Nacional [NSA]). Entre las explicaciones que encuentra Levine está la propia necesidad evolutiva de creer que los demás nos están diciendo la verdad. Confiar es lo más eficiente, porque, en realidad, la mayor parte del tiempo es cierto que la gente es honesta y no tendríamos tiempo de dudar todo el rato de lo que nos cuentan, como tampoco tenemos tiempo de contrastar cada noticia que nos reenvía la familia por WhatsApp. Lo cierto es que apenas dudamos de ninguno de los cientos de mensajes y noticias que recibimos al cabo de un día. En campaña electoral pasa lo mismo con los políticos con los que nos identificamos.

Inmunes a la verificación

Cuando mentir no está socialmente castigado, la tentación de hacerlo aumenta. Y eso vale tanto para los niños como para los políticos. Un estudio de Dan Ariely, catedrático de

Economía Conductual, demuestra que las condiciones externas influyen mucho en cuánto miente la gente. Cuando los sujetos que participaban en los experimentos del comportamiento intuían que los demás participantes no decían la verdad, eran más propensos a ser deshonestos ellos también. Además, las mentiras se volvían más fantasiosas cuando decir falsedades no tenía consecuencias.

Estos hallazgos resultan especialmente preocupantes ahora que cada vez estamos más acostumbrados a convivir con mentiras. Se han convertido en parte natural del paisaje digital, por lo que es normal que el coste social de engañar vaya decreciendo. Las redes sociales han multiplicado la facilidad con la que se esparcen las patrañas, pero nuestra credulidad continúa siendo igual de vulnerable. Un estudio publicado el año pasado en la revista *Science* reveló que hay más probabilidades de compartir una noticia falsa que una verdadera, porque los bulos inspiran «miedo, disgusto y sorpresa». El cóctel perfecto de lo viral.

Las mentiras funcionan sobre todo cuando confirman lo que ya pensamos, porque nos encanta que nos den la razón, al margen de que la tengamos o no. Es lo que se llama *sesgo de confirmación*. Una forma de razonar que el profesor de Yale Dan Kahan ha estudiado para entender por qué algunas personas rechazan creerse hechos científicos contrastados (como el cambio climático, por ejemplo). La conclusión es que el aval de los expertos no resulta convincente cuando la gente percibe que una idea ataca su identidad. Es decir, si un asunto se ideologiza hasta convertirse en un rasgo distintivo de una identidad política, resulta mucho más vulnerable a las *fake news* y desactiva la capacidad de reconocer el valor del consenso científico. Y en vez de discutir sobre cuáles son las políticas públicas más efectivas para resolver un problema (reducir la contaminación, impulsar la economía, etcétera), el riesgo es acabar discutiendo si este existe o no.

La inteligencia y el nivel educativo no tienen necesariamente que ver con estar dispuesto a cambiar de parecer cuando nos desmienten algún dato falso que nos hemos creído. Los académicos suelen pensar que si la gente estuviera mejor educada sería capaz de distinguir la realidad de la ficción. Sin embargo, advierte Levine que es improbable que eso lo logre un *fact checking.*

Da igual que miles de científicos reputados llamen la atención sobre el cambio climático en un informe; con que haya uno que opine lo contrario, gozará de más credibilidad entre los escépticos. El cerebro trabaja para evitar que su visión del mundo se vea amenazada. Kahan lo llama *razonamiento protector de la identidad.* Y no afecta más a personas poco formadas, al contrario. Gente muy inteligente y con estudios superiores es igualmente —incluso más— vulnerable a este sesgo, porque es más capaz de racionalizar de forma sofisticada nuevos argumentos a su medida y creer lo que mejor le convenga. La gente más formada suele ser también la más dogmática en sus pareceres y la menos proclive a reconocer errores, según explica David Robson en *La trampa de la inteligencia.*[20]

El riesgo de rectificar un bulo

Durante mucho tiempo se ha dado por hecho que la gente desinformada lo estaba por falta de acceso a la verdad. Sin embargo, contrarrestar mentiras con simples datos no resulta tan efectivo como pueda parecer para sacar a alguien de su error. Se requiere un trabajo más sofisticado. «No podemos dar por hecho que gente inteligente y educada vaya a absorber los hechos que les mostramos», afirma Robson. La inercia mental a creer ciertas cosas es más poderosa que nuestra capacidad de cambiar de opinión.

Para combatir los bulos, Robson insiste en que, sobre todo, hay que evitar hacer hincapié precisamente en la información que se desmiente. Dar publicidad a un hecho falso al tratar de desmentirlo repetidamente es contraproducente, porque multiplica su alcance. No es que las mentiras deban campar a sus anchas, pero la forma de desenmascararlas influye en la credibilidad de los desmentidos. Aportar nueva información da herramientas a que la gente desconfíe por su cuenta y cambie de idea a su ritmo. Al cerebro humano, que es muy suyo, no le gusta que le insistan en que se la han colado. Por eso tiende a creer lo que le conviene. Es a quién votamos lo que más influye en las noticias que nos creemos, no al revés.

En el caso de combatir el miedo infundado a las vacunas, por ejemplo, las instituciones deben centrar sus desmentidos en los beneficios de estas, en vez de dar visibilidad en el titular a la mentira que se rectifica. «Las vacunas son efectivas», desde el punto de vista cognitivo, es más efectivo que titular: «Es un mito que las vacunas causen gripe». Si no, la verificación aumenta la familiaridad con el dato falso (que suele ser también más sencillo) y por tanto la propensión a creerlo. Además, para ser efectivos, los datos han de ser tan simples como la mentira que combaten. Cuanto más complejo sea un razonamiento y más información contenga contra la mentira, más dificulta que cale la rectificación.

Las *fake news* a medida

Por más que nos estemos acostumbrando a hablar del poder del *big data,* seguimos sin conocer a fondo hasta qué punto esta tecnología está cambiando las reglas del juego de la democracia. Los partidos políticos y los grupos de presión, igual que las empresas y los anunciantes, pueden tener acceso a información detallada de votantes y consumidores, con perfiles psicológicos de nuestros miedos y nuestros anhelos, conociéndonos mejor que si escucharan nuestras conversaciones telefónicas.[21]

El referéndum del *brexit* de 2016 fue el primer gran campo de pruebas de cómo el análisis de datos a gran escala puede influir en unas elecciones. Fueron las primeras votaciones en las que se conoce el uso de controvertidas tecnologías como las de la consultora Cambridge Analytica, que luego utilizó Donald Trump en la campaña que lo llevó a la Casa Blanca. Un año después, Cambridge Analytica tendría que cerrar, tras conocerse el escándalo que salpicó al Facebook de Mark Zuckerberg. La empresa cerró, pero sus prácticas no han parado de perfeccionarse desde entonces en las campañas electorales de todo el mundo.

¿Hasta qué punto influyen las campañas que usan *big data* en redes sociales en lo que votamos? ¿Y en lo que pensamos? ¿Están los votantes preparados para diferenciar las noticias falsas de la información? ¿Están alimentando las redes el caldo de cultivo para los nuevos populismos? Más peligrosas que las *fake news* son quienes subestiman su poder.

Las redes se llenan de vídeos de gatitos tiernos y de gente que resbala en la acera con la misma naturalidad que de noticias falsas creadas a medida por los propios partidos políticos y grupos de interés para influir en sus votantes. Gracias al *big data* es posible conocer los miedos de los votantes, es decir, nos volvemos más previsibles para que el algoritmo pueda detectar cómo influir en cada uno de nosotros con bulos personalizados. Gracias a ello se está fomentando la xenofobia en muchos países occidentales. ¿No encuentras trabajo? Pues en tus redes aparecerá como por casualidad una noticia inventada de extranjeros que se llevan las ayudas de desempleo. ¿Que estás buscando una guardería? Pues adivina a quién le pueden echar la culpa de que no haya plazas. ¿Eres una vegetariana que adora a los animales? Pues puede que veas una noticia de un sospechoso matadero de carne halal.[22]

Para que alguien pudiera colar una noticia falsa en un medio, antes había que invertir muchos recursos e influencia. Ahora no hay quien pare una noticia falsa en internet, porque no es un medio necesariamente el que las difunde, sino la gente en sus redes personales. Nada viaja más rápido que un prejuicio. Ni siquiera un vídeo de gatitos haciendo monerías. La inercia que nos lleva a compartirlos es la misma.

Cuidado con Kafka

No es casualidad que las plataformas de *streaming* estén produciendo en estos tiempos confusos tantas ficciones sobre futuros alarmantes. ¿Por qué es ahora cuando estas tienen más éxito? Con las distopías pasa igual que con los nacionalismos y las *fake news,* cuanta más incertidumbre sentimos, más fácilmente nos convencen.

Aunque es muy difícil hacer comparaciones del nivel de incertidumbre entre diferentes épocas, para medir el grado de confianza en el futuro los sociólogos utilizan mecanismos como preguntarnos cómo creemos que va a ser la vida de las nuevas generaciones. Una de las preguntas clave es «¿crees que tus hijos van a vivir mejor que tú?». Y en Europa y en Estados Unidos, cada vez hay mayor pesimismo con respecto al futuro. Así me lo explicaba Pepe Fernández Albertos, investigador del Consejo Superior de Investigaciones Científicas (CSIC):

> Hay mucha incertidumbre, seguramente vinculada a la volatilidad que percibimos en la época actual, sobre todo si nos comparamos con la segunda mitad del siglo XX, que fue una época especialmente próspera, pero a lo mejor única en la historia.

En algunos experimentos ya clásicos sobre la incertidumbre, los psicólogos Travis Proulx y Daniel Randles sometían a personas a situaciones inciertas para hacerlas sentir más inseguras inconscientemente y observar sus reacciones. A unos los ponían a leer a Kafka; a otros les daban una baraja de cartas manipulada, en la que los diamantes eran rojos y los corazones negros. Y para comparar su reacción con aquellos que no recibían ninguno de estos estímulos, les pedían que buscaran patrones en una sucesión de letras aleatorias: tipo JKKHG o AEIOLY. Quienes habían leído la historia surrealista, igual que los que recibían cartas manipuladas, tenían más necesidad de orden y encontraban patrones incluso donde no los había, como quien ve la cara de la Virgen en una mancha de humedad de la pared.

En otro de los experimentos, preguntaban a la gente por sus ideas políticas. Y quienes habían sido expuestos a una mayor ambigüedad, expresaban más fervientemente ideas nacionalistas. Daba igual la ideología de cada uno de los sujetos, es decir, no importaba si eran de izquierdas o de derechas. Estos experimentos concluían que, ante situaciones de estrés e incertidumbre, es más probable que polaricemos nuestras ideas.

En su libro *Nonsense,* el experto en economía del comportamiento Jamie Holmes detalla muchos otros casos en los que las altas dosis de incertidumbre o estrés nos llevan a poner fin cuanto antes a ese malestar. Esa urgencia, explica Holmes, puede llevarnos a sacar conclusiones precipitadas en vez de racionales. Por eso, en situaciones de crisis, a veces ignoramos cualquier información percibida como ambigua para aferrarnos a las respuestas más contundentes. Las cosas pasan a ser blancas o negras porque eso nos permite llegar antes a una conclusión que sacie sin complicaciones nuestro deseo de certezas.[23]

En otras palabras, se trata de lograr lo que el psicólogo social Arie Kruglanski llama *cierre cognitivo*. El impulso de buscar respuestas no nos lleva necesariamente a informarnos más y mejor, sino a dar con una historia convincente que nos dé la razón. Lo denomina *cierre* porque en el momento en que tomamos una decisión o nos formamos un juicio cerramos nuestra mente a la nueva información, aunque encontremos datos que contradigan la anterior.

De ahí que los bulos en la red que alimentan prejuicios corran más rápido que los desmentidos, porque en situaciones de estrés el cerebro se fía más de la información que da la razón a sus prejuicios. Y cuanto más incierto percibimos que es el mundo, más capaces somos de bajar el listón al evaluar si una información es falsa o verdadera. Lo importante es que nos dé la razón. «Cuando nuestra necesidad de cierre es mayor —dice Holmes—, tendemos a quedarnos con estereotipos y negar contradicciones.» Otro de los experimentos clásicos demuestra que, en situaciones de urgencia, el cerebro confía más en la gente de su entorno y menos en los de fuera.

En momentos de incertidumbre y temor al futuro, aparece una mayor necesidad de certezas. Y ese sentimiento suele estar vinculado a liderazgos más autoritarios. Así lo veía, antes de la pandemia, también Federico Steinberg, investigador principal del Real Instituto Elcano: «En Europa occidental, vivimos una época de elevadísima incertidumbre, porque el orden económico internacional y el contrato social del Estado de bienestar están en transformación, por no decir en crisis».[24]

Según este experto en economía política internacional, si a la coyuntura general le sumamos que tenemos el mundo pendiente de las tensiones con China y Rusia, que Estados Unidos es cada vez más imprevisible…, que la revolución tecnológica está transformando el empleo y que hay crisis demográfica, es normal que aumente la incertidumbre ante el futuro. Los momentos de más desconcierto son territorio abonado para líderes protectores con ideas simplificadoras, esas que tratan de explicar lo que nos pasa con un par de cabezas de turco. Para el populismo, como para el nacionalismo, la culpa la tiene siempre el diferente, sea un robot o un inmigrante.

La incertidumbre no es necesariamente mala en sí misma. Holmes explica que, bien llevada, puede ayudarnos a ser más creativos. En su justa medida, la aversión a la ambigüedad también es necesaria, porque es lo que nos hace tomar decisiones. Si nuestro cerebro no se sintiera incómodo cuando no sabe qué hacer, nos quedaríamos constantemente petrificados. Para calmar ese malestar, necesitamos buscar certezas y, por tanto, ideamos patrones que nos permitan recobrar el control sobre lo que viene. Lo peligroso, por tanto, no es la incertidumbre, sino el exceso de ella. Así como la falta de costumbre y de preparación para gestionarla.

A medida que los pilares del siglo XX se van diluyendo, mucha gente se siente perdida a falta de una explicación sencilla de cómo funciona el mundo. Se acrecienta la sensación de ir a la deriva ante los vaivenes de la sociedad, porque perdemos los anclajes que simplificaban el mundo y nos ayudaban a sentirnos protegidos.

Más realista que esperar a que la incertidumbre se calme es que nos vayamos acostumbrando a vivir en tiempos imprevisibles. En Estados Unidos y Europa, llevamos doscientos años siendo más ricos y tecnológicamente superiores al resto del planeta, pero el ciclo se está acabando y es difícil de digerir. Toda esta incertidumbre es, por tanto, un problema muy occidental. De cómo procesemos todos estos miedos que alimentan las distopías autoritarias que tanto triunfan en las pantallas en los últimos años dependerá que estas sigan siendo imaginarias.

12

La estupidez

De por qué la inteligencia artificial no tiene sentido común y, en realidad, muchos humanos tampoco

Un publicista en bancarrota llamado Gary Dahl se hizo millonario en los años setenta con una de las ideas más absurdas de la historia del capitalismo. Vender piedras. Sí, piedras normales y corrientes. Cantos rodados como los que hay en el parque. Dahl compró un cargamento de piedras lisas a un centavo cada una y en pocos meses revendió millón y medio de ejemplares a 3,95 dólares cada uno. Las Navidades de 1975, todo el mundo quería una de esas rocas. Una Pet Rock. Así las llamó. Literalmente, «piedra mascota». El nombre no daba lugar a engaño. Vendía piedras y la gente las compraba.

La idea empezó como una broma en un bar de Los Gatos (California) en el que Dahl se estaba tomando algo mientras oía a la gente en la barra quejarse de todo el trabajo que le daban sus perros, gatos y demás animales caseros. Pensó entonces que la mascota ideal sería la que no requiriera ningún trabajo ni cuidado. Así fue como se le ocurrió Pet Rock. Una piedra era la compañía perfecta: no necesita que le den de comer, ni sacarla a pasear, ni limpiarla siquiera. La inspiración es otro de esos misterios imprevisibles.

I+d+i (+o+t+a)

Dahl estuvo investigando cómo lanzar su Pet Rock al mercado y dio en el clavo con un envoltorio muy original. Cada piedra se comercializaba en una caja de cartón con agujeros, como si el pedrusco necesitara respirar, y venía en una mullida cama de paja. Parecía un delicado huevo que hubiera que incubar. Traía, además, un manual de instrucciones: «Si, cuando sacas la piedra de su caja, parece nerviosa, colócala en algunos periódicos viejos —decía con sorna el manual—. La roca sabrá para qué sirve el papel y no necesitará más instrucciones. Permanecerá en el papel hasta que lo retires».[1]

Pagar cuatro dólares por un canto rodado todavía suena excesivo en 2020, así que en 1975 debía de ser un pequeño artículo de lujo, tan inútil como caro. Aunque a lo mejor sí que servía para algo: «La gente está muy aburrida, cansada de todos sus problemas», reflexionaba el propio Dahl a la revista *People* buscando razones al éxito imprevisto de Pet Rock. «Los lleva a un viaje de fantasía.» Mucho más elegante como explicación, desde luego, que decir en alto que a veces la gente es tan tonta que te compra rocas que valen un centavo por cuatrocientas veces su valor.

El obituario que *The New York Times* le dedicó a Dahl cuando murió a los 78 años recordaba que el inventor de Pet Rock probó suerte con otros negocios pintorescos, como su kit con arena para cultivar un desierto en casa. Sin embargo, nada le volvió a funcionar tan bien como lo hizo la piedra mascota. ¿Quién hubiera imaginado que la gente pagaría tanto por una simple piedra? Dahl acertó con esta innovación, pero no fue capaz de imaginar ninguna otra osadía semejante que diera en el clavo por más que lo intentó.

Al igual que la estupidez, el éxito también es imprevisible. No se puede calcular. Solo los humanos tenemos el lujo evolutivo de poder actuar de forma estúpida de vez en cuando y en contra de nuestros propios intereses sin, milagrosamente, haber extinguido la especie. Al menos, todavía. También estamos capacitados para lidiar con la estupidez ajena con cierta naturalidad.

Cuando al ñu lo pilla la leona del Serengueti es porque no le ha dado tiempo a huir, no porque se haya propuesto demostrar al resto de ñus lo valiente que es o quiera hacerse un vídeo de la persecución para YouTube. Los ñus no circularían en dirección contraria para ver qué se siente. Tampoco se harían un selfi cerca del león. Los animales actuarán siempre por instinto; las máquinas, según para lo que hayan sido programadas. No pueden perder la razón porque necesitarían haberla tenido antes. ¡La estupidez es patrimonio de la humanidad!

En el nombre del *blockchain*

Muchas ideas absurdas han triunfado a lo largo de la historia y su éxito ha sido tan efímero como desconcertante. Ninguna inteligencia artificial ni el manual de una escuela de negocios podrían haberlas anticipado porque no responden a ninguna lógica previa. Habrá quien piense que tan estúpidas tal vez no eran si acabaron triunfando, aunque a lo mejor el éxito les llegó precisamente por serlo.

La periodista Clarisa Sekulits, experta en *startups* del diario *Expansión,* recibe diariamente en la redacción más de cincuenta propuestas entre correos y llamadas de emprendedores que aspiran a convencerla para que escriba un artículo sobre su revolucionaria idea de negocio. «Son proyectos de todo tipo: lo mismo venden cosmética vegana para animales omnívoros que una app para gestionar la puerta de tu garaje», explica Sekulits. Algunas *startups* plantean «ideas muy enloquecidas», otras son de lo más normales, pero lo absurdo precisamente es que «se venden con un lenguaje sofisticado lleno de términos complejísimos para que parezca que son algo único cuando hay cientos iguales». *Disruptivo* no puede faltar.

Levantar cientos de millones de euros en una ronda de financiación no significa que a la larga ese negocio vaya a ser capaz de rentabilizar un solo céntimo. Sekulits, que además de informar del mundo de la empresa es experta en información financiera, cree que en el mundo de los emprendedores hay una burbuja:

> Nadie va a reconocer que es tonto ni que el emperador está desnudo. Los inversores dicen que ellos son muy avezados y detectan el valor donde lo hay, pero lo cierto es que la mayoría se fía de las modas. Por eso siempre hay cinco o seis palabras que de pronto empiezan a usar todas las *startups* para atraer dinero en sus rondas de financiación. El objetivo de muchas de estas empresas ya no es atraer clientes, sino inversores. Al final, muchos basan su éxito no en la facturación de su negocio en el mercado, sino en cuánto dinero han conseguido en las rondas de financiación. No les hace falta ser rentables para hacerse ricos, solo vender una idea.

No solo pasa en las *startups,* también en la bolsa. En 2018, en pleno *boom* de las criptodivisas, muchas empresas se dieron cuenta de que la palabra mágica que atraía más dinero era *blockchain* («cadena de bloques»), así que decidieron actualizarse.[2] Bueno, al menos su nombre. Tal vez porque casi nadie entendía del todo qué demonios era eso de *blockchain,* bastaba con mentarlo para sonar a la última. Por ejemplo, la empresa Stapleton Capital, dedicada a las telecomunicaciones, cambió su marca por Blockchain Worldwide. ¿Y qué pasó? Se disparó un 189 por ciento en la Bolsa de Londres en un solo día. Ni siquiera necesitó cambiar su modelo de negocio. Bastó con que cambiara el nombre y afirmara a los inversores que tendría en cuenta «las oportunidades de invertir en dicha tecnología».[3]

No es un caso único. En Wall Street, a la biotecnológica Bioptix le bastó con pasar a llamarse Riot Blockchain para revalorizarse en el parqué un 370 por ciento en pocas semanas durante la fiebre por la cadena de bloques.[4] Ya pasó en los años noventa con la burbuja puntocom. Añadir el sufijo *-.com* al nombre de las empresas era uno de los pasos más absurdos y resultones camino del éxito. Hasta que dejó de serlo, claro. Lo predecible es lo que atrae a los inversores en medio de una de estas modas, pero no garantiza éxito en el futuro.

Al menos Pet Rock podía servir para hacer un regalo gracioso, pero hay *unicornios* (así se llaman en el mercado las empresas valoradas en más de 1.000 millones de dólares) que años después de su creación sigue sin estar muy claro para qué sirven. Les basta con haber convencido al resto de que son el futuro. Los mercados, como las modas, no son tan racionales como parecen. En defensa de los fondos, cabe añadir que lo hacen porque hay un exceso de liquidez en el sistema (tipos al cero por ciento y escasez de alternativas rentables a un riesgo razonable). Y en defensa de *blockchain* hay que decir que una cosa es lo innovadora que sea como tecnología y otra los ciclos bursátiles (igual que pasó con internet en los años noventa). Es así como se gestan las burbujas: por un lado, la estupidez humana, sí, pero también por un exceso de inversores con los bolsillos llenos y nada mejor que hacer.[5]

Cómo vender agua del grifo

Al pedirle que elija el negocio más irracional que recuerda, Sekulits elige sin dudarlo mucho el de Craig Zucker, un osado emprendedor que decidió embotellar el agua del grifo de Nueva York. Su éxito es más rocambolesco todavía que el de Pet Rock. Esta *startup* llegó a vender más de cincuenta mil botellas de agua del grifo. La embotellaba en la Gran Manzana y la vendía allí también. ¡Agua de Manhattan! «Ningún glaciar ha sido dañado para fabricarla», explicaba la etiqueta en la que, lejos de esconder la mundana procedencia del producto, el grifo de su casa, aprovechaba para presumir de ella.[6] Se hizo fugazmente famosa hace una década. El secreto del éxito de Tap'd NY, la marca hípster de agua, repito, del grifo, era precisamente llevar a gala ser un producto de consumo local: «Apelaba a algo tan estúpido como la conciencia ecológica de alguien dispuesto a pagar por agua del grifo embotellada... Ponía a prueba hasta qué punto la gente era capaz de comprar algo inútil por quedar en su entorno como un hípster ecológico que está a la última

—cuenta Sekulits, entre risas, al acordarse de este exitoso negocio que vendía a dólar y medio el agua del grifo en botella (¡de plástico!)—. No sé si llamarlo estupidez es excesivo; irracional, desde luego, no».

La idiotez no se puede predecir, pero las tendencias de consumo, sí. Y ahí es donde juega un papel la inteligencia artificial. Lo saben bien en Flamingueo, una *startup* valenciana cuyo éxito se debe en gran parte a un algoritmo propio que detecta cuál va a ser el próximo accesorio inútil con el que la gente va a posturear en Instagram. Si la tendencia empieza a despuntar, apuestan por ella. En 2017, causó furor vendiendo flotadores enormes con forma de flamenco. En serio, eran realmente grandes. Vendieron veinticinco mil unidades en un verano a todos aquellos que querían, en palabras de Emilio Peña, su consejero delegado, «hacerse fotos chulas».[7]

En invierno, lo que mejor les ha funcionado son las mantas acabadas con forma de cola de sirena para darle un toque Disney al sofá. Hay quien ni en pijama desaprovecha la ocasión de un «me gusta» en las redes. Detectar que la manta sirena podía ser tendencia tiene mérito. Es cosa del sistema de inteligencia artificial de Flamingueo, llamado Panorama. Esta plataforma los ayuda a decidir qué producto lanzan cada semana. No siempre aciertan, pero el riesgo es mínimo, porque solo si triunfan escalan las ventas.

El Museo del Fracaso

Las cosas absurdas que van a tener éxito son impredecibles, también lo son la mayoría de los chascos empresariales. Cuando conocí a Samuel West, acababa de inaugurar en la ciudad sueca de Helsingborg el Museo del Fracaso y estaba pletórico. El verano de 2017, este profesor de Psicología en la Universidad de Lund estaba abrumado por el interés internacional que despertaba su proyecto.[8]

Lo que más le sorprendía no era que atrajera a tantos medios. Lo más desconcertante, según me confesó, era ver que de pronto su hija Elsa, de 16 años, estuviera realmente fascinada con el trabajo de su padre. Hacía tiempo que como cualquier adolescente no mostraba ningún interés por casi nada y menos por lo que él hacía. Nunca imaginó que sus pegatinas del Museo del Fracaso, pensadas para atraer a la exposición a empresas e investigadores en innovación, fueran a resultar un éxito entre los amigos del instituto de su hija:

> Será que los chavales ya están cansados de tener que salir guapos en los selfis y de que todo el mundo solo hable de lo feliz y perfecta que es su vida. Los adolescentes saben que en realidad no todo es tan bonito como en los anuncios y en sus redes sociales, así que la idea de un Museo del Fracaso los tiene fascinados.

Aquel pequeño museo se hizo famoso por exhibir decenas de productos que habían fracasado estrepitosamente en el mercado: como la Coca-Cola sabor café, la comida congelada marca Colgate (sí, Colgate) y el boli Bic para mujeres. Tampoco funcionó el kétchup Heinz de color verde que se exhibía en las vitrinas de su museo, ni la agenda electrónica que Apple vendía en los años noventa llamada Apple

Newton, ni la colonia Harley-Davidson (¿quién quiere oler a moto?). El propósito de West no era ridiculizar estos productos fallidos, sino demostrar que la innovación convive con el fracaso.

Una época de invención constante genera, naturalmente, fracaso constante. No es de extrañar que cuanto más medible va haciéndose el mundo, cuanto más *big data* entra en las decisiones empresariales, la ilusión de poder controlar las consecuencias de cada decisión contraste con la fascinación que genera el fracaso. Este solo se explica a partir del margen de error de lo imprevisto.

Cuando hay muchas innovaciones en poco tiempo, debería perderse el miedo al riesgo, porque quedarse quieto es más peligroso. Sin embargo, en innovación, el éxito es lo extraordinario. Por mucho *big data* que le echen, menos del 10 por ciento de las innovaciones de las empresas funcionan en el mercado. «¿Cómo pueden las empresas desdeñar los fracasos si cerca del 90 por ciento de sus innovaciones lo son?», se preguntaba West cuando hablamos de su flamante proyecto. Dos años después de nuestra conversación, entró en bancarrota. El Museo del Fracaso fracasó.

Elogio de la estupidez

La estupidez nunca nos ha faltado. Reconozcamos que no fue muy inteligente por parte de los troyanos dejar que aquel caballo entrara en su ciudad. De la historia se enseñan las gestas, pero debería también aprenderse de la estupidez como factor determinante. Ni siquiera hemos estado libres de ella en la época dorada de la razón: la Ilustración. Etapa insigne donde las haya, estamos acostumbrados a recordarla a partir de los avances filosóficos, de las ciencias y las artes, pero hubo también estupideces francamente memorables. No hay más que asomarse al Versalles de Luis XIV de la mano de Paul Tabori:

> El Rey Sol tenía una fístula, es decir, una úlcera profunda. Se hallaba en un sitio un tanto embarazoso. Después de muchos fútiles intentos de curarla, resolvió permitir una intervención quirúrgica. El trascendental acontecimiento tuvo lugar el 18 de noviembre de 1686, en presencia de madame de Maintenon y de Louvois. La operación fue un éxito..., tanto para el paciente como para los médicos. [...] Es fácil imaginar la tensión y la expectativa que se apoderaron de Versalles antes de la operación, en su transcurso y después. Durante meses fue el único tema de conversación. Quienes padecían la misma dolencia se consideraban muy afortunados. Los cirujanos practicaban en estos felices pacientes *l'opération du roi,* y el propio monarca recibía informes sobre la evolución del enfermo. Se trataba de una extraordinaria distinción, que elevaba al feliz mortal sobre los sombríos abismos de la envidia general. Naturalmente, esta situación tuvo extrañas consecuencias. Muchos que no tenían ninguna fístula acudían secretamente a los cirujanos y les ofrecían grandes sumas para que le practicaran la operación real.[9]

Tres siglos después del ansia por aquella operación versallesca, se ha puesto de moda, no de forma menos estúpida, broncearse el ano. El orificio mismo. Si antes era por

Luis XIV, ahora el honor de semejante inspiración se debe a algún *influencer* de Instagram. En esta red social pueden encontrarse fotos de gente tumbada desnuda bocarriba, con el culo en pompa y las piernas abiertas mirando al sol. Su objetivo, dicen, es absorber la energía solar. Ni que el ano fuera el cargador del iPhone. Una moda «absurda y peligrosa», explicaban los diarios que se tomaron la molestia de entrevistar a dermatólogos para advertir de los enormes (y obvios) riesgos para la piel del *butthole sunning* (toda moda absurda necesita un nombre en inglés).[10]

Hasta la revista *Rolling Stone,* icono de lo *cool* durante más de medio siglo, le dedicó un artículo al asunto para aclarar que no hay base científica que avale los supuestos beneficios de broncearse el ano.[11] Es más, puede producir graves quemaduras, ya que no es una parte anatómicamente pensada para exhibirse al sol. ¿De verdad hay que explicarlo? El futuro pasará por la inteligencia artificial, pero de la estupidez humana nunca vamos a librarnos. Esta también va a darle forma al siglo XXI. No todo van a ser hologramas, algoritmos y *big data.*

No tiene cura

Los tiempos cambian, pero la estupidez permanece, contemos con la tecnología que contemos. Operarse de una fístula inexistente, broncearse el ano o beber agua del grifo embotellada creyéndose muy ecologista es reflejo de una misma realidad: la infinita capacidad de los humanos para inventarnos nuevos problemas y necesidades. Y Versalles prueba que no vale echarle la culpa a Instagram. El filósofo e historiador Lucien Jerphagnon, en su estudio sobre la estupidez, advierte de que esta se manifiesta por doquier y en todo momento, a menudo cuando menos la esperamos. Por ser ubicua e imprevisible es por lo que resulta más inquietante. Además, no parece tener cura:

> Se diría —¿quién no lo ha pensado alguna vez?— que la estupidez disminuye con el saber, como la migraña con una aspirina. Incluso podría esperarse que, bien administrado a lo largo de una educación adecuada, el saber evitara la estupidez, como una especie de vacuna. Sería demasiado bonito. En realidad, a menudo el saber no tiene demasiado efecto en algunas personas, e incluso tiene efectos perversos. Más de un autor nos lo señala, en prosa y, a veces, incluso en verso. Y todavía hay algo peor: peregrinamente engalanada con los conocimientos acumulados, la estupidez puede cobrar mayor lustre y resultar aún más perjudicial.[12]

Según Jerphagnon, todo parece indicar que cualquier ser humano es un estúpido en potencia, o que siempre está a punto de serlo. Incluida la que esto escribe. ¿Seré estúpida yo también? La propia pregunta debería tranquilizarme. Un imbécil nunca dudaría de sí mismo. También habrá quien encuentre las estupideces justificadas. En realidad, hasta operarse de una fístula inexistente puede tener sentido cuando una sociedad recompensa por aparentar. Pero encontrarle explicación *a posteriori* no lo vuelve racional. La necesidad de diferenciarse es voluntaria, pero nos acompañará siempre, con inteligencia artificial o sin ella.

Igual que el éxito y el fracaso, el límite de la estupidez humana también es imprevisible. El economista italiano Carlo Maria Cipolla formuló con gracia y rigor unas leyes fundamentales de la estupidez.[13] Se le ocurrieron mientras estudiaba Economía en la Universidad de Berkeley, en la California de los años setenta, donde tal vez no sea casualidad que por entonces naciera Pet Rock. No le faltaban a Cipolla ejemplos para inspirar su sátira en la cuna de la industria de la banalidad. Estas son, según Cipolla, las reglas de la estupidez.

La primera regla es que siempre e inevitablemente, todo el mundo infravalora el número de estúpidos en circulación. La segunda, que la probabilidad de que alguien sea estúpido es independiente de cualquier otra característica. La tercera, a mi entender, es la más importante de todas para detectarlo: «Un estúpido es alguien que ocasiona pérdidas a otra persona o a un grupo sin que él se lleve nada o incluso salga perdiendo». También recuerda el riesgo de infravalorar el coste de tratar o asociarse con un estúpido. Es más peligroso, incluso, que un bandido.[14]

Para la que Cipolla llama *gente razonable*, es difícil entender el comportamiento irracional. Para los robots, expertos en cálculos y rutinas, inasumible. Entre los impulsos humanos imposibles de prever que más difícil se lo ponen, la estupidez ocupa un lugar privilegiado. No se puede aprender ni prever porque, en esencia, carece de sentido.

Que el mundo esté lleno de estúpidos es algo que, evolutivamente, los humanos acostumbramos a dar por hecho. Lo que no sabemos es si algún día dejará de ser incomprensible para las máquinas. De ello depende que se generalicen en la vida cotidiana avances como la conducción autónoma, por ejemplo. Una carretera está llena de imprevistos porque la gente es tan estúpida que cruza mirando el móvil, aunque con ello se juegue la vida. Ni el ñu ni el coche autónomo irían jamás en dirección contraria, pero el humano sí. Por eso, comprender la estupidez no es un asunto menor para la convivencia con las máquinas. Igual que deberíamos familiarizarnos con las leyes de la robótica de Asimov, la inteligencia artificial necesitará aprenderse las leyes de la estupidez de Cipolla.[15]

El sentido común

Para ser justos, no solo los humanos somos tontos. A veces, las máquinas supuestamente inteligentes también son muy limitaditas, pero eso es por impericia de sus creadores. Aún estamos lejos de lograr que una máquina tenga una inteligencia de tipo general similar a la humana. Puede que nunca llegue a ser posible. Es, sin duda, uno de los objetivos más ambiciosos de la historia de la ciencia.

Hemos visto máquinas increíbles capaces de complejísimos cálculos para salvar vidas con diagnósticos precisos, pero esos mismos sistemas luego son incapaces de desenvolverse en cualquier otra situación por sencilla que sea. Pueden ganar al campeón del mundo de ajedrez y perder a las damas contra un niño de 7 años.

Lo comentaba una vez con Carlos Alsina, director de *Más de uno*. Fue una de las veces que vino a visitarme a 2052, porque uno de los privilegios de poder trabajar en su programa de radio es viajar en el tiempo. En *Más de uno* lo hacemos todas las semanas desde el estudio de Onda Cero para imaginar adónde nos llevará la innovación tecnológica. Aquel día tenía un lío tremendo en mi casa del futuro cuando apareció Alsina. ¡Mari Carmen había metido en el horno al gato del vecino!

Mari Carmen es mi asistente virtual del futuro. Bueno, era. Mejor dicho, será. Qué difícil es conjugar los verbos en varias dimensiones temporales a la vez. Es el cerebro de mi casa futurista imaginaria, un Hal 9000 de andar por casa que encarna cómo podría ser la inteligencia artificial más cotidiana en 2052. Un personaje sarcástico y entrañable, con voz robótica *vintage,* que lo mismo hace la compra con un dron que traduce cualquier idioma o cocina con las recetas de mi abuela. Ese día, sin embargo, algo falló en su sofisticado sistema de inteligencia artificial cuando le pedí para cenar un plato rico en proteínas.[16]

En ese 2052 imaginario, las máquinas son capaces de conversar con normalidad, conducir vehículos, traducir simultáneamente de todos los idiomas... Pueden discutir con los humanos y hasta enamorarse o, mejor dicho, que lo parezca. Sin embargo, hay un último escollo en el desarrollo de la inteligencia artificial: el sentido común. En 2052, probablemente siga siéndolo. En 2020, seguro que lo es.

No es descabellado imaginar una inteligencia artificial del futuro, por sofisticada que sea, que siga siendo incapaz de desenvolverse en cosas muy básicas de la vida que un niño comprendería. El sentido común es una de las cosas más difíciles de resolver, porque antes de entender este mundo, igual que le pasaría a un extraterrestre recién aterrizado, a una máquina hay que explicarle tantas cosas del planeta que no sabríamos por dónde empezar.

Alison Gopnik, catedrática de Psicología de la Universidad de Berkeley y experta en aprendizaje infantil, argumenta que es más difícil para una máquina imitar la capacidad de aprendizaje que un niño tiene de su entorno que el razonamiento de un adulto. Lleva décadas investigando cómo aprendemos los humanos y cómo lo hace la inteligencia artificial, y ve improbable que en el futuro cercano las máquinas alcancen el nivel tan complejo de comprensión del mundo que tiene un niño: «Hasta que resolvamos la paradoja básica del aprendizaje, las mejores inteligencias artificiales no podrán competir con el humano promedio de 4 años.»[17]

Es verdad que con 4 años los niños son malos planificando y tomando decisiones (a lo mejor no entienden que pintar la pared del salón en vez de dibujar en un papel es una mala idea). Sin embargo, antes de los 5 años se produce la mayor cantidad de aprendizaje sobre el entorno sin que los científicos como Gopnik sepan aún explicar cómo. Asimilan los deseos, las emociones y el nombre de cientos de especies de dinosaurios. Un niño aprende, sin darse cuenta, que una persona no puede estar en dos sitios a la vez, por ejemplo, o a diferenciar un gato de un perro y a que las mesas pueden tener una sola pata y seguir siendo una mesa.

Estas pequeñas cosas que explican cómo funciona el mundo es lo que llaman *sentido común* los que trabajan en enseñar a pensar a las máquinas. Nada que ver con el uso de la expresión que suelen hacer los políticos, que, como siempre dice Alsina, alegan que algo es de «sentido común» para justificar cualquier argumento que vaya a darles la razón.

Ramón López de Mántaras, director del Instituto de Investigación en Inteligencia Artificial del CSIC, no necesita viajar al futuro porque le da forma cada día en su instituto de investigación. Aun así, tuvo la amabilidad de venir a *conocer* a Mari Carmen a la radio y, al escuchar la escena del gato, confesó que como académico se había identificado mucho con el problema que teníamos en mi casa de 2052. Este prestigioso experto internacional, pionero de la inteligencia artificial en España, lleva décadas estudiando cómo aprendemos los humanos las cosas más básicas de la vida para luego enseñárselas a los robots. Entre otras cosas, López de Mántaras investiga cómo pueden transmitirles el dichoso sentido común:

> Hay infinidad de cosas obvias que sabemos por nuestras vivencias y experiencias, no porque lo hayamos estudiado en la escuela. Sabemos cómo funciona el mundo. Eso es lo que conforma el sentido común. Esto hace que sea muy complicado dotar a una máquina de este tipo de conocimientos. Las cosas más sencillas son mucho más complejas de enseñar de lo que parece. Hace sesenta años, cuando empezó la inteligencia artificial, se infravaloró este problema, no se pensó en él.

Cuando en los años cincuenta empezaba a desarrollarse la inteligencia artificial, los expertos en computación creyeron que lo más fácil para esta sería identificar lo que nos rodea y comunicarse con ella en un lenguaje natural. Pensaban, sin embargo, que lo más difícil sería enseñarle cosas complejas, como diagnosticar enfermedades o jugar al ajedrez... «Pero ha sucedido exactamente al revés», afirma López de Mántaras, que lleva cuarenta años dedicado al desarrollo de la inteligencia artificial. Lo que al principio les parecía más fácil para las máquinas ha resultado lo más difícil (y viceversa).

Ganar al ajedrez, perder a las damas

Aunque parezca más difícil jugar al ajedrez que reconocer a un gato y saber para qué sirve, lo primero requiere una cantidad limitada de conocimientos mucho más especializados. La inteligencia humana es mucho más versátil y permite resolver miles de situaciones en la vida diaria sin saber bien cómo ni por qué. Los algoritmos son una máquina resolviendo problemas rutinarios, los humanos somos imbatibles resolviendo situaciones en entornos que requieren improvisar conectando problemas de ámbito diverso.

Simplemente, sabemos cómo funciona el mundo. Llevamos miles de años aprendiéndolo. Y lo sabemos sin entender cómo lo aprendimos, gracias a los millones de conocimientos genéricos, tácitos y compartidos que tenemos. Sabemos que el agua cae de arriba abajo; que los vasos se meten en el armario, pero los armarios no se meten en el vaso; que los elefantes no vuelan y que los gatos del vecino no los podemos cocinar. Y sabemos que, salvo en *Amanece que no es poco*, las madres nunca son más jóvenes que sus hijas. Por obvio que sea para nosotros, no lo es para la inteligencia artificial. Y los expertos no saben cómo enseñárselo:

> Ponemos a la máquina en una situación humana para que experimente con objetos a su alrededor —comenta De

Mántaras—. Intentamos que aprenda las relaciones causa-efecto, por ejemplo: si tiro de la cuerda, se mueve el objeto enganchado a ella; pero si en vez de tirar de la cuerda, la empujo, el objeto no se mueve. Si lo repito varias veces, ¿le quedará este conocimiento para siempre? Es algo similar a como un niño experimenta con su entorno. Nacemos programados para ajustar nuestra psicomotricidad e ir aprendiendo a coordinar lo que vemos con lo que hacemos, pero eso es extraordinariamente complejo para las inteligencias artificiales.

Hay que programar y preparar las máquinas con unos algoritmos para que se den cuenta de los resultados de sus acciones y aprendan a partir de ellos. Pero, de momento, estamos hablando de inteligencias simples. Es decir, solo saben hacer bien una única cosa. No son inteligencias generales como las nuestras. Hasta ahora, todos los avances logrados en la inteligencia artificial son de este tipo. No tienen la versatilidad de la inteligencia humana. Cualquier jugador humano de ajedrez podría aprovechar sus conocimientos para, en pocos minutos, aprender a jugar a las damas. Una máquina, no. Y que, al hacer una tarea, se les olvide la anterior es una importante limitación de los sistemas de aprendizaje profundo: es el llamado *olvido catastrófico*. Es decir, la inteligencia artificial carece de la capacidad de *aprender* en el sentido humano.[18]

Para que las máquinas puedan reaccionar a situaciones cotidianas e imprevisibles les hace falta el sentido común. Lo malo es que se compone de un número infinito de ingredientes. «Dado que necesitarán adquirir un número prácticamente ilimitado de conocimientos, estos sistemas deberán ser capaces de aprender de forma continua a lo largo de toda su existencia», explica De Mántaras. Aún no sabe cómo lograr tal cosa.

Entender que el gallo canta porque sale el sol, y no viceversa, todavía es muy complicado de deducir para un sistema de inteligencia artificial. Otra de las principales barreras de una máquina es la de no tener cuerpo. La percepción sensorial y motora es fundamental en la adquisición de conocimientos, y la comprensión del entorno es crucial para una inteligencia general. Sin sentido común, el mundo en su conjunto se vuelve incomprensible. Tal vez las máquinas no podrán llegar nunca a desarrollar una inteligencia así sin un cuerpo con el que interactuar con el mundo y llegar a sentirlo. No todo va a ser calcular, para conocer tal vez haya que sentir.

Es por eso que a Alison Gopnik, la experta en teoría de la mente, no le parece que haya base científica para la visión ni apocalíptica ni utópica de una inteligencia artificial que reemplace a los humanos. La estupidez natural representa un peligro mucho mayor para el futuro de la humanidad que la inteligencia artificial.

Captchas para tontos

Tan listos no seremos si cada vez es más difícil demostrar que somos humanos. No hay más que intentar pasar una de esas preguntas de seguridad que a veces ponen las páginas web pidiéndonos que confirmemos que no somos un robot. Suelen pedir que marquemos las casillas en las que vemos un coche, un semáforo o una flor. Debería ser algo rutinario, pero se nos están complicando demasiado esos *captchas* (acrónimo de *completely automated public Turing test to tell computers and humans apart*). En esta adaptación del test de Turing para diferenciar humanos y máquinas empiezan a ganarnos ellas.[19]

Los *captchas* están pensados para frenar a los robots que esparcen *spam* por la web, pero como cada vez son más listos, se complica darles esquinazo. A principios de los años 2000, era suficiente deformar un poquito la imagen de una palabra o unos números y pedirle al humano que transcribiera lo que ponía para descartar al robot. Ahora está llegando a un nivel de sofisticación el retorcimiento de las imágenes que cada vez que Google me pide que demuestre que soy humana me da miedo no estar a la altura.

El aprendizaje automático está sofisticándose tanto que también a quienes crean los *captchas* les empieza a ser complicado dar con un rompecabezas en el que los humanos seamos mejores que las máquinas que se intentan hacer pasar por nosotros. Google no puede seguir complicando las pruebas demasiado, porque tienen que ser accesibles al humano promedio en el que, inteligencias al margen, abunda la presbicia. De ahí que el enfoque esté cambiando, porque las pruebas no se pueden seguir complicando indefinidamente a medida que los robots aprenden. Amazon tiene una patente que incluye ilusiones ópticas y acertijos que los humanos suelen fallar, pero los robots aciertan.[20] La forma de pasar este test de Turing y demostrar que uno es humano es, precisamente, dar la respuesta incorrecta. Equivocarnos empieza a ser nuestro hecho diferencial.

«Por todo ello —como decía Erasmo de Róterdam al terminar su *Elogio de la locura,* uno de los primeros manuales sobre la estupidez humana escrito hace cinco siglos—, ¡salud, celebérrimos devotos de la sandez, aplaudid, vivid y bebed!» Esto sí que tardarán mucho en aprenderlo a hacer las máquinas. Puede que algún día lleguen a superar la inteligencia humana. Aunque para que eso se produzca no es imprescindible que sea la inteligencia artificial la que se vuelva más lista.

13

El humor

De por qué las máquinas no se ríen de los chistes, pero van a fabricarlos, y cómo la ironía puede salvar el mundo

Alexa y Siri saben contar chistes, pero no los pillan. «Los robots no necesitan el humor, nosotros sí», me explica Christian Hempelmann, un prestigioso lingüista computacional que lleva veinte años dedicándose a investigar la relación entre las máquinas y el humor. En 2003 se doctoró, atención, en Fonología Computacional (es decir, en juegos de palabras para máquinas). Y después de pasarse lo que va de siglo y parte del anterior investigando el humor, Hempelmann defiende lo más sorprendente que le he escuchado decir en los últimos años a un experto en inteligencia artificial.

Sean especialistas en el ámbito de la salud o de la ingeniería aeroespacial, quienes trabajan con máquinas inteligentes siempre suelen presumir de lo mucho que en este siglo se ha avanzado en inteligencia artificial. En el siglo XX, cuando ni los coches se conducían solos ni los móviles sabían hablar, se necesitaba un superordenador de 12,7 toneladas para ganar a Kaspárov al ajedrez. Viendo dónde estábamos hace un par de décadas y dónde estamos ahora es cuestión de tiempo, suelen decir los expertos, seguir derribando fronteras que en este momento nos parecen imposibles.

Según Hempelmann, sin embargo, con el humor pasa exactamente lo contrario que en el resto de las disciplinas de aprendizaje automático: «Lo más extraordinario en todo este tiempo es la falta de progreso», me confiesa en una videoconferencia desde el Laboratorio de Tecnología de Semántica Ontológica de la Universidad de Texas. Vernos por Skype tampoco hubiera sido posible hace veinte años. En este tiempo la inteligencia artificial ha aprendido a crear obras de arte al estilo de los genios de la pintura (Microsoft generó un nuevo Rembrandt),[1] a reconocer los versos de Shakespeare y hasta se ha atrevido a completar la *Décima sinfonía* de Beethoven.[2] Todavía no consigue, sin embargo, ser graciosa.

¿Cuánto vale un chiste?

Una de las razones por las que las grandes tecnológicas están muy interesadas en dotar de algo así como el sentido del humor a las máquinas es por lo rentable que resultaría. Pocas armas son tan poderosas comercialmente como la capacidad de hacer reír. Es un método infalible de seducción mental porque nos hace bajar la guardia. Cuántos negocios (y cuántos polvos) habrán empezado gracias a unas risas. De ahí que las empresas estén tratando de lograr que los asistentes virtuales nos pillen el tranquillo del humor. Hacer reír ayuda a vender más, que es, al fin y al cabo, la misión de Alexa.

En 2017, Amazon presentó una especie de estilista de

inteligencia artificial. El Echo Look era un altavoz de Alexa, equipado además con cámara, pensado para recomendar combinaciones de ropa. Además, sus desarrolladores se plantearon programar la cámara para que se encendiera automáticamente cuando un usuario le pidiera a Alexa que hiciera una broma. El objetivo de la empresa era grabar un vídeo de la cara del usuario y evaluar si se estaba o no riendo. Amazon, finalmente, archivó esa tecnología de reconocimiento facial.[3]

Además de una dilatada experiencia universitaria en el procesamiento del lenguaje natural, Hempelmann ha trabajado como director científico en varias empresas interesadas en que las ayude a encontrar la manera de automatizar la comicidad. Lograr que los asistentes de voz mejoren su sentido del humor, más allá de contar chistes enlatados, es fundamental para convertirlos en buenos conversadores. El humor es algo natural en las relaciones humanas, nos sale sin darnos cuenta y cumple una función social primordial, porque forja vínculos emocionales. «Si inyectamos humor en las máquinas, podemos lograr que se parezcan más a los humanos», afirma el experto en computación.

Las máquinas capaces de identificar el humor ayudarían también a rastrear mejor las conversaciones en redes sociales. Igual que ya se entrenan algoritmos para identificar discursos de odio, también interesa saber qué mensajes se han escrito en serio o en broma. Reconocer cuándo algo es gracioso y cuándo no también podría ser muy rentable para las productoras de cine y de televisión. Las ayudaría a automatizar una preselección rápida de guiones e incluso a escribirlos. En ello están. Warner ya utiliza inteligencia artificial para el proceso de selección de nuevas películas, actores y adaptan las historias en función de lo que el algoritmo prevé que vaya a ser más taquillero.[4]

Un científico se sube a un árbol...

El humor es lo más difícil de interpretar. ¿Por qué las máquinas aún no logran hacernos reír? Tras una vida dedicada a analizar el humor para enseñárselo a las computadoras, la conclusión de Hempelmann es rotunda: «Algo hemos avanzado, sí, pero también alguien que trepa un árbol puede decir que está más cerca de la luna y, aun así, desde esas ramas, nunca llegará hasta ella —responde filosófico—. Ahora mismo, en las investigaciones sobre el humor y la inteligencia artificial, estamos ahí: en la copa del árbol».

Si esta disciplina avanza más despacio que ninguna otra en la app de la inteligencia artificial es, en parte, por la propia dificultad de entender qué es el humor. Los humanos llevamos desde Aristóteles filosofando sobre ello y aún no está claro qué nos hace reír ni por qué. Y lo que no se puede medir no se puede calcular. «El humor exige reconocer la enorme complejidad del cerebro humano —explica en *Ja* Scott Weems, un neurocientífico cognitivo estudioso de la risa—. Si el cerebro fuera una forma de gobierno, no sería una dictadura ni una democracia. Sería una anarquía.»[5]

Esta metáfora del caos expresa que en el cerebro humano conviven varias ideas en conflicto que compiten por nuestra atención, y es cuando tratamos de sostener varias ideas contradictorias a la vez cuando al cerebro se le ocurre reírse. El humor surge a menudo de la ambigüedad y la confusión. Las máquinas, cuando encuentran dos elementos en conflicto, pueden bloquearse. Los humanos, sin embargo, dice Weems, utilizamos esa confusión para generar soluciones novedosas. «El humor es nuestra respuesta natural para vivir en un mundo lleno de conflictos», sostiene el científico.

La barrera para las máquinas no está solo en aprender a generar humor, también a entenderlo. Entrenar máquinas para discernir qué frase o escena es graciosa y cuál no es aún más difícil para los lingüistas computacionales que armar un algoritmo que genere chistes. La ironía y el sarcasmo son especialmente difíciles de detectar. La ambigüedad y el conflicto son la pesadilla del pensamiento computacional y la base del humor.

Indalecio y los chistes asesinos

No sería fácil explicarle a una inteligencia artificial un monólogo de Gila. Ni por qué nos resultaba tan gracioso el genio español del humor cuando contaba, por ejemplo, las bromas de los mozos de su pueblo. Como esa en la que engañan al Indalecio para que suba a un poste de alta tensión y, al tocar el cable, el joven muere electrocutado en el acto: «El pobre nos creyó cuando le dijimos que era la cuerda para tender la ropa —contaba Gila riéndose—. Hasta su padre nos felicitó: "Me habréis dejado sin hijo, ¡pero me he reído...!"».

Enseñar humor a los sistemas de inteligencia artificial puede incluso llegar a ser peligroso. Si no entienden bien cómo funciona, nos arriesgamos a que usen lo aprendido de manera inapropiada. Lo advierte Hempelmann: «Quizá una inteligencia artificial que no comprenda el humor se equivoque intentando hacer reír y comience a matar gente pensando que va a ser gracioso». Lo dice en serio. A saber lo que harían los robots con el pobre Indalecio.

De momento, los errores que cometen algunos algoritmos programados para fabricar chistes son mucho más básicos. Hempelmann desarrolló un sistema que aprendía a base de analizar millones de chistes como modelo para generar otros parecidos. El resultado fue desastroso, porque la máquina acabó escribiendo burradas racistas y sexistas. Y lo que es peor, sin gracia. A este paso llega antes el consenso internacional para impedir que la inteligencia artificial genere chistes ofensivos que para frenar los *killer robots*.

La fórmula del humor

El caso es que el humor está atrayendo la atención de académicos en todo el mundo precisamente por el enorme reto que plantea. También, claro, por lo rentable que promete ser lograrlo. Uno de los experimentos más celebrados en el humor automático es el de una doctora en Ciencias de la Computación de la Universidad de Nueva York, experta en aprendizaje automático y lenguaje natural. He He investiga cómo enseñar a los bots a hacer chistes. En efecto, se llama He He e investiga cómo hacer reír, en serio, aunque su nombre, de origen mandarín, no se pronuncia como sonaría ni en inglés ni en español, sino algo más parecido a «ho ho».

El caso es que He ha diseñado una inteligencia artificial

para hacer juegos de palabras en la Universidad de Standford, alabada por la revista *Wired* no por divertida, pero sí por lo prometedor de esta fórmula, que quizá marque el camino para que «pueda llegar a serlo en un futuro».[6] Es a lo más alto del árbol que llegan hoy los investigadores para acercarse a la luna.

El objetivo de He es construir una máquina con la que hablar resulte natural y divertido. Un bot que no solo nos dé el tiempo, las noticias o el resultado del último partido de fútbol, sino que pueda hacer bromas en medio de una conversación. De momento, solo le salen juegos de palabras homófonas de esos que uno pediría perdón al contar en alto. Uno de los chistes generados automáticamente por la máquina de He que destaca *Wired* es la frase de un galgo que no sabes si va a cazar o a la peluquería, porque juega con la confusión entre la palabra *hair* («pelo») y *hare* («liebre»).[7] Traducido no tiene gracia. En inglés, en realidad, tampoco mucha. Pero por algo se empieza.

Para medir el éxito de su máquina, es decir, cómo de divertidas son sus frases, He He lo sometió a la votación de un grupo de voluntarios que puntuaban qué juegos de palabras les parecían mejores. Aparecían mezclados los chistes escritos por la red neuronal y otros generados por humanos. La máquina solo ganó el 10 por ciento de las veces.

He He espera que evolucione hasta que llegue a ser una red neuronal realmente divertida y capaz de crear diálogos e historias originales. La novedad de su sistema es que no aprende de una larga lista de juegos de palabras para generar otros. Como quiere que sean novedosos, espera producir tensión cómica en una frase basándose en una fórmula matemática que trata de medir el factor sorpresa, fundamental en el humor.

Roger Levy, director del Laboratorio de Psicolingüística Computacional del MIT, también estudia el humor y la sorpresa. Esta se puede analizar en los humanos midiendo los movimientos del ojo. En las máquinas se calcula por la probabilidad de que una palabra aparezca en un contexto determinado. Cuanto más improbable es la asociación, más sorprendente. Por eso algunas líneas de investigación aspiran a que las máquinas puedan ayudar al humor humano a ser más imprevisible generando asociaciones insospechadas. El criterio estadístico, sin embargo, obviamente no garantiza la diversión.[8]

Los juegos de palabras son el nivel más básico del humor verbal y el primero que las máquinas están aprendiendo, utilizando fórmulas combinatorias con más o menos acierto. Lingüistas e ingenieros, como Julia Rayz, científica de la computación de la Universidad Purdue (Indiana), las entrenan con millones de palabras para que detecten dónde puede haber una coincidencia. Rayz lleva quince años buscando patrones en los chistes que funcionan y estudiando el trasfondo matemático de los juegos de palabras para luego enseñárselos a las computadoras. Entre sus experimentos, ha proporcionado a los algoritmos frases divertidas y otras que no lo son para ver si son capaces de detectar los chistes.[9] Todavía no es fiable, pero sostiene que también «se puede aprender mucho de la forma en que las computadoras no entienden el humor».[10] Tal vez, después de todo, gracias a la limitación de las máquinas comprendamos mejor el pensamiento creativo.

Tampoco los humanos tenemos a veces claro qué es gracioso y qué no lo es. Lo sabe bien Carmen Aguilera, directora de *El intermedio,* que está al frente de uno de los formatos humorísticos más exitosos en España. Este informativo diario de La Sexta, que lleva catorce años conjugando la actualidad y el humor, cuenta con unos treinta profesionales y en él conviven los periodistas que elaboran la información con los guionistas encargados de buscar el lado cómico de la actualidad. Estos trabajan en parejas durante la mañana para escribir los chistes. Se reúnen a las cinco de la tarde para la puesta en común y no siempre hay consenso. «Siempre decimos que hay que huir de los pensamientos automáticos, de la primera opción, del juego de palabras que se le ocurre a todo el mundo —explica Aguilera—. Pero cuando surge una idea realmente divertida, en seguida nos miramos todos a los ojos. No sabes por qué, pero una buena idea todo el mundo la reconoce.»

Enseñarle a un sistema artificial todos los tipos de humor que hay, que son muchos, es tremendamente complicado. El humor puede ser absurdo, satírico o grotesco. Puede ser verde, blanco o negro. Y lo que le resulta divertido a un humano puede no serlo para otro. Si no, en *El intermedio* no necesitarían tantas reuniones para discutirlo. Lo que hace gracia varía según las zonas, las edades y hasta el género. Y lo que era divertido en una década puede dejar de hacer gracia en la siguiente. Así que no basta con meterle a una máquina veinte mil chistes para que se los aprenda, porque la mayor parte de las palabras no significan lo que parece. Aunque si llegara a inventarse una máquina que hiciera buenos chistes, Aguilera reconoce que, igual que ya utilizan un *software* de *deepfake* para caracterizar algunas imitaciones, le daría una oportunidad: «El filtro final de lo que es gracioso y de lo que no supongo que siempre lo hará una persona del equipo, pero para unas prisas, no te digo que nos viniera mal la ayuda», bromea.

De la matriz a la servilleta

Todos estos *papers* en los que neurolingüistas, ingenieros y expertos en ciencias cognitivas analizan el humor están llenos de matrices, gráficos y ecuaciones. Así tratan de desentrañar el secreto del humor. Sus máquinas analizan miles de millones de combinaciones de palabras que tratan de aplicar el *big data* al misterio de la comedia. Sin embargo, el misterio de por qué unas frases son más graciosas que otras todavía se les resiste. Más difícil que volar aviones y detectar tumores es pillar una ironía.

Hay otra fórmula para anotar las claves del humor en la que no hay gráficos ni derivadas. Está en los garabatos con los que el humorista español Leo Harlem apunta las ideas de sus monólogos. Nada que ver con las matrices de los neurolingüistas. A veces, simplemente, anota las ideas que se le ocurren en una servilleta del bar donde toma el aperitivo con amigos, y no sería la primera vez que luego la pierde. El caos también es parte del proceso creativo en los humanos que una inteligencia artificial no se puede permitir.

La idea para uno de los monólogos más exitosos de *El club de la comedia,* en el que Leo Harlem parodia la moda de la cocina moderna («¡esto no es minimalista, esto está sin amueblar!»), la escribió tomando unas pocas notas en un tren de Orense a Madrid. «Salió fácilmente», me dice mientras nos comemos un pincho de tortilla teorizando sobre el origen del humor. Afortunadamente para los más de 4 millones de espectadores que han disfrutado su actuación en YouTube, aquella vez no perdió el papel.

«Una buena idea puede estar en cualquier sitio», afirma el humorista. Harlem reconoce que puede ser desordenado en su método, pero le ayuda su buena memoria. «Tener facilidad de palabra y un buen archivo mental resulta fundamental para relacionar conceptos y que se te ocurran comparaciones graciosas. Si no, te sale algo previsible.» Y al igual que los neurolingüistas con los algoritmos, él también busca el factor sorpresa.

La memoria es fundamental para nutrir la imaginación. Sirve de argamasa para que brote una nueva idea. Sin embargo, sabemos que ese archivo mental puede ayudar en el oficio, pero no es la clave del humor. Si no, las máquinas, que pueden procesar toneladas de guiones y entrenar a sus redes neuronales con millones de chistes, sabrían cómo hacernos reír mejor que nadie. El problema es que para escribir primero hace falta tener algo que decir. Y las computadoras no lo tienen.

¿De dónde viene la inspiración? «De la vida real, sin duda», me dice muy serio dando un sorbo a su café mientras comenta que la moda del blanqueamiento anal le recuerda a un mandril de Madagascar. Las palabras con muchas *aes,* me explica, siempre son más graciosas. «No me vas a comparar un kiwi —dice cerrando mucho la boca para abrirla mucho después— con una man-za-na.» Al robot le pega más decir *kiwi*. A estas alturas ya he perdido el hilo...

> Lo importante es ser creíble —teoriza el cómico—. Yo tengo que hablar de lo que conozco, de lo que veo. Y para eso hay que observar mucho la vida. Voy en el metro y pienso... «¿Por qué la gente ha dejado de llevar calcetines?» Pues ahí tienes un tema. Llevan el plumas, los guantes y la bufanda porque tienen frío, pero van sin calcetines. ¿Me lo puedes explicar? El ser humano es una fuente inagotable de inspiración.

Como los robots no sienten frío ni van en metro, difícilmente encontrarían en él una fuente de inspiración. Tampoco sonaría creíble una máquina quejándose de haberlo padecido, como hace Leo Harlem en otro de sus monólogos más célebres (con 10 millones de visualizaciones) cuando cuenta el día que en la estación del AVE de Zaragoza vio un pingüino untándose anticongelante.

El cómico, además, se enorgullece de llevar una vida todo lo analógica que puede. Fe de ello da su teléfono Nokia sin internet (ni WhatsApp) que lleva en el bolsillo. «Si en vez de mirar el mundo, vas viendo una pantalla, no te enteras de lo que pasa a tu alrededor, que es la materia prima del humor», concluye Harlem mientras acaba la tortilla.

El contexto

No solo no tienen frío. Las computadoras no tienen miedo a la muerte, ni comen, ni tienen hijos. Eso les impide establecer prioridades y saber lo que es importante para la vida. En palabras del filósofo Ramón del Castillo, profesor de Filosofía Contemporánea y Estudios Culturales de la UNED, «solo alguien que está en el mundo puede entender un chiste».

Los filósofos llevan miles de años tratando de explicar por qué nos reímos. Del Castillo me lo explica citando a Platón, Henri Bergson y Ludwig Wittgenstein, pero lo resume con un ejemplo mucho más sencillo sobre la risa de los bebés:

> ¿Por qué antes de aprender a hablar ya saben reírse? Porque ya sienten muchas cosas, como miedo y alivio. Desde niños ya nos hacen gracia algunas situaciones que no sabemos explicar: como que algo pequeño pueda a lo grande. Para reírte necesitas saber lo que es la indefensión, el dolor, la decepción, el susto, la frustración, el orgullo... El humor se alimenta de emociones. Un algoritmo puede llegar a producir chistes lógicos y lingüísticos, pero, sin experimentar ciertas cosas, es difícil que una inteligencia artificial comprenda otros tipos de humor muy humanos.

Es además importante conocer las normas sociales del entorno para que el humor funcione. Cualquiera que haya fracasado contando un chiste en el contexto equivocado se identificará con la explicación que de ello daba el propio Wittgenstein, que además de filósofo era lingüista y matemático. Puede que su reflexión les sirva también de ayuda en el futuro a los robots:

> ¿Qué supone para las personas no tener el mismo sentido del humor? No reaccionan debidamente entre sí. Es como si

> fuera una costumbre entre ciertas personas que uno le lanzara una pelota que se supone que debe coger y devolver, y algunos, en lugar de devolverla, se la guardaran en el bolsillo.[11]

Aunque a veces los humanos nos sentimos fuera de sitio (no hay más que probar a contar un chiste en otro idioma), nada que ver con lo perdidas que están las máquinas. Ellas no es que no entiendan el contexto, es que carecen de él. Cuando contamos un chiste a otro humano, aunque no le conozcamos de nada, no le tenemos que explicar que un caballo que habla es gracioso porque los caballos no hablan. Al *machine learning*, sí. Para que un sistema entienda el absurdo habría que enseñarle antes todo lo que no lo es. Hasta el humor más incongruente necesita que exista la congruencia. Y ya sabemos lo mal que se les da a los robots el sentido común. Sin contexto no hay humor. Porque una guerra puede ser un drama o un chiste dependiendo de cómo y dónde se cuente. La comedia se crea en conexión social con la audiencia.

En serio sí que saben debatir

Aunque la comedia se le resista, el aprendizaje automático avanza a pasos agigantados en la escritura. Un tercio de las noticias de *Bloomberg News* ya están escritas con la ayuda de reporteros robots. El sistema que utiliza, conocido como Cyborg, puede extraer los hechos esenciales de los estados financieros para escribir noticias básicas en tiempo real. En realidad, seguramente las escriben para que luego esas noticias las lean otros robots antes de invertir. Manejan el mercado, pero no la ironía.[12]

En España, RTVE ya está implantando un sistema automático de elaboración de artículos deportivos para los partidos de segunda división B de fútbol, con inteligencia artificial en vez de periodistas. Existe la preocupación de que, si se perfeccionan las máquinas automáticas de escritura, como la que, por cierto, ya ha aprobado John Seabrook en la revista *The New Yorker,* inunden internet con conversaciones semicoherentes y acaben hablando entre ellas, desparramando mensajes de odio y aumentando (aún más) las noticias falsas y la confusión. ¿Podría una nueva generación de bots apropiarse de la conversación en las redes, como ya lo hacen en los mercados?[13] Al menos, ya sabemos que la mejor manera de diferenciar a los humanos de las máquinas seguirá siendo el humor. Y a los humanos que merecen la pena de los demás.

IBM, la empresa que hace veinte años demostró que era posible ganar a los humanos al ajedrez, quiere ahora demostrar que también es posible ganarlos en un debate. Project Debater es la primera inteligencia artificial que puede debatir con humanos sobre temas diversos. Igual que las máquinas ahora entrenan a ajedrecistas en jugadas complejas, Project Debater está pensado para ayudar a desarrollar argumentos complejos y tomar decisiones bien informadas. La máquina ya ha competido en San Francisco con Harish Natarajan, el campeón mundial de debate.

La máquina es un monolito de unos dos metros de altura y una luz azul parpadeante (que en realidad es totalmente innecesaria, pero que ayuda al público a mirar a algún sitio cuando habla), es capaz de utilizar los 400 millones de entradas de su base de datos para generar argumentos, extraídos de libros, periódicos y revistas, para discutir sobre cualquier asunto. El objetivo, a diferencia de cuando *Deep Blue* se enfrentaba a Kaspárov, no es tanto vencer al humano con el que se enfrenta como mostrar las diferentes fortalezas de ambos. La máquina maneja mejor la información; Natarajan, el contexto y las preferencias de la audiencia.[14]

El objetivo de esta inteligencia artificial no es sustituir a tertulianos y políticos, aunque nunca se sabe, sino ayudar a generar mejores argumentos a los humanos que necesiten ser persuasivos en algún asunto. Según IBM, Project Debater va a los debates sin guion, con la única excepción de alguna broma que lleva escrita para soltarla en algún momento que vea apropiado. El sistema es capaz de elaborar argumentos complejos sobre las ventajas y desventajas de una sanidad pública o argumentar a favor y en contra de la propia inteligencia artificial con los alumnos más brillantes de Cambridge. Pero solo sabe hablar todo el rato en serio y no entiende las ironías de sus contrincantes. Tampoco consigue escoger bien el momento de soltar el chiste que lleva preparado.

Los inhumanos

Cuanto más se desarrolla la faceta artística de la inteligencia artificial, más evidente es la limitación que el humor supone para ella. Google tiene toda una división dedicada a explorar la creatividad, tanto en la música (Magenta) como en la generación de arte visual, que está haciendo enormes progresos; Sony tiene Flow Machines, e IBM, Watson Beats.

Que haya máquinas que componen música no es nada nuevo. En la década de 1950, el compositor Lejaren Hiller usó una computadora para producir la suite *Illiac* para un cuarteto de cuerdas, la primera partitura generada por computadora. Pero es en los últimos años cuando la inteligencia artificial para componer música ha dejado de ser una curiosidad académica para convertirse en negocio.[15]

Igual que hay sistemas de inteligencia artificial capaces de componer música copiando el estilo de Mozart o Beethoven,[16] también hay redes neuronales capaces de crear su propio estilo musical. En 2017, la *startup* londinense Jukedeck empezaba a despuntar por su algoritmo, cuya música era indistinguible de la que podrían componer músicos profesionales. Su negocio era vender música de fondo para anuncios, vídeos o juegos a un precio muy inferior al que costaría contratar a un artista humano. Viendo el filón, el gigante tecnológico ByteDance, valorado en más de 75.000 millones de euros, compró dos años después esta *startup*. Es el grupo chino propietario de la red social TikTok, descargada más de 1.000 millones de veces, que permite crear, editar y subir videoselfis musicales de quince segundos que enloquecen a los adolescentes. La tecnología de Jukedeck permitirá a los usuarios incorporar el tipo de música que deseen en cada momento, recién compuesta por un algoritmo.

La discográfica Warner firmó su primer contrato con un algoritmo en 2019. Bueno, técnicamente lo firmó con Endel, la empresa alemana propietaria de este sistema de inteligencia artificial capaz de componer la música que quiera el usuario en función de su estado de ánimo. Sus canciones están disponibles en Spotify y suenan como el tipo de música que llena las listas recomendadas para escucharse de fondo durante ratos de estudio. También Google (con Magenta) y Amazon (con DeepComposer) están impulsando sus plataformas de inteligencia artificial capaces de generar música. Algunos de sus sintetizadores permiten a músicos humanos experimentar y crear nuevos sonidos. Google insiste en que los artistas lo vean como un apoyo a la creación, no como una amenaza. Pero el filón para los gigantes tecnológicos que apuestan por estas redes neuronales para aprender cómo funciona la creatividad humana es llegar a imitarla de forma automática.

La próxima vez que pidamos a Alexa que cuente un chiste sabremos que no se lo ha inventado ella. Pero si se le encarga poner música relajante o algo de piano, ya no sabremos si las melodías las ha compuesto o no un humano. Y para Amazon, que aspira a predecir los gustos de sus usuarios, la ventaja de componer sus propias melodías es que todo queda en casa. Sus robots no cobran derechos de autor.

Podríamos ahondar en la disquisición filosófica de si lo que hace un robot, como el Rembrandt que *pintó* Microsoft, puede o no ser considerado arte, porque cada vez imita mejor al humano. Pero de lo que no hay duda es de que todavía no saben hacer humor. Un robot podría sustituir a un músico, a un escultor o a un escritor, pero es improbable que deje sin trabajo a un cómico.

Nadie aplaude a los robots

Recuerdo haber visto en una feria tecnológica unos brazos mecánicos de la empresa china ZTE actuando en un escenario montado en medio de un pasillo. Los robots tocaban solos una batería y un piano de cola. Resultaba curioso observar cómo tocaban las teclas y los platillos esos brazos articulados con el aspecto de los de las líneas de producción de coches. Decenas de personas se paraban a grabar con sus móviles el concierto robótico mientras golpeaban los instrumentos con precisión los tres o cuatro minutos que duraba el espectáculo.

Sin embargo, cada vez que terminaba la función, sucedía algo curioso. Mejor dicho, no sucedía nada. El corrillo formado para grabar el concierto simplemente se dispersaba en silencio. Al acabar la música, nadie aplaudía a los robots. Aplaudir necesita que brote una emoción que sabemos que las máquinas no transmiten ni van a agradecer. Un aplauso sincero es también una muestra de admiración y agradecimiento por un esfuerzo o un logro que en el caso de las máquinas no consideramos tal. Del mismo modo que tampoco aplaudimos al microondas por calentarnos el café ni a la tele por ponernos el telediario o a Google por darnos la respuesta que buscamos. Simplemente entendemos que es una máquina programada para ello.

Para los humanos sobre el escenario, sin embargo, el aplauso lo es todo. El cómico Agustín Jiménez empezó haciendo teatro clásico antes de dedicarse a los monólogos. También trabajó de mimo con Tricicle. Sabe lo importante y difícil que es lograr un aplauso. Y para conseguirlo, me dice, la gestualidad es fundamental en el escenario:

> La comedia tiene mucho que ver con la música. Hasta la duración de la pausa entre una frase y otra es la diferencia

entre lograr o no una carcajada. Si no te paras lo suficiente, no se ríe nadie, y si te pasas de largo puede quedar patético. Y si eres lo suficientemente patético, ya vuelve a ser cómico.

Él ha sido ilusionista, algo que está convencido de que le ayuda mucho a llenar el escenario, porque «la gente no sabe por dónde vas a salir y la sorpresa es fundamental». Ha llegado en los escenarios a la misma conclusión que Scott Weems, el neurocientífico cognitivo, estudiando la mente humana:

> La comedia es un cortocircuito que le produces al cerebro, que pensaba que ibas a ir por un sitio y vas por otro. Pero no importan solo las palabras, el cuerpo entero te acompaña para conectar con el público.

Lo que un cómico entiende por *conectar* es muy diferente a lo que entiende una máquina. Aunque no es capaz de hacer más gestualidad que la de un Airgam Boy, ya hay sobre los escenarios un robot humorista. Es la pareja cómica de Piotr Mirowski, un ingeniero computacional que trabaja en DeepMind (la división de inteligencia artificial de Google) y se dedica a la comedia en sus ratos libres. Mirowski ha creado un espectáculo junto con un pequeño androide que él mismo ha entrenado en lenguaje natural, alimentándolo con los subtítulos de más de cien mil películas.[17] *A. L. Ex*, así se llama el robot (iniciales de Artificial Language Experiment), genera las respuestas que considera más acordes con el diálogo que en cada momento va planteándole el público a Mirowski, que nunca sabe por dónde va a salir la máquina.[18]

Las conversaciones con *A. L. Ex* sobre el escenario son bastante surrealistas, a veces incluso el público ríe, pero el mérito es del humano y no de la máquina. No solo porque sea él quien ha programado al pequeño compañero que sostiene con su mano derecha en el escenario (aunque la puesta en escena recuerde a Doña Rogelia, se parece más a un Power Ranger). También porque es Mirowski quien actúa con los reflejos de dotar de intención cómica las respuestas aleatorias que da la máquina.

Según explica el propio Mirowski, es como trabajar con «un cómico totalmente borracho sobre el escenario».[19] Es decir, el robot resulta gracioso, pero no lo sabe. Aunque reconoce que el humor de *A. L. Ex* es accidental, el ingeniero sostiene que le resulta útil para poner a prueba su improvisación. Como si fuera un tenista que entrena sus golpes con un lanzador de bolas, es la máquina la que desafía su capacidad de respuesta en el escenario.

Los robots no tienen la capacidad de entender cuándo han dicho algo divertido, inapropiado o provocador. Lo que, en el mejor de los casos, los convierte en algo de lo que reírse, pero sin que se establezca ninguna complicidad ni conexión emocional con el público como la que describen los cómicos con la audiencia. Igual que las redes están llenas de vídeos de animales que hacen reír a la gente. Seguramente estos siempre serán más impredecibles que un robot.

Leo Bassi, el actor y cómico italiano afincado en Madrid, que prefiere definirse como payaso, también me destaca la importancia de conectar con la audiencia. «Al público hay que seducirlo al subir al escenario, hacer que bajen sus defensas, de eso depende que un chiste funcione.» A Bassi el humor le parece una manera de comunicarse tan potente que cree que puede ser la única forma de hacerlo con los extraterrestres. Es más, «a lo mejor se están comunicando con nosotros y todavía no les entendemos los chistes —me dice, no sé si en serio o en broma. Creo que él tampoco—. Llevo cincuenta años siendo cómico y estoy convencido de que el humor tiene otra dimensión más allá de la inteligencia que no se puede explicar, es una ventana a otra dimensión más allá de toda lógica». Por eso a la NASA le recomienda que, además de astronautas, lleve cómicos en las misiones espaciales, por si acaso: «Nunca se sabe dónde están los límites del humor».

El humor del futuro

Menos descabellado que los chistes extraterrestres es que lleguen a crearse cómicos artificiales generados por ordenador, igual que ya hay personajes de ficción diseñados por discográficas o agencias de marketing que están transformando el fenómeno fan.[20] Proliferan las estrellas virtuales que ni siquiera necesitan existir para llenar conciertos. Su música atrae al público, al que no le importa saber que sigue a un personaje digital inventado por la compañía de discos, como pasa con Hatsune Miku. También Roy Orbison y Maria Callas llenan conciertos en directo con sus hologramas.[21]

Ahora que los *deepfakes* y los *softwares* de imitaciones de voz avanzan tanto (ver capítulo 11), ¿tienen futuro las imitaciones? ¿O los robots suplantarán a los cómicos? Se lo pregunto a Carlos Latre. Hablar con este célebre humorista e imitador es arriesgado, porque en cualquier momento su voz podría convertirse en la de decenas, tal vez centenares, de personas. Latre lo mismo puede transformarse en Pedro Sánchez que en Julio Iglesias. Lleva varias décadas imitando personajes en sus *shows,* en cine, teatro, radio y televisión, pero no teme al *deepfake.*

Sabe que ya existe *software* capaz de imitar a la perfección la voz de cualquier famoso. Pero lo que Latre hace es una caricatura con la voz: «Las imitaciones perfectas no tienen por qué ser graciosas —opina el cómico y actor—. Las máquinas podrán hacer voces, pero no saben hacer imitaciones. Lo importante en el humor es lo que dices y cómo exageras el personaje. El humor nace de la interpretación y la parodia del personaje en una determinada situación exagerada».

Así que lo último en tecnología visual no le asusta, le fascina. Es más, le ayuda a crear personajes para sus espectáculos en directo, donde está experimentando con lo que llama *mapping* visual, para que sobre su cara se proyecten las caras de los personajes que va interpretando. «Hay muchas innovaciones tecnológicas en la actualidad que pueden transformar la puesta en escena, pero al final el humor seguirá dependiendo de la interpretación y de la conexión con el público que tengas delante».

Gran parte de los desarrollos de la realidad virtual y la realidad aumentada ya no se están enfocando tanto en sustituir la vida real, sino en completar eventos en vivo, que es uno de los entretenimientos a los que la industria cultural augura más futuro.

Según Gerd Leonhard, fundador y director ejecutivo de The Futures Agency, una consultoría que asesora a empresas en innovación, las experiencias analógicas son muy superiores para el cerebro a las tecnologías de simulación, porque llegan a todos los sentidos. Así que donde más futuro pueden tener las tecnologías virtuales es precisamente en mejorar los espectáculos en directo.[22]

> El humor nunca dejará de ser humano —opina Latre—. No tiene que ver con la tecnología, sino con la concepción del mundo que tenga quien lo recibe. Es totalmente subjetivo. Lo que te hace gracia a ti puede que a mí no y en Japón no se ríen de lo mismo que en Nueva York. Por eso, el entendimiento del público también es fundamental. En un evento con gente del mundo de la ópera pueden funcionar chistes de la sordera de Beethoven, pero seguramente no entiendan uno de Belén Esteban.

No solo cambian los tiempos, también nosotros. A lo mejor, lo que más cambia no es la tecnología, sino lo que entendemos por humor dentro de cuarenta años: «Tal vez en 2050 lo que más risa dé sea ver a gente tirándose por la ventana», conjetura Latre. Y puede que no esté exagerando. Hace treinta años, los críos nos reíamos con Martes y Trece, pero ahora los adolescentes se parten viendo un vídeo en el que dos manos con guantes azules, con bisturí y tijeras, le hacen una cesárea a una banana mientras suenan unos pitidos de quirófano. Es uno de los vídeos con más visitas de TikTok, la red social más popular entre los menores de 25 años, con 6,1 millones de «me gusta». En 2019, lo de operar piezas de fruta tuvo centenares de imitadores. Durante meses, uvas, manzanas y aguacates fueron operados con los *hashtags* #funny y #lol.

Otros grandes momentos para la comedia adolescente, y quién sabe si para el humor del futuro, fueron los vídeos (de unos siete segundos, la atención en TikTok no da para más) de un gatito bailando la canción de «Mr. Sandman» de The Chordettes y una chica echándole insecticida a una cucaracha voladora (5 millones de «me gusta» y noventa mil comentarios).

Así que a lo mejor es verdad que las máquinas no van a entender el humor del futuro, pero puede que nosotros tampoco.

—Bueno... Para ser justos, sobre la comedia y los robots te confieso que me he reído con Alexa muchas veces —dice Latre antes de colgar.

—¡No me digas! ¿Con qué chiste?

—No, con sus chistes, no. Lo que me hace gracia es putearla.

Cómo salvar el mundo

Una de las razones por la que las máquinas difícilmente van a poder dominarnos alguna vez es porque carecen de sentido del humor. Si esta es la última frontera de la inteligencia artificial, recordémoslo por si alguna vez hay que organizar a la humanidad ante una amenaza robótica. Las máquinas pueden anticipar nuestros gustos, nuestras miserias y nuestros deseos. Interpretan nuestros mapas y nuestros genes. Ya pueden también crear códigos cifrados inaccesibles a la inteligencia humana y hay armas capaces de activarse por sí mismas.

Sin embargo, nada debería darnos más miedo que una

inteligencia artificial que aprendiera a ser realmente graciosa. Si las máquinas logran dominar el humor, huyamos. Eso significaría que han comprendido todo lo demás. Ahí sí que la humanidad estaría en peligro.

Hasta entonces, no hay de qué preocuparse. No hay nada que temer de los robots que siguen sin entender que alguien se asome a la puerta de casa y, al ver que llueve a cántaros, diga: «¡Qué buen día se ha quedado!». La inteligencia artificial es un espejo que nos pone frente a nuestras limitaciones. Pero es importante recordar cuáles son las suyas.

El día que las máquinas se rebelen, la ironía será nuestra salvación. Propongo que la utilicemos para organizar la resistencia. El humor es, al fin y al cabo, el mejor antídoto para el miedo. La risa, esa inteligencia irracional, sí que es imprevisible. ¡Utilicémosla! Eso las desconcertará. No estoy segura de que así consigamos vencerlas. Pero ¿y lo que nos vamos a reír?

Agradecimientos

Este libro existe gracias a Ángeles Aguilera, que creyó en la idea cuando el resultado sí que era imprevisible. Dudo mucho que aparezca un algoritmo con tu instinto editorial y tu energía. Gracias por estar ahí. Y gracias también al equipo de Planeta, que habéis trabajado contra reloj para mejorar el resultado. Las dos veces. Gracias, Laura y Amanda, por vuestra dedicación y entusiasmo.

Y gracias, sobre todo, a Ursino y a Camino, mis primeros lectores.

Merecerían una mención especial todos los científicos e investigadores que aparecen a lo largo de estas páginas. Ellos las han nutrido de ideas y hallazgos fascinantes. Aprovecho para daros las gracias por consagrar vuestra vida a la enseñanza, a la ciencia y a la cultura. Como sociedad, no reconocemos todo lo que deberíamos la contribución de la investigación al progreso y al bienestar. Son tantos nombres que no sabría por dónde empezar, pero creo que estoy especialmente en deuda con la sabiduría y la generosidad de los profesores Miguel Pita, Concha Monje, Ramón del Castillo y Enrique Villalba. También con Cristina Mesa, Loreto Sánchez Seoane y Clarisa Sekulits, por sus lúcidos consejos y aportaciones al libro.

Los oyentes de *Más de uno* reconoceréis la inspiración que toman estas páginas de algunos de los ratos de radio compartidos en la sección «El mundo de mañana». Si alguien se ha quedado con ganas de más, los pódcast están en la web de Onda Cero. Hacer radio con Carlos Alsina es un privilegio por el que hasta compensa madrugar. Aprovecho para darte las gracias, Carlos, por invitarme a viajar contigo al futuro cada semana. Me dijiste que sospechabas que de ahí me saldría otro libro. Aquí está. Gracias por esto y por todo lo demás.

También estoy en deuda con Nacho Cardero y Ángel Villarino, por su apoyo e indulgencia mientras lo escribía.

Y gracias a todos los lectores de *El fin del mundo tal y como lo conocemos* que os tomasteis la molestia de contarme lo mucho que lo habíais disfrutado. Eso me animó a seguir dándole vueltas al futuro que, afortunadamente, no se acaba nunca. También a los lectores descontentos que, si los hubo, callaron amablemente.

Y a mi familia, claro. Aguantarme cuando estoy escribiendo un libro sí que tiene mérito. Estoy deseando que podamos celebrarlo todos juntos cuando vuelvan los abrazos.

Notas

Introducción

1. El robot PollBot, que transporta rollos de papel higiénico, y los sensores odoríferos de Smell Sense, de Charmin GoLab, que miden el dióxido de carbono y el sulfuro de hidrógeno en el ambiente, fueron prototipos presentados por P&G en el Consumer Electronics Show (CES) de Las Vegas en 2020. Son dos ejemplos de como ser tecnológicamente posible no convierte algo en necesario.
2. En Kioto, en el templo Kodaiji, de más de cuatro siglos de antigüedad, un robot con forma de deidad budista llamado Mindar circula por el templo desde 2020. Puede dar sermones y tiene la suficiente inteligencia artificial para ofrecer a los fieles consejos específicos a sus problemas espirituales y éticos.
3. El 8 de noviembre de 2016, el mismo día de las elecciones, *The New York Times* todavía calculaba a las diez de la noche en un 85 por ciento las posibilidades de victoria de Hilary Clinton, y la Universidad de Princeton, en un 99 por ciento. Josh Katz, «Who will be president? Hillary Clinton has an 85% chance to win», *The New York Times,* 8 de noviembre de 2016.

4. Alvin Toffler, *El shock del futuro,* Barcelona, Plaza & Janés, 1992.
5. Nate Silver, *La señal y el ruido: cómo navegar por la maraña de datos que nos inunda, localizar los que son relevantes y utilizarlos para elaborar predicciones infalibles,* Barcelona, Península, 2014.
6. *El big data* es almacenamiento y gestión de grandes volúmenes de datos.
7. Entrevista completa a Martin Rees de Marta García Aller, «A final de siglo habrá gente en Marte, pero será como quien va ahora al Polo Norte», en *El Confidencial,* 23 de julio de 2019. Sus ideas sobre el futuro, en las que alerta sobre el riesgo de las pandemias globales, también están recogidas en su libro *En el futuro: perspectivas para la humanidad,* Barcelona, Crítica, 2019.
8. Entrevista completa de Marta García Aller, «Mary Beard: "Votar no es sinónimo de democracia"», en *El Independiente,* 15 de septiembre de 2017.
9. Se puede probar suerte en Afiniti, <https://www.afiniti.com/corporate/rock-paper-scissors>.
10. En 1997, IBM presumía de que *Deep Blue* calculaba 200 millones de posiciones por segundo y de prever unos diez movimientos del rival con antelación. Garri Kasparov se jactaba de anticipar quince. La intuición humana contra la fuerza bruta de los datos. Cuando llevaban cuarenta y tres, el ordenador hizo un movimiento sin sentido aparente que desestabilizó a Kasparov. Era tan extraño que empezó a sospechar que el superordenador podía ser más listo de lo que parecía y prever más jugadas que él. No se le ocurrió al humano que si la jugada de la máquina no tenía sentido aparente era, simplemente, porque no lo tenía. Cuenta Nate Silver en su libro sobre el arte de la predicción que el de *Deep Blue* fue un fallo del sistema

totalmente aleatorio. IBM no reconocería que en vez de una genialidad se trató de un error informático hasta varios años después. En el documental *The Man vs. The Machine* (Frank Marshall, 2014), el entrenador de ajedrez Bruce Pandolfini explica que si *Deep Blue* llegaba a un callejón sin salida en el que era incapaz de elegir una jugada, movía aleatoriamente. Un fallo de programación que hizo que Kasparov sobreestimara a la máquina en las siguientes partidas. Seguimos cometiendo el mismo error que Kasparov con la tecnología, la seguimos sobrevalorando.

11. Científicos de la Universidad Carnegie Mellon (en colaboración con Facebook) ya han desarrollado un sistema de inteligencia artificial que es capaz de desplumar a humanos en este juego de cartas. Se llama Pluribus y ganó a cinco jugadores profesionales en un torneo texano. La gran novedad de Pluribus es que no necesitó un costoso superordenador de 10 millones de dólares, como en tiempos de *Deep Blue*, para aprender a deducir cuándo un humano va de farol. Su sistema de computación en la nube apenas costó unos 144 dólares. Un informe del banco Morgan Stanley advertía que un sistema de inteligencia artificial de bajo coste como Pluribus pone en riesgo todo el negocio de apuestas online. De hecho, páginas como PokerStars y PartyPoker han tenido que incorporar sistemas de detección de bots o jugadores automáticos en las apuestas, y solo en 2019 cerraron más de medio millar de cuentas generadas por computadoras. Véase Thomas Hale, «Will artificial intelligence destroy poker?», en *Financial Times,* 13 de septiembre de 2019.
12. Marta García Aller, «Margaret Boden: "La inteligencia artificial no va a conquistarnos, carece de ambición"», en *El Independiente,* 28 de octubre de 2018.

Capítulo 0. LA PANDEMIA

1. Marta García Aller, «Estamos todos contagiados», en *El Confidencial,* 13 de marzo de 2020. Todas las crónicas de la autora sobre la pandemia se publicaron en *El Confidencial.* Pueden consultarse en el blog *Cronicavirus.*
2. Steven Lee Myers, «China created a failed system to track contagions. It failed», en *The New York Times,* 29 de marzo de 2020.
3. Marta García Aller, «Por qué los científicos no hicieron caso al científico que alertó de la pandemia», en *El Confidencial,* 11 de abril de 2020.
4. Martin Rees, *En el futuro: perspectivas para la humanidad,* Barcelona, Crítica, 2019.
5. El prestigioso epidemiólogo Michael T. Osterholm advertía en su libro *La amenaza más letal* (Barcelona, Planeta, 2020) que el próximo presidente de Estados Unidos era muy probable que tuviera que enfrentarse a una pandemia que causase millones de muertos y desestabilizara países enteros. Lo publicó en 2017. No hizo falta esperar a la siguiente legislatura.
6. En *The Ostrich Paradox: Why we underprepare for disasters,* los profesores de Wharton School Robert Meyer y Howard Kunreuther explican los sesgos mentales que nos impiden prepararnos para los grandes desastres y el peligro del optimismo para prevenir catástrofes. Una lectura muy útil tanto para explicar por qué ni los Gobiernos, ni las empresas ni las familias se preparan con tiempo para lo peor. Ya sea un huracán, una pandemia o un colapso financiero.
7. Donald G. McNeil Jr., «Scientists Were Hunting for the Next Ebola. Now the U.S. Has Cut Off Their Funding», en *The New York Times,* 25 de octubre de 2019.

8. GPMB, *A World at Risk. Annual Report on Global Preparedness for Health Emergencies,* OMS, 2019.
9. Kevin Berger, «The man who saw the pandemic coming», en *Nautilus,* 12 de marzo de 2020.
10. *Ibidem.*
11. Masha Gessen, *El futuro es historia: Rusia y el regreso del totalitarismo,* Madrid, Turner, 2018.
12. Masha Gessen, «Why Estonia was poised to handle how a pandemic would change everything», en *The New Yorker,* 24 de marzo de 2020.
13. Marta García Aller, «Cómo prepararse para un país medio lleno (o medio vacío) después del coronavirus», *El Confidencial,* 7 de abril de 2020.

Capítulo 1. LOS VIAJES

1. Virgilio, *Eneida,* Madrid, Anaya, 2006.
2. Javier Peláez, *500 años de frío,* Barcelona, Crítica, 2019.
3. «Apple Maps is "life threatening" to motorists lost in Australia heat», en *BBC,* 12 de diciembre de 2012.
4. El entusiasmo por la llegada de vehículos autónomos en la industria contrasta con el escepticismo ciudadano. El 90 por ciento de las muertes relacionadas con automóviles se atribuyen al error del conductor, pero la mitad de la población aún los considera inseguros, según un informe de Deloitte. Tras cinco muertes relacionadas con vehículos autónomos, las compañías de la industria del motor han pasado de correr por ser las primeras que implantan la tecnología de vehículos autónomos a una carrera por la garantía de seguridad.
5. Marta García Aller, «El cofundador de Tesla: "Nunca he montado en un coche autónomo. Sé demasiado"» (entre-

vista con Martin Eberhard), en *El Confidencial,* 9 de octubre de 2019.

6. Un coche que se conduce solo es también un centro de entretenimiento potencial. Lo mismo puede convertirse en una sala de estar que en una oficina y ahí el negocio del dato es de nuevo el filón para explorar. Según la consultora McKinsey, hay más de treinta tipos de negocios que podrían rentabilizar el coche conectado, de los videojuegos a la publicidad. Estima el filón de monetizar el rato que se pasará en los robotaxis o taxis autónomos entre 450 y 750 millones de dólares para 2030.

Capítulo 2. LOS GUSTOS

1. Marta García Aller, «Así ayuda Telefónica a otras empresas a seguirte con *big data*», en *El Independiente*, 13 de enero de 2019.
2. Gina Kolata, «Your data were "Anonymized"? These Scientist can still identify you», *The New York Times*, 23 de julio de 2019.
3. Sobre la paradoja del asno de Buridán, el filósofo escolástico Jean Buridan (1300-1358) no escribió una palabra. Se cree que fue una crítica posterior para ridiculizar su defensa de llegar a cualquier decisión a través de la razón. Aristóteles plantea el mismo dilema en *Sobre el cielo* con un hombre que estaba a la vez sediento y hambriento, y *The Big Bang, Theory* con Sheldon Cooper dando vueltas en el rellano, incapaz de decidirse entre ir a vivir con Amy y quedarse con Leonard (temporada 10, episodio 7).
4. «The Internet of Things will bring the internet's business model into the rest of the world», en *The Economist,* 12 de septiembre de 2019.

5. En julio de 2009, un libro desapareció de repente de todos los dispositivos Kindle de Estados Unidos. Amazon lo había borrado sin avisar a todos aquellos que lo habían comprado. Al descubrir que el editor no tenía los derechos para venderlo, lo eliminó sin avisar. Luego pidió disculpas por ello cuando un estudiante que perdió los deberes denunció a Amazon por borrar su libro sin permiso. El título desaparecido en este episodio tan orwelliano fue, precisamente, *1984*.
6. Marta García Aller, «Qué le pasa a tu cerebro cuando no te decides por qué serie vas a ver y por qué a Netflix no le importa», en *El Independiente,* 4 de mayo de 2019.
7. Jerry Z. Muller, *The Tyranny of Metrics,* Princeton, Princeton University Press, 2018.
8. Marta García Aller, «La tiranía de los datos: el lado oscuro de medirlo todo», en *El Independiente*, 22 de diciembre de 2018.
9. *Ibidem.*
10. Sandra Wachter, «Affinity profiling and discrimination by association in Online Behavioural Advertising», *Berkeley Technology Law Journal,* vol. 35, n.º 2, 2020.
11. Madhumita Murgia, «Algorithms drive online discrimination, academic warns», en *Financial Times*, 12 de diciembre de 2019.
12. Pierre Bourdieu, *El sentido social del gusto: elementos para una sociología de la cultura*, Madrid, Siglo XXI, 2010.

Capítulo 3. LA SEGURIDAD

1. Jordi Pérez Colomé, «Marbella, el mayor laboratorio de videovigilancia de España», en *El País,* 22 de noviembre de 2019.

2. Melisa Chan y Paul Mozul, «Made in China, exported to the world: the surveillance state», en *The New York Times,* 24 de abril de 2019.
3. *Ibid.*
4. Roberto Blatt, *Historia reciente de la verdad,* Madrid, Turner, 2018.
5. El sistema de Bertillon se empezó a utilizar en 1880 en Francia, y en España se adopta en 1896. En el Museo de la Policía Nacional hay uno de esos maletines que utilizaba la policía cada vez que tenía que identificar un sospechoso. El procedimiento incluía un metro, una escuadra, un calibrador para medir pies y una tabla de iris con diferentes colores de ojos. El método requería medir la longitud y anchura de la cabeza, la longitud del dedo medio izquierdo, la longitud del pie izquierdo y la longitud del antebrazo izquierdo. El Ministerio de Gracia y Justicia que había por entonces en España constaba de varios gabinetes antropométrico-fotográficos provinciales, gabinetes de identificación en establecimientos penales, un registro central y una escuela de Antropometría en Madrid.
6. James F. O'Brien, *La ciencia de Sherlock Holmes: cómo resolver casos a través de la ciencia,* Barcelona, Crítica, 2013.
7. En 1880, la revista *Nature* ya había publicado una carta al editor del médico escocés Henry Fauds en la que sugería que las huellas dactilares podían ser utilizadas en la identificación de criminales. Él las llamaba «los por-siempre-invariables-surcos-dactilares» (E. J. Wagner, *La ciencia de Sherlock Holmes,* Barcelona, Planeta, 2010).
8. Francis Galton, *Fingerprints,* Londres y Nueva York, McMillan & Co., 1892.
9. Dory Gascueña, *Dactiloscopia: tras la huella del crimen,* en OpenMind, 20 de julio de 2017.
10. James F. O' Brien, *La ciencia de Sherlock Holmes, op. cit.*

11. «Un fallo de seguridad expone 27,8 millones de datos biométricos», en Europa Press, 14 de agosto de 2019.
12. La película *Desafío total* (1990), en inglés *Total Recall*, está basada en un cuento de Philip K. Dick titulado «Podemos recordarlo por usted al por mayor» (*We Can Remember It for You Wholesale*, en inglés), publicado en 1966. Puede consultarse en Philip K. Dick, *Cuentos Completos II,* Barcelona, Minotauro, 2020.
13. «Hebei begins using traffic robot police, shows China's AI development», en *Global Times,* 7 de agosto de 2019.
14. Roser Martínez Quirante y Joaquín Rodríguez Álvarez, *Inteligencia artificial y armas letales autónomas: un nuevo reto para Naciones Unidas,* Gijón, Trea, 2018.
15. Scott Shane y Daisuke Wakabayashi, «'The business of war': Google employees protest work for the Pentagon», en *The New York Times,* 4 de abril de 2018.
16. Henry McDonald, «Ex-Google worker fears "killer robots" could cause mass atrocities», en *The Guardian,* 15 de septiembre de 2019.

Capítulo 4. LA CONFIANZA

1. Marta García Aller, «¿Confiarías el cuidado de tus hijos a un "uber" para canguros?», *El Confidencial,* 15 de junio de 2019.
2. Liliana Arroyo, David Murillo y Ester Val son autores del estudio *Confiados y confiables: la fabricación de la confianza en la era digital,* Barcelona, Instituto de Innovación Social de Esade, mayo de 2017.
3. Ignacio Tamarit, José A. Cuesta, Robin I. M. Dunbar y Ángel Sánchez, «Cognitive resource allocation determines the organisation of personal networks», en *Proceedings of the National Academy of Sciences (PNAS),* 26 de julio de 2018.

4. El capítulo «Nosedive», de la tercera temporada de *Black Mirror,* plantea un futuro en el que todos los ciudadanos están sometidos a un férreo sistema de puntuación que los ensalza o los aísla en función de su calificación. La temporada fue estrenada en 2017. Para entonces, China ya estaba trabajando en ello.
5. Nathan Vander, «Chinese blacklist an early glimpse of sweeping new social-credit control», en *The Globe and Mail,* 18 de enero de 2018.
6. Fue la novela *1984,* que George Orwell publicó en 1949, la que acuñó el término *orwelliano* como sinónimo de sociedad oprimida por un control autoritario que manipula la información y abusa de la hipervigilancia masiva. Setenta años después de su publicación, esta distopía asfixiante es más citada que nunca por sus paralelismos con la tecnología actual, que permite ejercer ese control. El libro ha vuelto a convertirse en un superventas. A principios de 2020, era la novela más prestada de la Biblioteca de Nueva York. Véase George Orwell, *1984,* Barcelona, Random House Mondadori, 2013.
7. Xinyuan Wang, «China's social credit system: The Chinese citizens perspective», en *UCL,* 9 de diciembre de 2019. Se trata de un estudio etnográfico con más de quinientas entrevistas a ciudadanos chinos sobre el sistema de crédito social entre 2018 y 2019. Es interesante mencionar que, como estudio etnográfico, la antropóloga observó en su vida cotidiana a muchos de los entrevistados durante al menos quince horas y las conversaciones sobre el sistema de crédito social surgieron de forma natural, en lugar de a través de la obtención directa de información.
8. Guillermo Cid, «La web de empleo donde millones de personas "destripan" a sus jefes llega a España», en *El Confidencial,* 20 de septiembre de 2019.

9. «Una nueva explicación neurobiológica revela cómo funciona la intuición», SINC, 8 de julio de 2008.
10. «El Barça despide a su último fichaje por publicar mensajes ofensivos en Twitter contra Cataluña», en *ABC,* 28 de diciembre de 2015.
11. «La UB rescinde el contrato del profesor que insultó a la CUP en Twitter», en *La Vanguardia,* 12 de enero de 2016.

Capítulo 5. EL AMOR

1. La palabra *robot* (que proviene de *robota,* que en checo significa «servidumbre») aparece por primera vez en la obra de teatro *R. U. R. (Rossumovi univerzální roboti),* escrita por el checo Karel Čapek en 1920, donde cuenta la historia de una empresa que construye humanos artificiales que pueden pensar. Aunque esta obra inaugura el género de la ciencia ficción moderna sobre los androides que inicialmente ayudan a la humanidad, pero luego se rebelan, en realidad no es más que una adaptación de la leyenda del Golem de Praga.
2. Isabel Alquézar y Berta Lázaro (eds.), *Se fabrican esposas por encargo y otros relatos: ciencia ficción y utopías de escritoras en la frontera de los siglos* XIX *y* XX*,* Zaragoza, Iris Lázaro, 2017. Esta antología recoge la traducción de varios relatos de ciencia ficción escritos por mujeres, incluido el de Fuller, que da título a la obra, «Se fabrican esposas por encargo», publicado por vez primera en una revista de Chicago en 1895.
3. *Peter Pan* es originalmente una obra de teatro estrenada en 1904, del escritor escocés James M. Barrie. El *síndrome de Peter Pan,* referido a los hombres que tienen miedo a crecer y a adoptar los roles considerados socialmente pro-

pios de su edad, es una expresión acuñada en los años ochenta del siglo xx.

4. «Love in another dimension: Japanese man marries Hatsune Miku hologram», en *The Japan Times,* 12 de noviembre de 2018.
5. En 2020, la entrada para un concierto de este holograma en el Palau Sant Jordi costaba entre sesenta y ciento cincuenta euros.
6. Hatsune Miku es un nombre que en japonés significa «el primer sonido del futuro». Su *software,* desarrollado por Crypton Future Media, ha lanzado varias actualizaciones al mercado de su banco de voces, que está basado en la de la actriz (humana) Saki Fujita. Miku ha actuado como telonera de Lady Gaga y, gracias al código abierto, sus fans pueden participar en el proceso creativo de sus canciones. Los músicos que tocan en directo en sus conciertos sí son humanos.
7. «What happened to the Japanese man who married a hologram?», Asian Boss, YouTube, 6 de junio de 2019, <https://www.youtube.com/watch?v=_DqQvq94MI0>.
8. «Why I married a cartoon character», en *BBC News,* 17 de agosto de 2019.
9. Nerea Basterra, «Hatsune Miku, la cantante que no existe», en *El País,* 27 de septiembre de 2019.
10. Ovidio, *Metamorfosis,* Madrid, Gredos, 2019.
11. Alex Williams, «Do you take this robot...?», en *The New York Times,* 19 de enero de 2019.
12. Francis X. Shen, «Los robots sexuales ya están aquí, ¿debe haber leyes que los regulen?», en *El País,* 17 de marzo de 2019.
13. Los datos corresponden a un estudio de YouGov realizado en octubre de 2017. Hay diferencias sustanciales por género: solo el 9 por ciento de las mujeres se plantearía

intimar con un robot. Sin embargo, uno de cada cuatro hombres (24 por ciento) no tendría inconvenientes en experimentarlo. Solo el 14 por ciento de los adultos estadounidenses llamarían *sexo* propiamente dicho a las relaciones con un robot, mientras uno de cada tres lo considera una práctica más parecida a la masturbación. El 27 por ciento restante entiende que no sería ninguna de las dos cosas. Tal vez haga falta una palabra nueva.

14. Yael Bame, «1 in 4 men would consider having sex with a robot», en YouGov, 2 de octubre de 2017.
15. Nicola Davis, «Claims about social benefits of sex robots greatly overstated, say experts», en *The Guardian,* 4 de junio de 2018.
16. La web The Doll Forum presume de tener más de sesenta mil miembros. Es una especie de ForoCoches sobre muñecas sexuales. En Silicon Lovers se venden estas muñecas sexuales vestidas y caracterizadas como si estuvieran en el gimnasio, en una cocina o sentadas en el sofá. Todas, obviamente, en poses que van de lo explícito a lo sugerente, como en una página porno con humanas.
17. Neil McArthur y Markie Twist, «The rise of digisexuality», en *Journal Sexual and Relationship Therapy,* 3-4, noviembre de 2017, pp. 334-344.
18. Alex Williams, «Do you take this robot…?», en *The New York Times,* 19 de enero de 2019.
19. En el primer episodio de la serie *Westworld* (de HBO), la violación que sufre un personaje principal abrió este debate académicamente y hasta se inició una campaña contra los robots sexuales. Es el realismo del personaje, que parece totalmente humano, lo que genera la pregunta ética fundamental: si hubiera robots idénticos a hombres, mujeres y niños, que se vieran y actuaran igual que las personas, ¿sería lícito torturarlos? ¿Acaso importa que se les cause

daño si no tienen la capacidad de sufrir? Desde el ámbito moral, algunos filósofos que analizan el tema equiparan la protección que deberían tener estos robots a la que también les damos a los animales, a los que no hace tanto estuvo socialmente admitido maltratar. Y desde el plano de la salud misma, se sigue especulando hasta qué punto comportarse sádicamente en un mundo virtual desensibiliza a la gente en el mundo real. ¿Es lo mismo un videojuego que un androide con el que puedes llegar a convivir?

20. La empresa Kinky S. Dolls quiso abrir el primer *burdel robótico* (así lo llamaba) en Houston y se encontró con la oposición de las autoridades, incluido el gobernador de Texas. No existía ninguna normativa estatal o federal que prohibiera este tipo de establecimientos con robots, pero según contó *The Guardian* en octubre de 2018 cuando se produjo la polémica, fue la falta de licencia de obra lo que frenó la construcción. Los vecinos iniciaron una petición al alcalde en Change.org con el lema «Mantener los burdeles robotizados fuera de Houston» que reunió más de trece mil firmas.
21. Lauren Goode, «Sex-Tech companies are having more fun than the rest of us at CES», en *Wired,* 8 de enero de 2020.
22. Milo Manara, uno de los maestros del cómic europeo, publicó *El clic* en 1983, una historia erótica sobre una mujer a la que su secuestrador, un pretendiente despechado, le implanta un chip con un mando a distancia que le permite controlar sus impulsos sexuales para torturarla en los momentos más inoportunos. Existe edición en español en Norma, 2015.
23. *Morari Medical* (del latín *moror,* «retrasar») se presentó en el CES de Las Vegas de 2020 como un prototipo previsto para salir a la venta en 2021.
24. Tinder es una app de citas creada en 2012 que tiene cerca de 80 millones de usuarios.

25. Kary Paul, «Tired of Swiping Rifgt, some singles try slow dating», en *The Wall Street Journal,* 28 de agosto de 2018.
26. El 40 por ciento de las nuevas parejas heterosexuales ya se conocían online en 2017 en Estados Unidos. Un porcentaje muy superior a las que se conocieron en bares, a través de amigos o en el trabajo. Entre las parejas homosexuales, la proporción es aún mayor: el 60 por ciento («Friends with benefits», en *The Economist,* 12 de septiembre de 2019).
27. Jessa Crispin, «Why are people on Tinder swiping right on Kombucha and "realness"?», en *The Guardian,* 9 de diciembre de 2019.
28. Christian Rudder publicó sus conclusiones de lo que él llamó «una oportunidad sociológica irresistible» en su libro *Dataclysm* tras diez años estudiando el comportamiento de los usuarios de su app de citas. *Dataclysm: Who We Are (When We Think No One's Looking),* Nueva York, HarperCollins, 2016.
29. Carmen Martín Gaite, *Usos amorosos del* XVIII *en España,* Madrid, Siruela, 2017.
30. *Ibidem.*
31. Tom Standage, «Why dating apps are like bicycles», en *The Economist,* abril-mayo de 2017.
32. Steve Jones, *The Language of the Genes: Biology, History and the Evolutionary Future,* Londres, Flamingo, 2000.
33. Carlos Zumer, «Las bicis cambiaron el mundo... Y volverán a hacerlo», en *El País,* 30 de junio de 2018.
34. Moira Wegel, *The Labour of Love,* Nueva York, Farrar, Strauss and Giroix, 2016.
35. María Zuil, «Gimnasio, copas caras y Tinder: por qué los jóvenes beben menos que hace 20 años», en *El Confidencial,* 12 de agosto de 2019.
36. Judith Duportail, *El algoritmo del amor,* Barcelona, Contra, 2019.

37. Beatriz Serrano, «Por qué ligar es tan extremadamente difícil en la era Tinder», en *SModa,* 19 de junio de 2019.
38. *The Year in Swipe. What 2019 Taught Us About the Future of Dating [El año deslizando el dedo: lo que 2019 nos enseña del futuro de las citas]* es el informe que Tinder presenta a los anunciantes al acabar cada año para mostrarles todo lo que sabe de sus usuarios, desde su comida favorita al *emoji* que más usan. La app conoce qué les gusta, qué les seduce y qué les excita a los menores de 25 años, información que vende a las empresas. Disponible en <www.tinder.com>.
39. Marta García Aller, «Alex Acero: "Mucha gente quiere ligar con Siri"», en *El Independiente,* 25 de noviembre de 2018.
40. Filme romántico de 2013, escrito y dirigido por Spike Jonze, que narra la historia de un hombre que se enamora de un sistema operativo. Logró el Óscar al mejor guion original.

Capítulo 6. LA IMPACIENCIA

1. Doree Shafrir, «Meet the people who listen to podcasts crazy-fast», en *BuzzFeedNews,* 12 de noviembre de 2017.
2. Maryanne Wolf, *Lector, vuelve a casa: cómo afecta a nuestro cerebro la lectura en pantallas,* Barcelona, Deusto, 2019.
3. Nicholas Carr, *Superficiales: ¿qué está haciendo internet con nuestras mentes?,* Barcelona, Taurus, 2019.
4. Maryanne Wolf, *Lector, vuelve a casa, op. cit.*
5. Sarah Krouse, «The new ways your boss is spying on you», en *The Wall Street Journal,* 19 de julio de 2019.
6. Guihyun Park, Beng-Chong Lim y Hui Si Oh, «Why being bored might not be a bad thing after all», en *Academy of Management Discoveries,* 26 de marzo de 2019.
7. Sandi Mann, psicóloga de la Universidad de Central Lan-

cashire, también establece conexiones entre el aburrimiento y la imaginación en su libro *The Upside of Downtime: Why Boredom Is Good,* Londres, Little Brown, 2018.
8. Entrevista y episodio completo de «El mundo de mañana»: «Los psicólogos recomiendan el huevoneo para recuperar el aburrimiento», programa *Más de uno* de Onda Cero, 9 de julio de 2019. Véase también Daniel Levitin, *The Organized Mind: Thinking Straight in the Age of Information Overload,* Londres, Penguin, 2015.
9. Pamela Paul, «Let children get bored again», en *The New York Times,* 2 de febrero de 2019.
10. Yuval Noah Harari, *Homo Deus: breve historia del mañana,* Barcelona, Debate, 2016.
11. Marta García Aller, «Cómo leemos en la era digital nos está cambiando el cerebro», en *El Independiente,* 10 de noviembre de 2018.
12. Daniel Levitin, en *The Organized Mind, op. cit.*
13. Amparo Lasén y Elena Casado, *Mediaciones tecnológicas: cuerpos, afectos y subjetividades,* Madrid, CIS y Editorial Complutense, 2014.

Capítulo 7. LA SALUD

1. Delroy L. Paulhus y Kevin M. Williams, «The dark triad of personality: narcissism, machavellianism, and psychopathy», en *Journal of Research in Personality,* diciembre de 2002.
2. Rebecca L. Young, «Conserved transcriptomic profiles underpin monogamy across vertrebrates», en *PNAS,* 22 de enero de 2019.
3. Daniel Mediavilla, «Identificados los genes relacionados con la tendencia a la monogamia», en *El País,* 11 de enero de 2019.

4. Es célebre la frase del biólogo evolutivo británico John Burdon Haldane: «Daría mi vida por dos hermanos u ocho primos». Con los hermanos compartimos el 50 por ciento del ADN. Con los primos, el 25 por ciento.
5. *Gattaca,* 1997. Dirigida por Andrew Nicol y protagonizada por Ethan Hawke, Uma Thurman y Jude Law.
6. En 2017, un grupo de científicos internacionales, entre ellos el español Juan Carlos Izpisúa Belmonte, del Laboratorio de Expresión Genética del Instituto Salk (California), logró con técnicas de edición genética corregir en un laboratorio estadounidense la mutación del gen que causa la micropatía hipertrófica, es decir, la muerte súbita (común entre deportistas jóvenes). El experimento reemplazó con éxito ese gen (con el sistema de edición genética CRISP-Cas9), en los primeros días de desarrollo del embrión, por una variante que evitaría que, de llegar a nacer, esa persona muriera con 30 o 40 años de la enfermedad congénita. El embrión no se llevó a término por la ley que impide que se desarrolle más de catorce días, pero el hecho, demostrado en el experimento publicado en *Nature,* abre enormes posibilidades en el campo de la fecundación *in vitro* y la cura de enfermedades congénitas. De momento, está prohibida toda modificación genética más allá del laboratorio.
7. Jane Wakefield, «¿Puedes recuperar tu ADN después de mandarlo a analizar?», en *BBC,* 7 de agosto de 2019.
8. Nicole Martin, «Airbnb partners with 23andMe to recommend heritage inspired vacations», en *Forbes,* 5 de junio de 2019.
9. El *Beagle* era el bergantín en el que Charles Darwin viajó durante cinco años de Galápagos y Taití hasta Tasmania y las Azores. El diario que escribió con sus hallazgos se conoce como *El viaje del Beagle,* en el que tomó las primeras anotaciones que luego lo ayudarían a escribir su teoría de la selección natural.

10. Troy Rohn, «Genetic testing: Should I get tested for Alzheimer's risk?», en *The Conversation,* 2 de agosto de 2018.
11. En España, según la Ley 14/2007 de Investigación Biomédica, cuando un análisis se lleva a cabo con fines sanitarios, es preciso garantizar al interesado un asesoramiento genético apropiado. Sin embargo, todavía se dan vacíos legales que permiten a las empresas prestar este servicio directamente al consumidor.
12. Melanie Evans, «Doctors limit what to tell patients about their DNA test. Should they?», en *The Wall Street Journal,* 4 de octubre de 2019.
13. Melanie Evans, «DNA data shared in ways patients may find surprising», en *The Wall Street Journal,* 12 de agosto de 2019.
14. El estudio de Geisinger Health System se presentó en Sesiones Científicas de la American Heart Association en Dallas, en noviembre de 2019. Por entonces los médicos todavía no eran capaces de entender por qué la inteligencia artificial acertaba en sus pronósticos alertando de riesgo de muerte en un año porque no identificaban los patrones que seguía la máquina, según *New Scientist.*
15. VV. AA., «Large-scale assessment of a smartwatch to identify atrial fibrillation», en *The New England Journal of Medicine,* 14 de noviembre de 2019.
16. Apoorva Mandavilli, «Your sweat will see you now», en *The New York Times,* 18 de enero de 2019.
17. Toby Helm, «Patient data from GP surgeries sold to US companies», en *The Guardian,* 7 de diciembre de 2019.
18. Thorin Klosowski, «What to consider before trading your health data for cash», en *The New York Times,* 27 de noviembre de 2019.
19. Christopher Ingraham, «An insurance company wants you to hand over your Fitbit data so it can make more

money. Should you?», en *The Washington Post,* 25 de septiembre de 2018.

20. Alex Hern, «Strava suggests military users "opt out" heatmap as row deepens», en *The Guardian,* 29 de enero de 2018.
21. Meagan Flynn, «A Harvard scientist is developing a DNA-based dating app to reduce genetic disease», en *The Washington Post,* 13 de diciembre de 2019.
22. Brandon Sanchez, «He always felt out of place. After taking a DNA test, he found out why», en *The Wall Street Journal,* 19 de diciembre de 2019.
23. Adam Vaughan, «DNA site GEDmatch sold to firm helping US police solve crime», en *New Scientist,* 10 de diciembre de 2019.
24. «Modern genetics will improve health and usher in "designer" children», en *The Economist,* 7 de noviembre de 2019.
25. Aunque está prohibido, ya hay al menos un caso que ha traspasado la barrera de la selección genética y llegado a la manipulación con embriones humanos con fines reproductivos. El profesor He Jiankui, un investigador biofísico y catedrático de la Universidad de Ciencia y Tecnología del Sur de Shenzhen (China), manipuló el gen CCR5 para asegurarse de que las mellizas Lilu y Nana, dos humanas resultantes de los embriones manipulados, nacieran resistentes al virus del VIH pese a que su padre era seropositivo. La comunidad científica censuró el experimento ilegal. Los riesgos para la salud de las niñas continúan sin estar claros. Según un estudio publicado en la revista *Nature Medicine* meses después, la gente que manifiesta de manera natural esa mutación que el biofísico intentaba replicar es más proclive a morir joven.
26. Hannah Devlin, «IVF couples could be able to choose the "smartest" embryo», en *The Guardian,* 24 de mayo de 2019.
27. Antonio Regalado, «The World first *Gattaca* baby test are finally here», en *MIT Technology Review,* 8 de noviembre de 2019.

28. Marta García Aller, «Una solución contra el cambio climático sería hacer humanos más bajitos» (entrevista completa a Matthew Liao), en *El Confidencial,* 19 de noviembre de 2019.

Capítulo 8. EL EMPLEO

1. Marta García Aller, «La ingeniera española que está llenando las fábricas de robots», en *El Independiente,* 23 de marzo de 2019.
2. Christopher Mims, «The next hot job: pretending to be a robot», en *The Wall Street Journal,* 31 de agosto de 2019.
3. Cuando Pixar estrenó *Toy Story 4* (Josh Cooley, 2019), la novedad fue un entrañable personaje llamado Forky que la niña protagonista de la película crea poniendo un par de ojos saltones a un tenedor de plástico que encuentra en la basura y que convierte en su mejor amigo. Forky es una prueba más de cómo con un par de ojos tiernos y una boca de plastilina se puede dar vida a cualquier objeto con la suficiente imaginación. En la película, Forky se salva de acabar en la basura. En la vida real, sin embargo, Disney retiró ochenta mil juguetes Forky de sus tiendas porque los ojos podían desprenderse y había riesgo de que se los tragara el niño. En el mejor de los casos, Forky acabó siendo reciclado.
4. *Blade Runner* (1982), la película de ciencia ficción dirigida por Ridley Scott, plantea un futuro ya pasado (noviembre de 2019) en el que se fabrican humanos artificiales llamados *replicantes* que trabajan como esclavos. Algunos son indistinguibles físicamente de los humanos. Está basada en el relato «¿Sueñan los androides con ovejas eléctricas?», de Philip K. Dick. Puede consultarse en *Cuentos completos II,* Barcelona, Minotauro, 2020.

5. Uno de los méritos de la apariencia de *Sophia* es parecer bastante humana sin caer en el *valle inquietante,* que es la expresión con la que se conoce en robótica el repelús que dan las réplicas antropomórficas cuando se parecen demasiado a los humanos, pero no lo suficiente como para que los lleguemos a confundir con uno. También pasa con la realidad virtual. Al tener el cráneo descubierto mostrando sus cables, *Sophia* no trata de engañar al cerebro humano haciéndose pasar por uno y así no genera rechazo.
6. *Amelia* fue creada por la empresa estadounidense IPsoft en 2014. Su imagen es de apariencia totalmente humana, con media melena rubia y hasta pendientes. Puede verse en la web de la compañía, <www.ipsoft.com>. Como reclamo publicitario, la compañía que comercializa el *software* de inteligencia artificial denomina a su avatar un *empleado digital. Amelia* toma su nombre de la aviadora pionera estadounidense Amelia Earhart. Sobre sus implicaciones en el mercado laboral profundiza Richard Baldwin en *The Globotics Upheaval: Globalisation, Robotics and the Future of Work,* Londres, W&N, 2019.
7. *Pepper* es un robot semihumanoide fabricado por SoftBank Robotics, presentado en 2014, que empezó extendiéndose para la atención al público en tiendas japonesas y que desde 2017 se utiliza en los supermercados Carrefour de Europa y en algunos aeropuertos. Comprende preguntas básicas que lo hacen útil en atención al cliente en varios idiomas. Se supone que también entiende algunas emociones gracias a las cámaras frontales, pero por mi experiencia con los *Pepper* es todavía una función muy elemental. Se comunica a través de una pantalla a la altura de su pecho plastificado.
8. Marta García Aller, «El negocio de las conversaciones de mentira», en *El Independiente,* 3 de febrero de 2019.

9. Marta García Aller, «Sustituirte por un robot es despido improcedente, pero esto no salvará tu empleo», en *El Confidencial,* 30 de septiembre de 2019.
10. Los países con más jóvenes tienen menos robots porque allí los costes salariales tienden a ser bajos, lo que hace que la automatización sea menos rentable. Según el economista Daron Acemoglu, del Instituto de Tecnología de Massachusetts (MIT), y Pascual Restrepo, de la Universidad de Boston, entre 1993 y 2014, los países que más invirtieron en robótica fueron los que envejecían más rápido: Daron Acemoglu y Pascual Restrepo, «Robots and jobs: evidence from US Labor markets», en *National Bureau of Economic Research,* 23285, marzo de 2017.
11. «An ageing world needs more resourceful robots», en *The Economist,* 16 de febrero de 2019.
12. La jerarquía de las necesidades humanas establecida por Abraham Maslow, publicada por primera vez en 1943, establece una pirámide de cinco niveles. Abajo están las básicas para la supervivencia (comer, dormir…), en el segundo nivel están las relativas a la seguridad (la salud física y el entorno seguro) y la tercera son las necesidades sociales de relación y aceptación social. En la cúspide de la pirámide están el reconocimiento y la autorrealización.
13. «Prohibición de fuegos artificiales en Nochevieja: ¿se acaba una tradición alemana?», *Deutche Welle,* 29 de diciembre de 2019.
14. Según este informe de la OCDE presentado en la Cumbre de Davos 2020, las ocupaciones tradicionales del siglo XX, como las de médicos, profesores, veterinarios, gerentes de negocios, ingenieros y oficiales de policía, siguen cautivando la imaginación de los jóvenes, igual que hace casi veinte años. Ni internet ni la aceleración de la inteligencia artificial ha cambiado los trabajos que los más

jóvenes se imaginan para el futuro. En «Empleos soñados: las aspiraciones profesionales de los adolescentes y el futuro del trabajo» (Dream jobs: Teenagers' career aspirations and the future of work), OCDE, 2020.

15. Un 65 por ciento de los nuevos puestos que se crearán en España en 2030 requerirán formación profesional de grado medio, pero la demanda no llega a la mitad de la media europea (el 12 por ciento frente al 26 por ciento). Más información sobre tendencias del futuro del empleo en el informe *Skills Forecast* que realiza periódicamente el Cedefop (European Centre for the Development of Vocational Training).

Capítulo 9. LA NATURALEZA

1. En 1873 se reúne en Viena el Primer Congreso Meteorológico Internacional, que da origen al primer organismo global: la Organización Meteorológica Internacional. La metodología entonces era básicamente empírica, basada en la observación de las variables que se veían en la superficie de la tierra. Los meteorólogos confiaban en la observación y en la experiencia. Apenas había todavía conocimientos de la atmósfera y la aplicación de la física, que se atribuye al científico noruego Vilhelm Bjerknes (1862-1951).
2. *Enciclopedia británica,* en <https://www.britannica.com>.
3. EFE, «Acordarse de santa Bárbara cuando truena y de san Isidro cuando no llueve», en *El Periódico de Extremadura,* 25 de febrero de 2018.
4. Bessie Story Rogers, «Así pudo ser: una historia del futuro», en Isabel Alquézar Artal y Berta Lázaro Martínez (eds.), *Se fabrican esposas por encargo y otros relatos, op. cit.* Publicada por vez primera en *The Gorham Press,* Boston, 1905.
5. Lewis Fry Richardson, *Weather Prediction by Numerical Pro-*

cess, Cambridge, Cambridge University Press, 2007. La obra se publicó por vez primera en 1922.

6. Peter Lynch, *The Emergence of Numerical Weather Prediction: Richardson's Dream,* Cambridge, Cambridge University Press, 2006.
7. Lewis Fry Richardson, *Weather Prediction by Numerical Process, op. cit.*
8. Estas seis mujeres fueron reclutadas de entre las «mujeres calculadoras» que durante la Segunda Guerra Mundial habían trabajado haciendo cálculos para el Ejército. Tardaron cuarenta años en empezar a aparecer en los libros de historia de la informática, porque hasta los años ochenta aún se consideraba que las mujeres que aparecían junto al Eniac en las fotos de la época eran modelos de los años cuarenta que posaban junto a la máquina. Las conocían como Refrigerator Ladies. En realidad, fueron las primeras programadoras del Eniac. Su historia se cuenta en el documental *The Computers.* Ahí narran cómo calculaban a mano, entre otras cosas, las trayectorias de los proyectiles en función del viento y cómo luego programaron el Eniac. Más información en Eniacprogrammers.org y en Jennifer S. Light, «When computers were women», en *Technology and Culture*, 40 (3), julio de 1999, pp. 455-483.
9. Giancarlo Rinaldi, «Lewis Fry Richardson: The man who invented weather forecasting», en *BBC News Scotland,* 1 de agosto de 2013.
10. «Democratizing the world's weather data», en *IBM News Room,* 13 de noviembre de 2019.
11. «The future of insurance is happening without insurance firms», en *The Economist,* 20 de julio de 2019.
12. Entre 1950 y 1990, en la cuenca murciana del Segura no se produjo ninguna precipitación que llegara, como en septiembre de 2019, a los cincuenta litros por metro cua-

drado. Según la Aemet, en los últimos veinte años, ya hay cinco episodios de estas características.

13. Jamie Tabay y Damien Cave, «Why were tourists allowed to visit an active New Zeland volcano?», en *The New York Times,* 12 de diciembre de 2019; «Volcano tourism in the spotlight after New Zealand eruption», en *BBC News,* 12 de diciembre de 2019.
14. «White Island Tours crowned with health and safety award 12 months ago», en *Waikato Times,* 10 de diciembre de 2019.
15. Thomas Fuller y Cade Metz, «Predecir el próximo gran terremoto con ayuda de la inteligencia artificial», en *The New York Times,* 30 de octubre de 2018.
16. Ian Mount, «Bow winemakers take on climate change», en *Financial Times,* 2 de agosto de 2019.
17. Eric Asimov, «How climate change impacts wine», en *The New York Times,* 14 de octubre de 2019.
18. Ian Mount, «Bow winemakers take on climate change», en *Financial Times,* 2 de agosto de 2019.
19. Marta García Aller, «Lipovetsky: "La gente no va a dejar de comer carne e ir en coche para salvar el planeta"», en *El Confidencial,* 24 de septiembre de 2019.

Capítulo 10. LA JUSTICIA

1. La película de Steven Spielberg *Minority Report* (2002) está basada en un relato de Philip K. Dick, publicado en 1956, en el que el escritor de ciencia ficción especula acerca de la predestinación. Spielberg contrató a quince de los mejores futuristas del momento para recrear tecnologías aún inexistentes para un futuro creíble a cincuenta años vista. La obra original de Dick, «El informe de la minoría», puede consultarse en *Cuentos completos IV,* Barcelona, Minotauro, 2008.

2. La manera menos científica y más entretenida de explicar que correlación no es causalidad la hacía una célebre web que se dedicaba a encontrar correlaciones absurdas que coincidían a lo largo del tiempo. Entre las más sorprendentes están las gráficas casi gemelas de la tasa de divorcio en Maine y el consumo per cápita de margarina en Estados Unidos; también coincidía el número de ahogados en piscinas entre 1999 y 2009 con el número de películas en las que aparece Nicolas Cage esos años. Cuantas más películas hacía el actor, más gente aparecía ahogada en Estados Unidos; ojo también al consumo per cápita de *mozarella* porque oscila parejo al número de doctorados en Ingeniería Civil. ¿Casualidad o causalidad?, <www.tylervigen.com/spurious-correlations>.
3. Alberto Iglesias, «Así anticipa los crímenes Nueva York con análisis de datos», en *El Mundo,* 3 de abril de 2017.
4. R. L. P., «¿Sabías que el 112 de Canarias puede predecir los sucesos con un 80 por ciento de acierto?», en *ABC,* 7 de noviembre de 2019.
5. Randy Rieland, «Artificial Intelligence is now used to predict crime. But is it biased?, en *Smithsonian Magazine,* marzo de 2018.
6. Gary Marcus y Ernst Davis, *Rebooting AI: Building Artificial Intelligence we can Trust,* Nueva York, Pantheon Books, 2019.
7. Julia Angwin, Jeff Larson, Surya Mattu y Lauren Kirchner, «Machine Bias», en ProPublica, 23 de mayo de 2016.
8. Hannah Fry, *Hola mundo: cómo seguir siendo humanos en la era de los algoritmos,* Barcelona, Blackie Books, 2019.
9. Entre las conclusiones del estudio, destaca que ese algoritmo podría reducir las tasas de violación de la fianza un 24,7 por ciento, al tiempo que permitiría poner en libertad a más acusados sin riesgo de reincidencia. Así, se ha disminuido la población carcelaria un 17 por ciento. Y teniendo en cuenta

que, como destaca Fry, un año en una cárcel de alta seguridad estadounidense puede costar lo mismo que ir a Harvard, la inversión en esta tecnología también le parece a la matemática rentable económicamente. El estudio completo se puede consultar en «Human decissions and machine predictions», en *NBER Working Paper,* 23180, febrero de 2017, y en Jerald M. Jellison, *I'm Sorry, I Didn't Mean Too, and Other Lies We Love to Tell,* Boston, Contemporary Books, 1977.

10. Las decisiones automatizadas basadas únicamente en algoritmos están permitidas en la UE cuando la persona ha dado su consentimiento explícito (por ejemplo, para calcular la concesión de un préstamo). Aun así, la persona debe ser informada de que puede expresar su opinión, impugnar la decisión y solicitar la contribución de una persona en el proceso para revisar la decisión tomada mediante el algoritmo. La Comisión Europea lo explica aquí: <https://ec.europa.eu/info/law/law-topic/data-protection/reform/rights-citizens/my-rights/can-i-be-subject-automated-individual-decision-making-including-profiling_es#>.
11. «Law firms climb aboard the AI wagon», en *The Economist,* 12 de julio de 2018.
12. Martin Lloyd, *The Passport: the history of Man's Most Travelled Document,* Canterbury, Queen Anne's Fan, 2008.
13. Se denomina Sistema de Control de Fronteras Portátil Inteligente (iBorderCtrl) y lo desarrolla la empresa luxemburguesa European Dynamics.
14. Álex Barredo, «Un detector de mentiras con inteligencia artificial para quien quiera entrar en la UE», en *La Vanguardia,* 5 de noviembre de 2018.
15. Amit Katwala, «The race to create a perfect lie detector, and the dangers of succeeding», en *The Guardian,* 5 de septiembre de 2019.
16. Jerry Jellison, *I am sorry, I didn't mean to, and other lies we tell,* California, Contemporary Books, 1997.

Capítulo 11. LA VERDAD

1. Catherine Stupp, «Fraudsters used AI to mimic CEO's Voice in unusual cybercrime case, en *The Wall Street Journal,* 30 de agosto de 2019.
2. Siddharth Venkataramakrishnan, «Can you believe your eyes? How deepfakes are coming for politics», en *Financial Times,* 24 de octubre de 2019.
3. Dew Harwell, «Scarlett Johansson on AI-generatred sex videos: "Noting can stop someone from cutting and pasting my image"», en *The Washington Post,* 31 de diciembre de 2018.
4. Betsy Morrys, «Tech companies step fight against deepfakes», en *The Wall Street Journal,* 22 de noviembre de 2019.
5. Siddharth Venkataramakrishnan, «Can you believe your eyes?», art. cit.
6. El proyecto se llama Deepfake Detection Challenge.
7. Regina Rini, «Deepfakes are coming. We can no longer believe what we see», en *The New York Times,* 10 de junio de 2019.
8. La web ThisPersonDoesNotExist.com genera rostros aleatoriamente basándose en imágenes encontradas. El sistema utiliza inteligencia artificial para generar infinitas caras falsas, pero tan realistas que son imposibles de diferenciar de las auténticas. El sitio es una creación de Philip Wang, un ingeniero de *software* en Uber, para concienciar del peligro potencial del *deeepfake.* Funciona a partir de una red neuronal conocida como *red generativa de confrontación* (o GAN, por sus siglas en inglés) para fabricar nuevas caras con un algoritmo entrenado con un gran conjunto de imágenes reales.
9. Raphael Satter, «Experts: Spy used a face generated by AI to connect with targets», en Associated Press, 13 de junio de 2019.
10. Barbara Liskov se graduó en Matemáticas en 1961 en la Universidad de Berkeley y fue la primera estadounidense en tener un doctorado en Ciencias de la Computación por la

Universidad de Standford. Es profesora de MIT desde 1971, donde desarrolló el primer lenguaje de programación.

11. Susan D'Agostino, «The architect of modern algorithms», en *Quanta Magazine,* 20 de noviembre de 2019.
12. *Ibidem.*
13. *Ibid.*
14. Hannah Murphy, «Mark Zuckerberg says Facebook will not censor politicians», en *Financial Times,* 17 de octubre de 2019.
15. Ben Moore, «Huge inflatable breast outside Facebook HQ», en *BBC News,* 15 de noviembre 2019.
16. Robert Chesney y Danielle Citron, «Deepfakes and the new disinformation war. The coming age of post-truth geopolitics», en *Foreign Affairs,* enero-febrero de 2019.
17. Paris Martineau, «Russia's desinformation war is just getting started», en *Wired,* 10 de agosto de 2019.
18. «You can really fool some of the people all the time», en *The Economist,* 3 de octubre de 2019.
19. Timothy R. Levine, *Duped: Truth-Default Theory and the Social Science of Lying and Deception,* Tuscaloosa, University of Alabama Press, 2020.
20. David Robson, *La trampa de la inteligencia,* Barcelona, Paidós, 2019.
21. La película de la HBO *Brexit: la guerra incivil* (Toby Haynes, 2019), protagonizada por Benedict Cumberbatch, ayuda mejor que los telediarios a explicar las tripas de la campaña del *brexit* y el caos político que generó. Había mucha gente harta a la que, por primera vez, era posible movilizar para que votara gracias al todavía desconocido poder del *big data* para influir en las campañas. La ficción, escrita por James Graham, se basa sobre todo, además de en entrevistas con políticos, grupos de presión y periodistas que vivieron los hechos de primera mano, en dos libros: el escrito por quien fuera *spin doctor* del ex

primer ministro David Cameron, Craig Oliver, *Unleashing Demons: The Inside Story of Brexit,* Londres, Hachette UK, 2016, y la obra del periodista del *Sunday Times* Tim Shipman, *All Out War: The Full Story of How Brexit Sank Britain's Political Class,* Londres, William Collins, 2016.

22. Marta García Aller, «Cómo Vox le roba votos al Pacma y otros riesgos de las "fake news"», en *El Independiente,* 17 de febrero de 2019.
23. Jamie Holmes, *Nonsense: The Power of Not Knowing,* Nueva York, Penguin Random House, 2015.
24. Marta García Aller, «Por qué las distopías y los nacionalismos triunfan en tiempos de incertidumbre», en *El Confidencial,* 17 de septiembre de 2019.

Capítulo 12. LA ESTUPIDEZ

1. Margalit Fox, «Gary Dahl, inventor of Pet Rock, dies at 78», en *The New York Times,* 31 de marzo de 2015.
2. Blockchain es la plataforma tecnológica de «cadenas de bloques» en la que se basan criptomonedas como bitcoin.
3. Carlos Rodríguez, «El apellido "blockchain" triunfa en bolsa: el cambio de nombre dispara su cotización», en *La Información,* 23 de enero de 2018.
4. John Detrixhe, «A dozen companies that reaped rewards by putting "bitcoin" or "blockchain" in their name», en *Quartz,* 12 de enero de 2018.
5. Jemima Kelly, «Are Europe's tech unicorns really "worth" all those billions?», en *Financial Times,* 26 de julio de 2019.
6. Clarisa Sekulits, «Por qué triunfan las ideas de negocio más absurdas», en *Expansión,* 19 de noviembre de 2019.
7. Clarisa Sekulits, «Las "startups" que harán su agosto estas vacaciones», en *Expansión,* 8 de julio de 2019.

8. Marta García Aller, «Bienvenidos a la era del fracaso», en *El Independiente,* 13 de julio de 2017.
9. Paul Tabori, *Historia de la estupidez humana,* Buenos Aires, Siglo XX, 1987.
10. Desiree Pozo, «La nueva moda en internet es broncearse el ano: ¿beneficioso o moda absurda?», en *Hipertextual,* 29 de noviembre de 2019.
11. E. J. Dickson, «Sorry, anus tanning is not really a thing», en *Rolling Stone,* 27 de noviembre de 2019.
12. Lucien Jerphagnon, *¿La estupidez? Veintiocho siglos hablando de ella,* Barcelona, Paidós, 2011.
13. Carlo Maria Cipolla, *Allegro ma non tropo: las leyes fundamentales de la estupidez humana,* Barcelona, Crítica, 2013.
14. *Ibidem.*
15. Isaac Asimov, que además de escritor de ciencia ficción era divulgador científico y profesor de Bioquímica, popularizó el término *robótica* y enunció por primera vez las tres leyes de la robótica en su relato «Círculo vicioso» (1942):
    1. Un robot no puede dañar a un ser humano ni, por inacción, permitir que un ser humano sufra daño.
    2. Un robot debe cumplir las órdenes de los seres humanos, excepto si dichas órdenes entran en conflicto con la primera ley.
    3. Un robot debe proteger su propia existencia en la medida en que ello no entre en conflicto con la primera o la segunda ley.

    Véase «Círculo vicioso», en *El robot completo,* Madrid, Alamut, 2008.
16. «El mundo de mañana: ¿llegarán las máquinas a tener sentido común gracias a la inteligencia artificial?», en *Más de uno,* 25 de junio de 2019 (pódcast disponible en la web de Onda Cero).
17. Alison Gopnik, «AIs vs. Four-year-olds», en John Brock-

man (ed.), *Possible Minds: Twenty Five Ways of looking at AI,* Nueva York, Penguin Press, 2019.

18. Ramón López de Mántaras, «El futuro de la IA: hacia inteligencias artificiales realmente inteligentes», en VV. AA., *¿Hacia una nueva Ilustración? Una década trascendente,* Madrid, BBVA, 2019.
19. En los años cincuenta, el padre de las ciencias de la computación, Alan Turing, diseñó un famoso test pensado para el momento en que las máquinas fueran lo suficientemente hábiles en el lenguaje natural como para poder pasar por humanos. El test de Turing es una prueba de inteligencia en la que se mide si en un chat por ordenador la máquina es capaz de hacer creer a los evaluadores que es humana. Turing llamó al test *The Imitation Game,* que es el nombre de la película sobre el científico que descifró el código Enigma usado por los nazis durante la Segunda Guerra Mundial.
20. Josh Dzieza, «Why Captchas have gotten so difficult», en *The Verge,* 1 de febrero de 2019.

Capítulo 13. EL HUMOR

1. En 2016, Microsoft ya demostró que podía crear con *deep learning* un nuevo cuadro de Rembrandt. El programa de inteligencia artificial aprendió a identificar los patrones de toda la obra del genio neerlandés, píxel por píxel. Escaneó en una base de datos con tecnología 3D toda la obra del pintor, y una vez analizada toda su obra, pintó *The Next Rembrandt.* Es el retrato de un hombre caucásico, con barba y bigote, ropas negras, cuello blanco y sombrero. La impresión 3D se encargó de dar vida a esa nueva imagen con la textura y los grosores de pintura propios del maestro barroco de la luz. Cuando tuve ocasión de

contemplar el cuadro expuesto en la Fundación Telefónica, reconozco que, de no haber sabido que se trataba de un experimento de Microsoft, al verlo sobre un caballete, me lo podrían haber colado como una obra original.

2. Una red neuronal, desarrollada por Petr Plechác, de la Academia de Ciencias checa, identifica verso a verso qué palabras han sido realmente escritas por Shakespeare y cuáles por su colaborador John Fletcher. Son algoritmos de aprendizaje automático entrenados para diferenciar los patrones que cada autor tiene al expresarse: los delatan las palabras que utilizan, el orden en el que las escriben y hasta el ritmo de cada frase. Esta tecnología ya ha abierto el debate si, además de para reconocer un trabajo de Shakespeare, el algoritmo podría crear la próxima obra de Shakespeare, igual que el Instituto de Tecnología de la Música de Austria ha desarrollado una inteligencia artificial para componer la *Décima sinfonía* de Beethoven basándose en todas las obras del compositor, así como en las pocas notas y anotaciones que dejó escritas.
3. Austin Carr, Mark Gurman y Sarah Frier, «Silicon Valley is listening to your most intimate moments», en *Bloomberg,* 11 de diciembre de 2019.
4. La empresa Cnelytic combina inteligencia artificial y tecnologías basadas en la nube para recopilar datos históricos de producciones, y los utiliza para predecir la recaudación en taquilla, modificar guiones y asesorar en la selección de los actores. «Warner Bros utilizará IA para mejorar el proceso de elección de nuevas películas», en Portaltic/Europa Press, 9 de enero de 2020.
5. Scott Weems, *Ja: la ciencia de cuándo reímos y por qué,* Madrid, Taurus, 2015.
6. Gregory Barner, «The comedian is in the machine. AI is now learning puns», en *Wired,* 3 de mayo de 2019.
7. El juego de palabras originalmente creado por la máquina

es: «The greyhound stopped to get a hare cut». Pero hay más juegos de palabras. Todos tienen una estructura rudimentaria y una gracia discutible, pero lo novedoso es la aproximación al humor que hace He, con un algoritmo que es capaz de incorporar lo que llama el *principio de la sorpresa local-global:* «That's because negotiator got my car back to me in one peace», «Even from the outside, I could tell that he'd already lost some wait», «Well, gourmet did it, he thought, it'd butter be right».

8. Richard Futrell, Ethan Wilcox, Takashi Morita, Peng Qian, Miguel Ballesteros y Roger Levy, «Neural language models as psycholinguistic subjects: Representations of syntactic state», en *Proceedings of the 2019 Conference of the North American Chapter of the Association for Computational Linguistics: Human Language Technologies,* vol. 1: *Long and Short Papers,* marzo de 2019.
9. Seth Borrenstein, «A robot walks into a bar, doesn't get the joke: struggling to teach humor to AI», en *Los Angeles Times,* 1 de abril de 2019.
10. Arthur I. Miller, *The Artist in the Machine: The World of AI Powered Creativity,* Cambridge, MIT Press, 2019.
11. Ludwig Wittgenstein, *Aforismos, cultura y valor*, Madrid, Espasa Calpe, 2007. Sobre el humor y Wittgenstein merece la pena leer al filósofo español Ramón del Castillo, «Gags and Games. Wittgenstein and his Relation with Jokes», en *Philosophy of Play as Life*, editado por W. Russell, E. Ryal y M. McLean, Londres/Nueva York, Routledge, 2017, pp. 94-106. De Henri Bergson es conocido su ensayo *La risa: ensayo sobre la significación de lo cómico*, Madrid, Alianza, 2008. Más generalista y ameno, como repaso general sobre las distintas teorías filosóficas, es recomendable leer a Simon Critchley, *Sobre el humor*, Cantabria, Quálea Editorial, 2010.

12. John Thornill, «AI and literature: the muse in the machine», en *Financial Times,* 9 de agosto de 2019.
13. Johnson, «Don't fear the Writenator», en *The Economist,* 31 de octubre de 2019.
14. Véase «Explore Project Debater», IBM, en <https://www.research.ibm.com/artificial-intelligence/project-debater/>.
15. Alex Marshall, «From jingles to pop hits, A.I. is music to some ears», en *The New York Times,* 22 de enero de 2017.
16. Véase <www.aiva.ai>.
17. Véase HumanMachine-Artificial Intelligence Improvisation, <https://humanmachine.live/>.
18. *Improbotics: Artificial Intelligence Improvisation at Brighton Fringe 2019,* YouTube, 13 de junio de 2019, <https://www.youtube.com/watch?v=acCwAA5yTGc>.
19. Alex Marshall, «A robot walks into a bar. But can it do comedy?», en *The New York Times,* 8 de agosto de 2018.
20. Miquela es una *instagrammer* creada en 2016 que acumula más de un millón y medio de seguidores, y ha sacado varios temas musicales. Se promocionó como un robot, pero es un personaje de ficción que se alquila a las marcas que quieren promocionar sus productos. Entre tanto, lleva una vida a la última moda, rodeada de glamur en las redes. A la gente que la sigue no parece importarle demasiado que no sea real mientras la entretenga con sus fotos y sus historias.
21. Rosa Díaz, «Grandes músicos fallecidos vuelven a subir al escenario en forma de holograma», en *La Vanguardia,* 11 de enero de 2020.
22. Alice Hancock, «Forget brain chips, live experiences are the future of entertainment», en *Financial Times,* 12 de septiembre de 2019.